大学数学基础丛书

概率论与数理统计

齐淑华 刘 强 主 编
丁淑妍 李 阳 副主编

清华大学出版社
北 京

内 容 简 介

本书系统地论述了概率论与数理统计的概念、方法、理论及其应用,是一本为高等院校非数学专业本科生学习而编写的教材或教学参考书。全书共分 9 章,内容包括随机事件及其概率、随机变量及其分布、多维随机变量及其分布、随机变量的数字特征、大数定律与中心极限定理、数理统计的基础知识、参数估计、假设检验、方差分析与回归分析。本书注重对学生基础知识的训练和综合能力的培养,每节后配有练习题,每章配有总复习题,并在书后附有习题答案,便于教师教学和学生自学。

本书可作为高等学校工科、理科(非数学类专业)、农医、经济、管理等专业的概率论与数理统计课程的教材,亦可作为实际工作者的自学参考书。

版权所有,侵权必究。举报: 010-62782989,beiqinquan@tup.tsinghua.edu.cn。

图书在版编目(CIP)数据

概率论与数理统计/齐淑华,刘强主编.—北京:清华大学出版社,2019(2025.2重印)
(大学数学基础丛书)
ISBN 978-7-302-52624-7

Ⅰ.①概… Ⅱ.①齐… ②刘… Ⅲ.①概率论—高等学校—教材 ②数理统计—高等学校—教材 Ⅳ.①O21

中国版本图书馆 CIP 数据核字(2019)第 047083 号

责任编辑:刘 颖
封面设计:傅瑞学
责任校对:赵丽敏
责任印制:杨 艳

出版发行:清华大学出版社
  网 址:https://www.tup.com.cn, https://www.wqxuetang.com
  地 址:北京清华大学学研大厦 A 座 邮 编:100084
  社 总 机:010-83470000 邮 购:010-62786544
  投稿与读者服务:010-62776969,c-service@tup.tsinghua.edu.cn
  质量反馈:010-62772015,zhiliang@tup.tsinghua.edu.cn
印 装 者:三河市科茂嘉荣印务有限公司
经 销:全国新华书店
开 本:185mm×260mm 印 张:14.75 字 数:355 千字
版 次:2019 年 3 月第 1 版 印 次:2025 年 2 月第 9 次印刷
定 价:42.00 元

产品编号:082397-03

前言

概率论与数理统计是研究随机现象数量规律性的一门学科。它的应用十分广泛,在自然科学、工程技术、农业生产等领域有着广泛的应用。随着计算机的发展,概率论与数理统计在经济、医学、金融、保险等领域也有着越来越广泛的应用,正因如此,概率论与数理统计课程也成为各专业大学生最重要的数学必修课之一。它对培养和提高学生的数学思维能力、创新精神以及量化分析问题的能力有非常重要的作用。为此我们努力将概率论与数理统计的思想融入到各个部分当中,力求做到科学性与通俗性的结合,并有意识地提高学生的数学能力。

本书是我们在总结多年教学实践经验基础上编写而成的,本书具有以下特色:

1. 在注意保持数学学科本身的科学性、系统性、严谨性的同时,力求做到由浅入深、深入浅出、通俗易懂、重点突出、简单扼要,既便于教师教学,又便于学生自学。

2. 在每一节都有课后习题,其中包括基础题和提高题,每一章最后还有总复习题,以供不同层次的学生选用。本书在例题和习题的选取上,力求做到典型性、应用性和现代性,以期注重学生学习兴趣的培养,达到提高综合运用数学知识能力的目的。

3. 在重点的数学概念后附有英文,可以使学生在学习这门课的过程中,逐渐学会英文词汇,这对学生查阅概率论与数理统计外文资料有很大的好处。

4. 在有些章节,大胆地改变了传统的书写顺序,改变后的顺序对老师的教学和学生系统的学习大有益处。

5. 书中提高题部分,有些题目是全国硕士研究生入学考试概率论与数理统计试题,通过真题,可使读者深入地了解考研的要求、题型及重要的考点,开阔学生的视野。

在撰写《概率论与数理统计》过程中,为了便于读者理解和掌握,我们力求将概念叙述得清晰易懂,同时还注意了例子的多样性,所举例子涉及工业、农业、工程技术、保险、医学、经济等多个领域,以使读者在理解基本概念、掌握基本方法的同时,体会到概率统计应用的广泛性。

本书可作为高等学校工科、理科(非数学类专业)本科生概率论与数理统计课程的教材，也可作为经济、管理类有关专业本科生概率论与数理统计课程的教材。本书中带有"*"的部分可供对概率论与数理统计知识有较高要求专业的学生选用。

学习《概率论与数理统计》内容只需微积分和线性代数的相关知识，全书共 9 章，包括两部分内容，前 5 章是概率论部分，包括随机事件及其概率、随机变量及其分布、多维随机变量及其分布、随机变量的数字特征、大数定律与中心极限定理；后 4 章是数理统计部分，包括数理统计的基础知识、参数估计、假设检验、方差分析与回归分析。

讲授本教材的全部内容建议用 64 学时，如果讲前 8 章，建议用 48 学时，如果讲前 5 章，建议用 32 学时。

本教材是大学数学基础丛书系列教材之一，由大连民族大学理学院组织编写，主编齐淑华、刘强，副主编丁淑妍、李阳，参加编写的还有王金芝、周庆健、刘力军、刘恒、刘红梅、谢丛波、董莹、楚振艳、董丽、张誉铎、曲程远、余军、唐玲丽、李秀文、何晓、邹燕清、李娇、殷亮、臧林，理学院领导和同事对本书的编写提出了宝贵的意见和建议，在此表示感谢。

由于作者水平有限，难免有不当之处或错误，敬请同行和广大读者指正。

编 者

2018 年 11 月

第 1 章 随机事件及其概率 …… 1

1.1 随机事件及其运算 …… 1
1.1.1 随机现象 …… 1
1.1.2 样本空间 …… 2
1.1.3 随机事件 …… 2
1.1.4 事件间的关系与运算 …… 3
1.1.5 排列与组合 …… 5
习题 1.1 …… 6

1.2 概率的定义及其性质 …… 7
1.2.1 事件的频率 …… 7
1.2.2 概率的定义 …… 8
习题 1.2 …… 9

1.3 古典概型和几何概型 …… 10
1.3.1 古典概型 …… 10
1.3.2 几何概型 …… 14
习题 1.3 …… 15

1.4 条件概率与全概率公式 …… 16
1.4.1 条件概率 …… 16
1.4.2 乘法公式 …… 17
1.4.3 全概率公式 …… 18
1.4.4 贝叶斯公式 …… 19
习题 1.4 …… 20

1.5 独立性 …… 21
1.5.1 两个事件的独立性 …… 21
1.5.2 多个事件的独立性 …… 22
习题 1.5 …… 24

总复习题 1 …… 25

第 2 章 随机变量及其分布 …… 27

2.1 随机变量的定义及其分布函数 …… 27

		2.1.1 随机变量的定义 ………………………………………………	27
		2.1.2 随机变量的分布函数 …………………………………………	28
	习题 2.1 ………………………………………………………………	29
2.2	离散型随机变量及其分布 …………………………………………………	30
		2.2.1 离散型随机变量及其分布律 ……………………………………	30
		2.2.2 几种常见的离散型随机变量 ……………………………………	32
	习题 2.2 ………………………………………………………………	35
2.3	连续型随机变量及其分布 …………………………………………………	37
		2.3.1 连续型随机变量及其概率密度函数 ……………………………	37
		2.3.2 几种常见的连续型随机变量 ……………………………………	38
	习题 2.3 ………………………………………………………………	43
2.4	随机变量函数的分布 ………………………………………………………	44
		2.4.1 离散型随机变量函数的分布 ……………………………………	45
		2.4.2 连续型随机变量函数的分布 ……………………………………	46
	习题 2.4 ………………………………………………………………	48
总复习题 2 ………………………………………………………………………	49

第 3 章 多维随机变量及其分布 ……………………………………………… 51

3.1	多维随机变量及其分布函数 ………………………………………………	51
	3.1.1 二维随机变量 ………………………………………………	51
	3.1.2 二维随机变量的联合分布函数 …………………………………	51
	3.1.3 二维随机变量的边缘分布函数 …………………………………	52
	3.1.4 n 维随机变量的联合分布函数 …………………………………	53
	习题 3.1 ………………………………………………………………	53
3.2	二维离散型随机变量 ………………………………………………………	54
	3.2.1 二维离散型随机变量的联合分布律 ……………………………	54
	3.2.2 二维离散型随机变量的边缘分布律 ……………………………	55
	3.2.3 二维离散型随机变量的条件分布 ………………………………	57
	3.2.4 二维离散型随机变量的相互独立性 ……………………………	58
	习题 3.2 ………………………………………………………………	59
3.3	二维连续型随机变量 ………………………………………………………	61
	3.3.1 二维连续型随机变量的概率密度函数 …………………………	61
	3.3.2 两个常用二维连续型随机变量的概率密度函数 ………………	62
	3.3.3 二维连续型随机变量的边缘概率密度函数 ……………………	62
	*3.3.4 二维连续型随机变量的条件分布 ………………………………	64
	3.3.5 二维连续型随机变量的独立性 …………………………………	65
	习题 3.3 ………………………………………………………………	66
3.4	两个随机变量函数的分布 …………………………………………………	68
	3.4.1 二维离散型随机变量的函数的分布 ……………………………	68

3.4.2　二维连续型随机变量的函数的分布 …………………………… 69
　　习题 3.4 …………………………………………………………………… 71
　总复习题 3 ……………………………………………………………………… 72

第 4 章　随机变量的数字特征 ……………………………………………… 74

4.1　随机变量的数学期望 …………………………………………………… 74
　　4.1.1　离散型随机变量的数学期望 ………………………………………… 74
　　4.1.2　连续型随机变量的数学期望 ………………………………………… 76
　　习题 4.1 …………………………………………………………………… 78

4.2　随机变量函数的数学期望与数学期望的性质 ………………………… 79
　　4.2.1　随机变量函数的数学期望 …………………………………………… 79
　　4.2.2　数学期望的性质 ……………………………………………………… 80
　　习题 4.2 …………………………………………………………………… 82

4.3　方差 ……………………………………………………………………… 83
　　4.3.1　方差的定义 …………………………………………………………… 83
　　4.3.2　常用分布的方差 ……………………………………………………… 85
　　4.3.3　方差的性质 …………………………………………………………… 86
　　习题 4.3 …………………………………………………………………… 87

4.4　协方差、相关系数与矩 ………………………………………………… 88
　　4.4.1　协方差与相关系数 …………………………………………………… 88
　　*4.4.2　矩与协方差矩阵 …………………………………………………… 92
　　习题 4.4 …………………………………………………………………… 93
　总复习题 4 ……………………………………………………………………… 94

第 5 章　大数定律与中心极限定理 ………………………………………… 97

5.1　大数定律 ………………………………………………………………… 97
　　5.1.1　切比雪夫不等式 ……………………………………………………… 97
　　5.1.2　大数定律 ……………………………………………………………… 98
　　习题 5.1 …………………………………………………………………… 100

5.2　中心极限定理 …………………………………………………………… 101
　　习题 5.2 …………………………………………………………………… 103
　总复习题 5 ……………………………………………………………………… 104

第 6 章　数理统计的基础知识 ……………………………………………… 107

6.1　总体、样本及统计量 …………………………………………………… 107
　　6.1.1　总体和样本 …………………………………………………………… 107
　　6.1.2　统计量 ………………………………………………………………… 108
　　6.1.3　常用的统计量 ………………………………………………………… 108
　　习题 6.1 …………………………………………………………………… 109

6.2 常用分布与分位点 ·· 110
 6.2.1 常用分布 ·· 110
 6.2.2 四种常见分布的上 α 分位点 ·· 113
 习题 6.2 ·· 115
6.3 正态总体的抽样分布 ·· 116
 习题 6.3 ·· 118
总复习题 6 ·· 118

第 7 章 参数估计 ·· 120

7.1 点估计 ·· 120
 7.1.1 矩法估计 ·· 120
 7.1.2 最大似然估计 ·· 122
 习题 7.1 ·· 125
7.2 估计量的评选标准 ·· 126
 7.2.1 无偏性 ·· 126
 7.2.2 有效性 ·· 127
 7.2.3 一致（相合）性 ·· 128
 习题 7.2 ·· 129
7.3 区间估计 ·· 129
 7.3.1 单个正态总体参数的区间估计 ·· 130
 7.3.2 两个正态总体参数的区间估计 ·· 132
 7.3.3 单侧置信区间 ·· 134
 习题 7.3 ·· 136
总复习题 7 ·· 137

第 8 章 假设检验 ·· 140

8.1 假设检验的基本概念 ·· 140
 8.1.1 问题的提出 ·· 140
 8.1.2 假设检验的基本思想 ·· 141
 8.1.3 两类错误 ·· 141
 8.1.4 假设检验的基本步骤 ·· 142
 8.1.5 双侧检验与单侧检验 ·· 142
 习题 8.1 ·· 142
8.2 单个正态总体参数的假设检验 ·· 143
 8.2.1 单个正态总体均值 μ 的假设检验 ································ 143
 8.2.2 单个正态总体方差 σ^2 的假设检验 ·························· 146
 习题 8.2 ·· 147

  8.3 两个正态总体参数的假设检验 ········· 149
    8.3.1 关于两个正态总体均值的检验 ········· 149
    8.3.2 关于两个正态总体方差的检验 ········· 152
   习题 8.3 ········· 154
  总复习题 8 ········· 156

第 9 章 方差分析与回归分析 ········· 158

  9.1 单因素方差分析 ········· 158
    9.1.1 问题的提出 ········· 159
    9.1.2 单因素方差分析模型 ········· 159
    9.1.3 平方和的分解 ········· 160
    9.1.4 F 检验 ········· 161
   习题 9.1 ········· 164
  9.2 双因素方差分析 ········· 166
    9.2.1 无重复试验的双因素方差分析 ········· 166
    9.2.2 等重复试验的双因素方差分析 ········· 169
   习题 9.2 ········· 173
  9.3 一元线性回归 ········· 174
    9.3.1 引例 ········· 175
    9.3.2 一元线性回归模型 ········· 175
    9.3.3 参数 a,b 的最小二乘估计 ········· 176
    9.3.4 回归方程的显著性检验 ········· 177
   习题 9.3 ········· 180
  *9.4 非线性回归的线性化处理 ········· 181
    9.4.1 几种常见的曲线及其变换 ········· 181
    9.4.2 非线性回归分析实例 ········· 183
   习题 9.4 ········· 183
  *9.5 多元线性回归简介 ········· 184
    9.5.1 多元线性回归模型 ········· 184
    9.5.2 参数 $b_0,b_1,\cdots,b_m$ 的最小二乘估计 ········· 184
    9.5.3 线性回归的显著性检验 ········· 185
   习题 9.5 ········· 187
  总复习题 9 ········· 188

附录 概率论与数理统计附表 ········· 190

  附表 1 泊松分布表 ········· 190
  附表 2 标准正态分布表 ········· 192

附表3　χ^2 分布表 …… 194
附表4　t 分布表 …… 196
附表5　F 分布表 …… 198

习题答案 …… 206

参考文献 …… 223

第1章 随机事件及其概率

本章介绍概率论与数理统计中用到的基本概念及随机事件的关系与运算,重点论述概率的定义、古典概率的求法、条件概率和乘法公式、全概率公式和贝叶斯公式以及事件的相互独立性。

1.1 随机事件及其运算

1.1.1 随机现象

概率论与数理统计研究的对象是随机现象。客观世界中,人们观察到的现象,大体上存在着两种现象,一种是在一定条件下必然发生的现象,称为**确定性现象**或**必然现象**。例如,在一个标准大气压下,水在100℃时一定沸腾;两个同性的电荷一定互斥。另一种称为**随机现象**(random phenomenon),它是指在进行个别试验或观察时其结果具有不确定性,但在大量的重复试验中其结果又具有统计规律性的现象。例如,向上抛一枚质地均匀的硬币,硬币落地的结果可能正面朝上,也可能反面朝上;掷一枚质地均匀的骰子,可能出现1点到6点中的任一点。在随机现象中,虽然在一次观察中,不知道哪一种结果会出现,但在大量重复观察中,其每种可能结果却呈现出某种规律性。例如,在多次抛一枚硬币时,正面朝上的次数大致占总次数的一半;掷一枚质地均匀的骰子,出现1点到6点中的任何一点的可能性为$\frac{1}{6}$。这种在大量重复观察中所呈现出的固有规律性,就是我们所说的统计规律性。概率论与数理统计是研究和揭示随机现象统计规律性的一门数学学科。

把对某种随机现象的一次观察、观测或测量等称为一个**试验**。

下面看几个试验的例子:

(1) 将一枚硬币抛三次,观察正面H、反面T出现的情况;

(2) 掷一枚骰子,观察出现的点数;

(3) 观察某城市某个月内交通事故发生的次数;

(4) 对某只灯泡做试验,观察其使用寿命;

(5) 对某只灯泡做试验,观察其使用寿命是否小于200h。

上述试验具有以下特点:(1)在相同的条件下试验可以重复进行;

(2)每次试验的结果具有多种可能性,而且在试验前可以明确试验的所有可能结果;(3)在每次试验前,不能准确地预言该次试验将出现哪一种结果。称这样的试验为**随机试验**(random experiment),简称**试验**,记为 E。

注 本书以后所提到的试验均指随机试验。

1.1.2 样本空间

对于随机试验,尽管在每次试验之前不能预知其试验结果,但试验的所有可能结果是已知的,称试验所有可能结果组成的集合为**样本空间**(sample space),记为 $\Omega=\{\omega\}$。其中试验结果 ω 为样本空间的元素,称之为**样本点**(sample point)。

设 $E_i(i=1,2,\cdots,5)$ 分别表示上述试验(1)~试验(5),以 Ω_i 表示试验 $E_i(i=1,2,\cdots,5)$ 的样本空间,则

(1) $\Omega_1=\{\text{HHH,HHT,HTH,THH,HTT,THT,TTH,TTT}\}$;

(2) $\Omega_2=\{1,2,3,4,5,6\}$;

(3) $\Omega_3=\{0,1,2,\cdots\}$;

(4) $\Omega_4=\{t\mid t\geqslant 0\}$;

(5) $\Omega_5=\{\text{寿命小于 200h},\text{寿命不小于 200h}\}$。

注 虽然随机试验(4)和试验(5)都观察某只灯泡的使用寿命,但试验目的不同,所以对应的样本空间也不同。

1.1.3 随机事件

一般地,我们称试验 E 的样本空间 Ω 的任意一个子集为**随机事件**(random event),简称**事件**,常用大写字母 $A,B,C,\cdots$ 表示。

做试验 E 时,若试验结果属于 A,则称**事件 A 发生**;否则为**事件 A 不发生**。

如果事件中只包含一个样本点,则称该事件为**基本事件**(elementary event)。

【**例 1**】 掷一枚骰子,随机试验的样本空间 $\Omega=\{1,2,3,4,5,6\}$。指出下述集合表示什么事件?并指出哪些是基本事件。

事件 $A_1=\{1\},A_2=\{2\}$;事件 $B=\{2,4,6\}$;事件 $C=\{1,3,5\}$;事件 $D=\{4,5,6\}$。

解 事件 $A_1=\{1\},A_2=\{2\}$——分别表示"出现 1 点","出现 2 点",都是基本事件;

事件 $B=\{2,4,6\}$——表示"出现偶数点",非基本事件;

事件 $C=\{1,3,5\}$——表示"出现奇数点",非基本事件;

事件 $D=\{4,5,6\}$——表示"出现点数不小于 4 点",非基本事件。

由于样本空间 Ω 包含了所有的样本点,且其也是自身的一个子集,故在每次试验中 Ω 一定发生,因此,称 Ω 为**必然事件**(certain event)。

例如,掷一枚骰子,事件"出现的点数小于 7"是必然事件。

空集 $\varnothing$ 不包含任何样本点,但它也是样本空间 Ω 的一个子集,由于它在每次试验中肯定不发生,所以称 $\varnothing$ 为**不可能事件**(impossible event)。

例如,掷一枚骰子,事件"出现 7 点"是不可能事件。

1.1.4 事件间的关系与运算

事件是一个集合,因而事件间的关系与事件的运算自然可按照集合论中集合之间的关系和集合运算来处理。

设试验 E 的样本空间为 Ω,而 $A, B, A_k (k=1,2,\cdots)$ 是 Ω 的子集。

1. 事件间的关系

(1) 事件的包含与相等

若事件 A 发生,必有事件 B 发生,则称**事件 B 包含事件 A**(如图 1-1(a)所示),记作 $A \subset B$。特别地,若 $A \subset B$ 且 $B \subset A$,则称**事件 A 与事件 B 相等**,记作 $A = B$。

例如,掷一枚骰子,事件 A ="出现 4 点", B ="出现偶数点",则 $A \subset B$;掷两枚骰子,事件 A ="两颗骰子的点数之和为奇数", B ="两颗骰子的点数为一奇一偶",则 $A = B$。

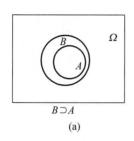
$B \supset A$
(a)

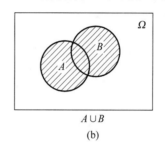
$A \cup B$
(b)

图 1-1

(2) 事件的和

事件 A 或 B 至少有一个发生,称为**事件 A 与事件 B 的和事件**(union of events)(如图 1-1(b)所示),记作 $A \cup B$ 或 $A+B$。

例如,掷一枚骰子,事件 A ="出现的点数小于 3 点", B ="出现奇数点",则
$$A \cup B = \{1,2,3,5\}。$$

n 个事件 $A_1, A_2, \cdots, A_n$ 的和事件表示为 $\bigcup\limits_{i=1}^{n} A_i$,含义就是事件 $A_1, A_2, \cdots, A_n$ 中至少有一个发生。

(3) 事件的积

事件 A 与 B 同时发生,称为**事件 A 与事件 B 的交事件**(intersection of events)(如图 1-2(a)所示),也称事件 A 与 B 的积,记作 $A \cap B$ 或 AB。

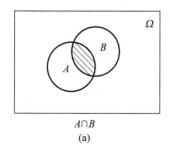
$A \cap B$
(a)

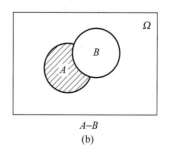
$A - B$
(b)

图 1-2

例如,掷一枚骰子,事件 A="出现的点数小于 5 点",B="出现偶数点",则 $A \cap B = \{2,4\}$。

n 个事件 $A_1, A_2, \cdots, A_n$ 的积事件记作 $\bigcap_{i=1}^{n} A_i$,它表示事件 $A_1, A_2, \cdots, A_n$ 同时发生。

(4) 事件的差

事件 A 发生而 B 不发生,称为**事件 A 与事件 B 的差事件**(如图 1-2(b)所示),记作 $A-B$。

例如,掷一枚骰子,事件 A="出现的点数小于 4",B="出现奇数点",则 $A-B=\{2\}$。

(5) 互不相容事件

当 $AB = \varnothing$ 时,称事件 A 与事件 B 为**互斥事件**(mutually exclusive events)(或**互不相容事件**)(如图 1-3(a)所示),简称 A 与 B 互斥,也就是说事件 A 与事件 B 不能同时发生。

例如,在电视机寿命试验中,"寿命小于 1 万小时"与"寿命大于 5 万小时"是两个互不相容的事件,因为它们不可能同时发生。

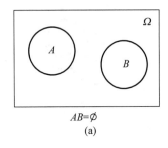 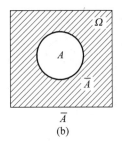

图 1-3

(6) 对立事件

若 $A \cup B = \Omega$ 且 $A \cap B = \varnothing$,则称事件 A 与事件 B 互为**对立事件**,或互为**逆事件**(complementary event)(如图 1-3(b)所示),A 的对立事件记作 $\overline{A}$,则 $\overline{A} = B$。

例如,掷一枚骰子,事件 A="出现奇数点",B="出现偶数点",则 A 与 B 互为对立事件。

注 由事件的关系可得 $A - B = A\overline{B}$。

2. 事件的运算

(1) 交换律:$A \cup B = B \cup A$,$A \cap B = B \cap A$。

(2) 结合律:$A \cup (B \cup C) = (A \cup B) \cup C$,$A \cap (B \cap C) = (A \cap B) \cap C$。

(3) 分配律:$A \cup (B \cap C) = (A \cup B) \cap (A \cup C)$,$A \cap (B \cup C) = (A \cap B) \cup (A \cap C)$。

(4) 德摩根(De Morgan)律:$\overline{A \cup B} = \overline{A} \cap \overline{B}$,$\overline{A \cap B} = \overline{A} \cup \overline{B}$。

注 由分配律我们还可推出如下常用的运算:$A = A(B \cup \overline{B}) = AB \cup A\overline{B}$。

【例 2】 从一批产品中每次取出一个产品进行检验(每次取出的产品不放回),事件 A_i 表示第 i 次取到合格品($i = 1, 2, 3$),试表示:

(1)三次都取到合格品;(2)三次中至少有一次取到合格品;(3)三次中恰有两次取到合格品;(4)三次中都没取到合格品;(5)三次中最多有一次取到合格品。

解 (1) $A_1 A_2 A_3$;

(2) $A_1 \cup A_2 \cup A_3$ 或 $A_1 + A_2 + A_3$;

(3) $A_1 A_2 \overline{A_3} \cup A_1 \overline{A_2} A_3 \cup \overline{A_1} A_2 A_3$ 或 $A_1 A_2 \overline{A_3} + A_1 \overline{A_2} A_3 + \overline{A_1} A_2 A_3$;

(4) $\overline{A_1} \overline{A_2} \overline{A_3}$ 或 $\overline{A_1 \cup A_2 \cup A_3}$;

(5) $A_1 \overline{A_2} \overline{A_3} \cup \overline{A_1} A_2 \overline{A_3} \cup \overline{A_1} \overline{A_2} A_3 \cup \overline{A_1} \overline{A_2} \overline{A_3}$ 或 $\overline{A_2 A_3} \cup \overline{A_1 A_2} \cup \overline{A_1 A_3}$。

1.1.5 排列与组合

在接下来的古典概率中要用到排列组合的知识,因此在这里我们简要介绍一下排列组合。

排列与组合公式的推导都基于如下两条原理。

1. 乘法原理

如果某件事需经 k 个步骤才能完成,做第一步有 m_1 种方法,做第二步有 m_2 种方法,……,做第 k 步有 m_k 种方法,那么完成这件事共有 $m_1 m_2 \cdots m_k$ 种方法。

譬如,甲城到乙城有三条旅游线路,由乙城到丙城有两条旅游线路,那么从甲城经乙城去丙城共有 $3 \times 2 = 6$ 条旅游线路。

2. 加法原理

如果某件事可由 k 类不同途径之一去完成,在第一类途径中有 m_1 种完成方法,在第二类途径中有 m_2 种完成方法,……,在第 k 类途径中有 m_k 种完成方法,那么完成这件事共有 $m_1 + m_2 + \cdots + m_k$ 种方法。

譬如,由甲城到乙城去旅游有三类交通工具:汽车、火车和飞机,而汽车有 5 个班次,火车有 3 个班次,飞机有 2 个班次,那么从甲城到乙城共有 $5 + 3 + 2 = 10$ 个班次供旅游者选择。

排列与组合都是计算"从 n 各元素中任取 r 个元素"的取法总数公式,其主要区别在于:如果不讲究取出元素间的次序,则用组合公式,否则用排列公式。而所谓讲究元素间的次序,可以从实际问题中得以辨别,例如两个人相互握手是不讲次序的;而两个人排队是讲次序的,因为"甲右乙左"与"乙右甲左"是两件事。

3. 排列

从 n 个不同元素中任取 $m(m \leqslant n)$ 个元素出来(要考虑元素出现的先后次序),称此为一个排列,这种排列的总数记为 P_n^m。

由乘法原理,取出第一个元素有 n 种取法,取出第二个元素有 $n-1$ 种取法,……,取出第 m 个元素有 $n-m+1$ 种取法,故 $P_n^m = n(n-1) \cdots (n-m+1) = \dfrac{n!}{(n-m)!}$。

若 $m = n$,则称为全排列,记为 P_n^n,显然 $P_n^n = n!$。

4. 组合

从 n 个不同元素中任取 $m(m \leqslant n)$ 个元素并成一组(不考虑元素出现的先后次序),称此为一个组合,这种组合的总数记为 $\begin{bmatrix} n \\ m \end{bmatrix}$ 或 C_n^m。

按照乘法原理,$C_n^m = \dfrac{P_n^m}{m!} = \dfrac{n!}{m!(n-m)!} = \dfrac{n(n-1) \cdots (n-m+1)}{m!}$。这里规定 $0! = 1$。

习题 1.1

基础题

1. 写出下列随机试验的样本空间：

(1) 掷两枚骰子，观察出现的点数；

(2) 连续抛一枚硬币，直至出现正面为止，正面用"1"表示，反面用"0"表示；

(3) 一超市在正常营业的情况下，某一天内接待顾客的人数；

(4) 某城市一天内的用电量。

2. 同时掷两枚骰子，设事件 A 表示"两枚骰子出现点数之和为奇数"，B 表示"点数之差为零"，C 表示"点数之积不超过 20"，用样本点的集合表示事件 $B-A, BC, B+\bar{C}$。

3. 设 A, B, C 为三事件，试用 A, B, C 的运算关系表示下列事件：

(1) A 发生，B 与 C 不发生；　　(2) A 与 B 发生，C 不发生；

(3) A, B, C 都发生；　　(4) A, B, C 都不发生；

(5) A, B, C 不都发生；　　(6) A, B, C 中至少有一个发生；

(7) A, B, C 中不多于一个发生；　　(8) A, B, C 中至少有两个发生。

4. 指出下列关系中哪些成立，哪些不成立：

(1) $A \cup B = A\bar{B} \cup B$；　　(2) $\overline{AB} = A \cup B$；

(3) $(AB)(A\bar{B}) = \varnothing$；　　(4) 若 $AB = \varnothing$，且 $C \subset A$，则 $BC = \varnothing$；

(5) 若 $A \subset B$，则 $A \cup B = B$；　　(6) 若 $A \subset B$，则 $AB = A$；

(7) 若 $A \subset B$，则 $\bar{B} \subset \bar{A}$；　　(8) $\overline{(A \cup B)C} = \bar{A}\bar{B}\bar{C}$。

5. 设 A, B 是两个事件，那么事件"A, B 都发生"，"A, B 不都发生"，"A, B 都不发生"中，哪两个是对立事件？

6. 从数字 $1, 2, \cdots, 9$ 中可重复地任取 n 次 $(n \geqslant 2)$。以 A 表示"所取的 n 个数字中没有 5"，B 表示"所取的 n 个数字中没有偶数"，问事件"所取的 n 个数字的乘积能被 10 整除"如何用 A, B 表示？

提高题

1. 设事件 A 与 B 满足条件 $AB = \overline{A}\overline{B}$，则下面结论正确的是（　　）。

　　A. $A \cup B = \varnothing$　　B. $A \cup B = \Omega$　　C. $A \cup B = A$　　D. $A \cup B = B$

2. 设 A, B, C 是随机事件，满足 $AB \subset C$，则下面结论正确的是（　　）。

　　A. $\overline{A}\overline{B} \supset \overline{C}$　　　　　　　　B. $A \subset C$ 且 $B \subset C$

　　C. $\overline{A} \cup \overline{B} \supset \overline{C}$　　　　　　　　D. $A \subset C$ 或 $B \subset C$

3. 设 A, B 为随机事件，试证明下列等式：

(1) $A \cup B = A\bar{B} \cup B$；　　(2) $(A-B)C = AC - BC$；

(3) $(A \cup B) - B = A - B = A - AB$；　　(4) $(A \cup B) - AB = (A-B) \cup (B-A)$。

1.2 概率的定义及其性质

概率的定义是概率论中最基本的一个问题。简单而直观的说法是：概率是随机事件发生的可能性的大小。在一次试验中，某事件 A 能否发生难以预料，但在多次重复试验中，事件 A 的发生却能显现出确定的规律性。事实上，事件 A 发生的可能性大小是可以确定的。我们的任务就是要找到对随机事件发生可能性的科学的、合理的定量描述。为了合理地刻画事件在一次试验中发生的可能性的大小，我们首先引入频率的概念，进而引出表征事件在一次试验中发生可能性大小的数字度量——概率。

1.2.1 事件的频率

定义 1 如果随机事件 A 在 n 次重复试验中发生的次数为 n_A，则称比值 n_A/n 为事件 A 发生的**频率**(frequency)，记为 $f_n(A)$。

由定义易见频率具有下述基本性质：

(1) $0 \leqslant f_n(A) \leqslant 1$；

(2) $f_n(\Omega) = 1, f_n(\varnothing) = 0$；

(3) 若 $A_1, A_2, \cdots, A_n$ 是两两互不相容事件，则

$$f_n(A_1 \cup A_2 \cup \cdots \cup A_n) = f_n(A_1) + f_n(A_2) + \cdots + f_n(A_n).$$

【例 1】 抛硬币试验。历史上有不少人做过抛硬币试验，其结果见表 1-1，从表中的数据可以看出：出现正面的频率逐渐稳定在 0.5。

表 1-1 历史上抛硬币试验的若干结果

试验者	抛硬币试验	出现正面次数	频率
德摩根(De Morgan)	2048	1061	0.5181
蒲丰(Buffon)	4040	2048	0.5069
费勒(Feller)	10000	4979	0.4979
皮尔逊(Pearson)	12000	6019	0.5016

【例 2】 产品合格率试验。为了检测某种产品的合格率，从一批产品中分别随机地抽出 3 件, 5 件, 15 件, 50 件, 100 件, 200 件, 400 件, 600 件，在相同条件下进行检验，得到的统计结果如下：

产品数	3	5	15	50	100	200	400	600
合格品数	3	4	13	46	89	180	362	541
合格品频率	1.00	0.8000	0.867	0.920	0.890	0.900	0.905	0.902

当 n 取不同值时，合格品的频率 $f_n(A)$ 不尽相同。但当 n 很大时，$f_n(A)$ 在 0.9 这个固定的数值附近摆动。

从上面两个例子可以看出：事件发生的频率在 0 与 1 之间随机波动，当试验次数较小时，波动的幅度较大。因而，当试验次数较少时，用频率表示事件在一次试验中发生的可能性大小是不恰当的。但是，随着试验次数的增多，频率逐渐稳定于一个固定常数。对于每个事件，都有这样一个客观存在的常数与之对应。这种"频率的稳定性"就是通常所说的"统计规律性"，它已经不断地被人类实践所证实，解释了隐藏在随机现象中的内在规律性。于是，用这个频率的稳定值来表示事件发生的可能性的大小是恰当的。

但是，在实际问题中，我们不可能，也没有必要对每个事件都做大量的试验，从中得到频率的稳定值。现在，从频率的稳定性和频率的性质出发，给出度量事件发生可能性大小的量——概率的定义和性质。

1.2.2 概率的定义

定义 2 设 E 是随机试验，Ω 是它的样本空间，对于 Ω 中的每一个事件 A，赋予一个实数 $P(A)$ 与之对应，如果集合函数 $P(\cdot)$ 满足下述 3 条公理：

(1) **非负性** $P(A) \geqslant 0$；

(2) **规范性** $P(\Omega) = 1$；

(3) **可列可加性** 事件 $A_1, A_2, \cdots, A_n, \cdots$ 两两互不相容，则有

$$P\left(\bigcup_{i=1}^{\infty} A_i\right) = \sum_{i=1}^{\infty} P(A_i)。$$

则称实数 $P(A)$ 为事件 A 的**概率**(probability)。

由概率的定义，可以推出概率的一些<u>重要性质</u>。

性质 1 $P(\varnothing) = 0$，即不可能事件的概率为零。

证明 令 $A_i = \varnothing (i = 1, 2, \cdots)$，则 $\bigcup_{i=1}^{\infty} A_i = \varnothing$，$A_i A_j = \varnothing (i \neq j, i, j = 1, 2, \cdots)$。

由可列可加性得

$$P(\varnothing) = P\left(\bigcup_{i=1}^{\infty} A_i\right) = \sum_{i=1}^{\infty} P(A_i) = \sum_{i=1}^{\infty} P(\varnothing)，\quad 即 \quad P(\varnothing) = P(\varnothing) + P(\varnothing) + \cdots，$$

所以 $P(\varnothing) = 0$。

性质 2（有限可加性） 如果 $A_1, A_2, \cdots, A_n$ 是两两互不相容的事件，则有

$$P(A_1 \bigcup A_2 \bigcup \cdots \bigcup A_n) = P(A_1) + P(A_2) + \cdots + P(A_n)。 \tag{1.1}$$

证明 令 $A_{n+1} = A_{n+2} = \cdots = \varnothing \Rightarrow A_i A_j = \varnothing (i \neq j, i, j = 1, 2, \cdots)$，由概率的可列可加性得

$$P(A_1 \bigcup A_2 \bigcup \cdots \bigcup A_n) = P\left(\bigcup_{i=1}^{\infty} A_i\right) = P(A_1) + P(A_2) + \cdots + P(A_n) + 0$$

$$= P(A_1) + P(A_2) + \cdots + P(A_n)。$$

注 由式(1.1)及 $A = AB \bigcup A\bar{B}$ 可得 $P(A) = P(AB) + P(A\bar{B})$。

性质 3（对立事件的概率） 对于任一事件 A，有

$$P(\bar{A}) = 1 - P(A)。 \tag{1.2}$$

证明 由 $A \bigcup \bar{A} = \Omega$，$A\bar{A} = \varnothing$，$P(\Omega) = 1$，得

$$P(\Omega) = P(A \bigcup \bar{A}) = P(A) + P(\bar{A}) = 1，\quad 所以 \quad P(\bar{A}) = 1 - P(A)。$$

性质 4 如果 $A \subset B$，那么 $P(B - A) = P(B) - P(A)$，且有 $P(B) \geqslant P(A)$。

证明 由于 $A \subset B$，故 $B = A \cup (B-A)$。又因为 $A(B-A) = \varnothing$，所以
$$P(B) = P(A) + P(B-A), \quad 即 \quad P(B-A) = P(B) - P(A)。$$
根据 $P(B-A) \geqslant 0$，有 $P(B) \geqslant P(A)$。

性质 5 对任意事件 A,B，有
$$P(A-B) = P(A) - P(AB)。 \tag{1.3}$$

证明 因为 $A-B = A-AB$ 且 $AB \subset A$，所以由性质 4 得 $P(A-B) = P(A) - P(AB)$。

【例 3】 设事件 A 与 B 的概率分别为 $0.3, 0.2$，试在下列 3 种情况下求 $P(A-B)$：(1) $AB = \varnothing$；(2) $B \subset A$；(3) $P(AB) = 0.1$。

解 (1) 由 $AB = \varnothing$ 得 $P(AB) = 0$，于是
$$P(A-B) = P(A) - P(AB) = 0.3 - 0 = 0.3。$$
(2) 由 $B \subset A$，得 $P(A-B) = P(A) - P(B) = 0.3 - 0.2 = 0.1$。
(3) $P(A-B) = P(A) - P(AB) = 0.3 - 0.1 = 0.2$。

性质 6（加法公式） 给定任意事件 A,B，有
$$P(A \cup B) = P(A) + P(B) - P(AB)。 \tag{1.4}$$

证明 因为 $A \cup B = A \cup (B-AB)$，所以 $P(A \cup B) = P(A) + P(B-AB)$。
又因为 $AB \subset B$，所以 $P(B-AB) = P(B) - P(AB)$，于是
$$P(A \cup B) = P(A) + P(B) - P(AB)。$$
类似地，任意三个事件 A,B,C 和的概率公式为
$$P(A \cup B \cup C) = P(A) + P(B) + P(C) - P(AB) - P(AC) - P(BC) + P(ABC)。$$

【例 4】 已知事件 $A, B, A \cup B$ 的概率分别为 $0.4, 0.3, 0.6$，求 $P(A\bar{B})$。

解 由 $P(A \cup B) = P(A) + P(B) - P(AB)$ 得
$$P(AB) = P(A) + P(B) - P(A \cup B) = 0.4 + 0.3 - 0.6 = 0.1,$$
$$P(A\bar{B}) = P(A) - P(AB) = 0.4 - 0.1 = 0.3。$$

【例 5】 设有事件 A, B, C，已知 $P(A) = P(B) = P(C) = \dfrac{1}{4}$，$P(AC) = P(BC) = \dfrac{1}{16}$，$P(AB) = 0$。问：(1) A, B, C 中至少有一个发生的概率是多少？(2) A, B, C 都不发生的概率是多少？

解 (1) 因为 $P(AB) = 0$ 且 $ABC \subset AB$，所以由性质 4 知 $P(ABC) = 0$。
再由加法公式，得 A, B, C 中至少发生一个的概率为
$$P(A \cup B \cup C) = P(A) + P(B) + P(C) - P(AB) - P(AC) - P(BC) + P(ABC)$$
$$= \dfrac{3}{4} - \dfrac{2}{16} = \dfrac{5}{8}。$$

(2) 因为"A, B, C 都不发生"的对立事件为"A, B, C 中至少有一个发生"，所以由对立事件计算公式得
$$P(A, B, C \text{ 都不发生}) = P(\bar{A}\bar{B}\bar{C}) = P(\overline{A \cup B \cup C}) = 1 - P(A \cup B \cup C) = 1 - \dfrac{5}{8} = \dfrac{3}{8}。$$

习题 1.2

基础题

1. 已知事件 A, B 满足 $P(AB) = P(\bar{A}\bar{B})$，记 $P(A) = p$，试求 $P(B)$。

2. 已知事件 A,B 满足 $P(A)=0.7, P(A-B)=0.3$，试求 $P(\overline{AB})$。

3. 某人外出旅游两天。根据天气预报，第一天下雨的概率为 0.6，第二天下雨的概率为 0.3，两天都下雨的概率为 0.1。试求：

(1) 第一天下雨而第二天不下雨的概率；

(2) 第一天不下雨而第二天下雨的概率；

(3) 至少有一天下雨的概率；

(4) 两天都不下雨的概率；

(5) 至少有一天不下雨的概率。

4. 已知事件 A,B,C 满足 $P(A)=P(B)=P(C)=\dfrac{1}{4}, P(AC)=\dfrac{1}{8}, P(AB)=P(BC)=0$。求：(1) A,B,C 中至少有一个发生的概率是多少？ (2) A,B,C 都不发生的概率是多少？

5. 若 A,B 为两事件，并满足 $P(A)=0.5, P(B)=0.4, P(A-B)=0.3$，求 $P(A\cup B)$ 和 $P(\overline{A}\cup \overline{B})$。

6. 设 A,B 是两事件，且 $P(A)=0.6, P(B)=0.7$。问：

(1) 在什么条件下 $P(AB)$ 取得最大值，最大值是多少？

(2) 在什么条件下 $P(AB)$ 取得最小值，最小值是多少？

提高题

1. 设事件 A 与事件 B 互不相容，则（　　）。

A. $P(\overline{AB})=0$ B. $P(AB)=P(A)P(B)$

C. $P(A)=1-P(B)$ D. $P(\overline{A}\cup\overline{B})=1$

2. 设随机事件 A 与 B 为对立事件，$0<P(A)<1$，则一定有（　　）。

A. $0<P(A\cup B)<1$ B. $0<P(B)<1$

C. $0<P(AB)<1$ D. $0<P(\overline{AB})<1$

3. 若 $P(A)=0.4, P(\overline{A}B)=0.3$，求 $P(\overline{AB})$。

1.3 古典概型和几何概型

1.3.1 古典概型

通过前面讲过的掷一枚骰子或一枚硬币的试验，不难发现这两个试验的结果都具有有限性和等可能性两个特点。

定义 1 如果试验 E 满足：

(1) 试验的样本空间 Ω 只含有有限个样本点，即 $\Omega=\{\omega_1,\omega_2,\cdots,\omega_n\}$；

(2) 试验中每个基本事件发生的可能性相同，即

$$P(\{\omega_1\}) = P(\{\omega_2\}) = \cdots = P(\{\omega_n\}),$$

则称此试验为**古典概率模型**(classical probabilistic model)，简称**古典概型**。

由于 $\Omega = \bigcup_{i=1}^{n} \{\omega_i\}$，且基本事件 $\{\omega_i\}$ 是两两互不相容的，因此有

$$1 = P(\Omega) = P\left(\bigcup_{i=1}^{n} \{\omega_i\}\right) = P(\{\omega_1\}) + P(\{\omega_2\}) + \cdots + P(\{\omega_n\})。$$

再由定义 1 中的(2)得 $P(\{\omega_i\}) = \dfrac{1}{n}(i=1,2,\cdots,n)$。

如果事件 $A \subset \Omega$，A 中有 k 个基本事件，即

$$A = \bigcup_{j=1}^{k} \{\omega_{i_j}\}(1 \leqslant i_1 < \cdots < i_k \leqslant n), \quad 则 P(A) = P\left(\bigcup_{j=1}^{k} \{\omega_{i_j}\}\right) = \sum_{j=1}^{k} P(\{\omega_{i_j}\}) = \dfrac{k}{n}。$$

引入如下定义。

定义 2 若试验结果一共由 n 个基本事件组成，并且基本事件出现的可能性相同，而事件 A 包含 $k(k \leqslant n)$ 个基本事件，则事件 A 发生的概率

$$P(A) = \frac{k}{n} = \frac{A \text{ 中包含基本事件的个数}}{\Omega \text{ 中包含基本事件的个数}}。 \tag{1.5}$$

【例 1】 掷一枚质地均匀的骰子，设 A 表示所掷结果为"四点或五点"；B 表示所掷结果为"偶数点"，求 $P(A)$ 和 $P(B)$。

解 掷一枚骰子，出现 6 种点数的可能性相同，因此该试验为古典概型，样本空间为 $\Omega = \{1,2,3,4,5,6\}$，则事件 $A = \{4,5\}$，$B = \{2,4,6\}$，根据公式(1.5)，有

$$P(A) = \frac{2}{6} = \frac{1}{3}, \quad P(B) = \frac{3}{6} = \frac{1}{2}。$$

注 当样本空间元素较多时，一般不再将 Ω 中元素一一列出，只需求出 Ω 中与所求事件中基本事件的个数。这时在计算中经常用到排列组合。

【例 2】(抽样模型) 一口袋中装有 5 只乒乓球，其中 3 只是白色的，2 只是黄色的。现从袋中取 2 球，每次取 1 只，采取两种方式取球。(a)第一次取一球不放回袋中，第二次从剩余的球中再取一只，这种取球方式称为**不放回抽样**；(b)第一次取一只，观察其颜色后放回袋中，搅匀后再取一球，这种取球方式称为**放回抽样**。试分别就上面两种情况求：

(1) 两只球都是白色的概率；

(2) 两只球颜色不同的概率；

(3) 至少有一只白球的概率。

解 设事件 A 表示"两只球都是白球"，事件 B 表示"两只球颜色不同"，事件 C 表示"至少有一只白球"。

(a) **不放回抽样** 试验的样本空间 Ω 共包含 $n = P_5^2 = 5 \times 4 = 20$ 个基本事件，事件 A 包含 $k_A = P_3^2 = 6$ 个基本事件，事件 B 包含 $k_B = P_3^1 P_2^1 + P_2^1 P_3^1 = 12$ 个基本事件，事件 C 包含 $k_B = P_3^1 P_2^1 + P_2^1 P_3^1 + P_3^2 = 18$ 个基本事件，由此得：

(1) $P(A) = \dfrac{k_A}{n} = \dfrac{6}{20} = \dfrac{3}{10}$；

(2) $P(B) = \dfrac{k_B}{n} = \dfrac{12}{20} = \dfrac{3}{5}$；

(3) $P(C) = \dfrac{k_C}{n} = \dfrac{18}{20} = \dfrac{9}{10}$。

另外，$P(C) = 1 - P(\overline{C}) = 1 - \dfrac{2 \times 1}{5 \times 4} = \dfrac{9}{10}$。

(b) 放回抽样

(1) $P(A) = \dfrac{3 \times 3}{5 \times 5} = \dfrac{9}{25}$；

(2) $P(B) = \dfrac{3 \times 2 + 2 \times 3}{5 \times 5} = \dfrac{12}{25}$；

(3) $P(C) = \dfrac{3 \times 3 + 3 \times 2 + 2 \times 3}{5 \times 5} = \dfrac{21}{25}$。

另外，$P(C) = 1 - P(\bar{C}) = 1 - \dfrac{2 \times 2}{5 \times 5} = \dfrac{21}{25}$。

【例 3】(彩票问题) 一种福利彩票称为幸福 35 选 7，即从 $01, 02, \cdots, 35$ 中不重复的开出 7 个基本号码和一个特殊号码。各等奖的规则如下表，试求各等奖的中奖概率。

中 奖 级 别	中 奖 规 则
一等奖	7 个基本号码全中
二等奖	中 6 个基本号码及特殊号码
三等奖	中 6 个基本号码
四等奖	中 5 个基本号码及特殊号码
五等奖	中 5 个基本号码
六等奖	中 4 个基本号码及特殊号码
七等奖	中 4 个基本号码，或中 3 个基本号码及特殊号码

解 因为不重复地选号码是一种不放回抽样，所以样本空间 Ω 中含有 C_{35}^7 个基本事件。
将 35 个号码分为三类：
第一类号码：7 个基本号码；第二类号码：1 个特殊号码；第三类号码：27 个无用号码。

若记 p_i 为"中第 i 等奖"的概率 $(i = 1, 2, \cdots, 7)$，可得各等奖的中奖概率如下：

$$p_1 = \dfrac{C_7^7 C_1^0 C_{27}^0}{C_{35}^7} = \dfrac{1}{6724520} = 0.149 \times 10^{-6},$$

$$p_2 = \dfrac{C_7^6 C_1^1 C_{27}^0}{C_{35}^7} = 1.04 \times 10^{-6},$$

$$p_3 = \dfrac{C_7^6 C_1^0 C_{27}^1}{C_{35}^7} = 28.106 \times 10^{-6},$$

$$p_4 = \dfrac{C_7^5 C_1^1 C_{27}^1}{C_{35}^7} = 84.318 \times 10^{-6}。$$

同理可得 $p_5 = 1.096 \times 10^{-3}, p_6 = 1.827 \times 10^{-3}, p_7 = 30.448 \times 10^{-3}$。

若记事件 A 表示"中奖"，则事件 $\bar{A}$ 为"不中奖"，可得

中奖的概率为 $P(A) = p_1 + p_2 + p_3 + p_4 + p_5 + p_6 + p_7 = \dfrac{225170}{6724520} = 0.033485$，

不中奖的概率为 $P(\bar{A}) = 1 - P(A) = 0.966515$。

以上的结果说明：一百个人中约有 3 人中奖；而中一等奖的概率只有 0.149×10^{-6}，即二千万个人中约有 3 人中一等奖。因此购买彩票要有平常心，不要期望过高。

【例 4】 已知 8 支球队中有 3 支弱队，以抽签的方式将这 8 支球队分为 A, B 两组，每组 4 支球队。求：(1) A, B 两组中有一组恰有两支弱队的概率 p_1；(2) A 组中至少有两支弱队

的概率 p_2。

解 （1）$p_1 = \dfrac{C_2^1 C_3^2 C_5^2}{C_8^4} = \dfrac{6}{7}$。

另外，对立事件"三支弱队在同一组"的概率为 $\dfrac{2 \times C_5^1}{C_8^4} = \dfrac{1}{7}$，则 $p_1 = 1 - \dfrac{1}{7} = \dfrac{6}{7}$。

（2）$p_2 = \dfrac{C_3^2 C_5^2}{C_8^4} + \dfrac{C_3^3 C_5^1}{C_8^4} = \dfrac{1}{2}$。

【例 5】 在 1 到 1000 的整数中随机地取一个数，问取到的整数既不能被 2 整除也不能被 3 整除的概率是多少？

解 设事件 A 为"取到的数能被 2 整除"，事件 B 为"取到的数能被 3 整除"。

由于 $\dfrac{1000}{2} = 500, 333 < \dfrac{1000}{3} < 334$，所以，$P(A) = \dfrac{500}{1000}, P(B) = \dfrac{333}{1000}$。

又由于一个数能同时被 2 与 3 整除，就相当于能被 6 整除，因此由 $166 < \dfrac{1000}{6} < 167$，得 $P(AB) = \dfrac{166}{1000}$。于是所求概率为

$$P(\overline{A}\overline{B}) = P(\overline{A \cup B}) = 1 - P(A \cup B)$$
$$= 1 - [P(A) + P(B) - P(AB)]$$
$$= 1 - \left(\dfrac{500}{1000} + \dfrac{333}{1000} - \dfrac{166}{1000}\right) = \dfrac{333}{1000}。$$

【例 6】（盒子模型） 设有 n 个球，每个球都等可能地被放到 N 个不同盒子中，每个盒子所放球数不限。求：

（1）指定的 $n(n \leqslant N)$ 个盒子中各有一球的概率 p_1；

（2）恰好有 $n(n \leqslant N)$ 个盒子各有一球的概率 p_2。

解 因为每个球都可放到 N 个盒子中的任一个，所以 n 个球放的方式共有 N^n 种，它们是等可能的。

（1）$p_1 = \dfrac{n!}{N^n}$。

（2）问题（2）与（1）的差别在于：此 n 个盒子可以在 N 个盒子中任意选取。此时可分为两步作：第一步从 N 个盒子中取 n 个盒子，共有 C_N^n 种取法；第二步将 n 个球放入选中的 n 个盒子中，每个盒子各放 1 个球，共有 $n!$ 种放法。所以根据乘法原则，事件"恰好 $n(n \leqslant N)$ 个盒子中各有一球"共包含 $C_N^n n!$ 个基本事件，则

$$p_2 = \dfrac{C_N^n n!}{N^n} = \dfrac{P_N^n}{N^n}。$$

下面我们用盒子模型来讨论概率论历史上颇有名的"生日问题"。

【例 7】（生日问题） 设有 n 个人（假设一年有 365 天，$n \leqslant 365$），且每个人的生日在一年 365 天中的任意一天是等可能的。求：

（1）n 个人的生日全不相同的概率 p_1；

（2）n 个人中至少有两个人的生日相同的概率 p_2。

解 （1）将 n 个人看成是 n 个球，将一年 365 天看成是 $N = 365$ 个盒子，则"n 个人的生日全不相同"就相当于"恰好有 $n(n \leqslant N)$ 个盒子中各有一球"，所以 n 个人的生日全不相同的概率为

$$p_1 = \frac{P_{365}^n}{365^n} = \frac{365!}{365^n(365-n)!}。$$

(2) $p_2 = 1 - \frac{P_{365}^n}{365^n}$。

当 $n=64$ 时，$p_2=0.997$，这表示在仅有 64 人的班级里，"至少有两个人的生日相同"的概率接近于 1，这和我们平时想象的这种情况发生的可能性很小不太一样。这也告诉我们，"直觉"并不可靠，同时也说明研究随机现象的统计规律性是非常重要的。

1.3.2 几何概型

古典概型只适用于基本事件的总数有限的情形，假设试验的所有可能结果即基本事件的总数有无穷多个，而样本点的出现又类似于古典概型中的等可能性，就得到几何概型。

定义 3 若一试验满足：(1)试验的样本空间 Ω 是直线上的某个区间，或者是平面、空间上的某个区域，从而 Ω 含有无穷多个样本点；(2)每个样本点发生的可能性相同。称此试验为**几何概型**。

定义 4 如果随机试验的样本空间 Ω 充满某个区域，其度量(长度、面积或体积等)大小可用 S_Ω 表示，且任意一点落在度量相同的子区域内的概率是相等的。若事件 A 为 Ω 中的某个子区域，其度量大小可用 S_A 表示，则事件 A 发生的概率为

$$P(A) = \frac{S_A}{S_\Omega}。 \tag{1.6}$$

【例 8】（会面问题） 甲乙两人约定在晚上 6 时到 7 时之间在某处会面，并约定先到者应等候另一个人 20min，过时即可离去。求两人能会面的概率。

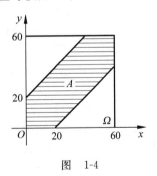

图 1-4

解 设 A 表示"两人能会面"，以 x 和 y 分别表示甲乙两人到达约会地点的时间(以 min 为单位)，在平面上建立直角坐标系(如图 1-4 所示)，则 $S_\Omega = 60^2$，而 $|x-y| \leqslant 20$，阴影部分面积 $S_A = 60^2 - 40^2$，所以 A 发生的概率为

$$P(A) = \frac{S_A}{S_\Omega} = \frac{60^2 - 40^2}{60^2} = \frac{5}{9}。$$

【例 9】（投针问题） 平面上画有间隔为 $d(d>0)$ 的等距平行线，向平面任意投掷一枚长为 $l(l<d)$ 的针，求针与任一平行线相交的概率。

解 设 x 表示针的中点与最近一条平行线的距离，φ 表示针与此直线间的夹角(如图 1-5(a)所示)。易知样本空间 $\Omega = \left\{(x,\varphi) \mid 0 \leqslant x \leqslant \frac{d}{2}, 0 \leqslant \varphi \leqslant \pi \right\}$，在 φ-x 平面上 Ω 是一个矩形，其面积为 $S_\Omega = \frac{\pi d}{2}$。记事件 A 为针与平行线相交，事件 A 发生的充要条件是

$$x \leqslant \frac{l}{2}\sin\varphi。$$

由这个不等式表示的区域是(如图 1-5(b)所示)中的阴影部分。由于针是向平面任意投掷的，所以由等可能性知这是一个几何概率问题。于是

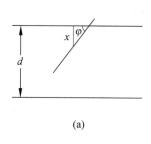 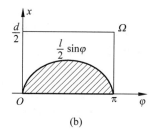

图 1-5

$$P(A) = \frac{S_A}{S_\Omega} = \frac{\int_0^\pi \frac{l}{2}\sin\varphi\,d\varphi}{\frac{\pi}{2}d} = \frac{2l}{\pi d}。$$

习题 1.3

基础题

1. 抛三枚硬币,求:(1)三枚正面都朝上的概率;(2)恰有一枚正面朝上的概率;(3)至少有一枚正面朝上的概率。

2. 口袋中有 10 个球,分别标有号码 1~10,现从中不放回地任取 3 个,记下取出球的号码,试求:(1)最小号码为 5 的概率;(2)最大号码为 5 的概率。

3. 掷两枚骰子,求下列事件的概率:
(1)点数之和为 7;(2)点数之和不超过 5;(3)两个点数中一个恰是另一个的两倍。

4. 设 5 个产品中有 3 个合格品,2 个不合格品。从中不放回的任取 2 个,求取出的 2 个中全是合格品、仅有一个合格品和没有合格品的概率各为多少?

5. 从 0,1,2,…,9 这十个数字中任取三个不同的数字,试求:
(1) 三个数字中不含 0 和 5 的概率;
(2) 三个数字中含 0 但不含 5 的概率;
(3) 三个数字中不含 0 或 5 的概率。

6. 一套书共有 5 册,按任意次序放到书架上,试求下列事件的概率:
(1) 其中指定的两册书放在旁边;(2)指定的两册书都不出现在旁边;(3)指定的一册书正好在中间。

7. 两封信随机地向标号为Ⅰ,Ⅱ,Ⅲ,Ⅳ的四个邮筒投寄,求:(1)第二个邮筒恰好被投入 1 封信的概率;(2)前两个邮筒各有 1 封信的概率。

8. 一寝室有 4 个人,假定每个人的生日在 12 个月的每一个月是等可能的,求至少有两个人的生日在同一个月的概率。

9. 电梯从第 1 层到第 15 层,开始时电梯里有 10 个人,每个人都可能在 2~15 层下电梯,求下列事件的概率:(1)10 个人在同一层下电梯;(2)10 个人都在第 10 层下电梯;(3)10 个人中有 5 个人在第 10 层下电梯。

10. 将 3 个球随机地放入 4 个杯子中,求杯子中球的最多个数分别是 1,2,3 的概率。

11. 甲乙两艘轮船驶向一个不能同时停泊两艘轮船的码头,它们在一昼夜内到达的时间是等可能的。如果甲船的停泊时间是一小时,乙船的停泊时间是两小时,求它们中任何一艘都不需要等候码头空出的概率是多少?

提高题

1. 将 C,C,E,E,I,N,S 共 7 个字母随机地排成一行,求恰好排成英文字母 $SCIENCE$ 的概率。
2. 从 5 双不同的鞋子中任取 4 只,求此 4 只鞋子中至少有两只鞋子配成一双的概率?
3. 将一枚硬币抛 $2n$ 次,求出现正面向上的次数多于反面向上次数的概率。
4. 从 $(0,1)$ 中随机地取两个数,求两数之和小于 $\frac{6}{5}$ 的概率。

1.4 条件概率与全概率公式

1.4.1 条件概率

在解决概率问题时,往往需要求在某些附加信息(条件)下事件发生的概率,即研究在事件 A 已经发生的条件下,事件 B 发生的概率,记为 $P(B|A)$,这个概率称为在 A 发生的条件下,B 发生的条件概率。一般情况下,条件概率 $P(B|A)$ 与无条件概率 $P(B)$ 不等。

【例 1】 现有一批灯泡,其中,甲厂生产的有 100 个,之中次品是 10 个,乙厂生产的有 200 个,之中次品是 40 个,随机抽取一个检测。设 $A=$"抽到甲厂生产的灯泡",$B=$"抽到次品"。求 $P(A),P(B),P(AB),P(B|A)$。

解 显然 $P(A)=\frac{100}{300},P(B)=\frac{50}{300},P(AB)=\frac{10}{300}$。

而 $P(B|A)$ 表示甲厂生产的 100 个产品中,抽到甲厂生产的次品的概率,即 $P(B|A)=\frac{10}{100}$。

另一方面 $P(B|A)=\frac{10}{100}=\frac{10/300}{100/300}=\frac{P(AB)}{P(A)}$。这个关系具有一般性,即条件概率是两个无条件概率之商,下面给出条件概率的严格定义。

定义 1 设 A,B 是样本空间 Ω 的两个事件,且 $P(A)>0$,则称

$$P(B\mid A) = \frac{P(AB)}{P(A)} \tag{1.7}$$

为在事件 A 发生的条件下,事件 B 发生的**条件概率**(conditional probability),简称**条件概率**。

注 条件概率 $P(B|A)$ 是在事件 A 已经发生的条件下(此时样本空间缩小为 A),讨论事件 B 的发生的概率。

条件概率具有如下性质:

设 B 是一事件,且 $P(A)>0$,则

(1) 对任一事件 B，$0 \leqslant P(B|A) \leqslant 1$；
(2) $P(\Omega|A) = 1$；
(3) 设 $B_1, B_2, \cdots, B_n, \cdots$ 是两两互不相容的事件，则
$$P(B_1 \cup B_2 \cup \cdots \cup B_n \cup \cdots \mid A) = P(B_1 \mid A) + P(B_2 \mid A) + \cdots + P(B_n \mid A) + \cdots。$$
而且，前面对概率所证明的一切性质，也都适用于条件概率。

例如，对任意事件 B_1 和 B_2，有
$$P(B_1 \cup B_2 \mid A) = P(B_1 \mid A) + P(B_2 \mid A) - P(B_1 B_2 \mid A)。$$
其他性质请读者自己写出。

【例 2】 考虑恰有两个小孩的家庭，若已知某一家有男孩，求这家有两个男孩的概率；若已知某家第一个是男孩，求这家有两个男孩（相当于第二个也是男孩）的概率。（假定生男生女是等可能的）

解 设 B 表示有男孩，A 表示有两个男孩，B_1 表示第一个是男孩，则有
$$\Omega = \{(男,男),(男,女),(女,男),(女,女)\},$$
$$B = \{(男,男),(男,女),(女,男)\}, \quad A = \{(男,男)\}, \quad B_1 = \{(男,男),(男,女)\}。$$
于是
$$P(B) = \frac{3}{4}, \quad P(B_1) = \frac{1}{2}, \quad P(AB) = P(A) = \frac{1}{4}, \quad P(AB_1) = P(A) = \frac{1}{4}。$$
所求的两个条件概率为
$$P(A \mid B) = \frac{P(AB)}{P(B)} = \frac{\frac{1}{4}}{\frac{3}{4}} = \frac{1}{3}, \quad P(A \mid B_1) = \frac{P(AB_1)}{P(B_1)} = \frac{\frac{1}{4}}{\frac{1}{2}} = \frac{1}{2}。$$

1.4.2 乘法公式

由条件概率的定义，可以得到乘法公式。

乘法公式：设 $P(A) > 0$，则有
$$P(AB) = P(A) P(B \mid A)。 \tag{1.8}$$
同样地，设 $P(B) > 0$，则有 $P(AB) = P(B) P(A \mid B)$。

上式也推广到多个事件的乘法公式：一般地，对于事件 $A_1, A_2, \cdots, A_n$，若 $P(A_1 A_2 \cdots A_{n-1}) > 0$，则有
$$P(A_1 A_2 \cdots A_n) = P(A_1) P(A_2 \mid A_1) P(A_3 \mid A_1 A_2) \cdots P(A_n \mid A_1 A_2 \cdots A_{n-1})。 \tag{1.9}$$

【例 3】 一批产品共有 100 件，其中 10 件为次品，其余为正品。作不放回抽取，每次取一件，求第三次才取到正品的概率。

解 以 $A_i (i=1,2,3)$ 表示事件"第 i 次取到正品"，A 表示"第三次才取到正品"，于是
$$P(A) = P(\overline{A_1}\, \overline{A_2} A_3) = P(\overline{A_1}) P(\overline{A_2} \mid \overline{A_1}) P(A_3 \mid \overline{A_1}\, \overline{A_2}) = \frac{10}{100} \times \frac{9}{99} \times \frac{90}{98} \approx 0.0083。$$

【例 4】 10 个考签中，有 4 个难签，3 人参加不放回抽签，甲先、乙次、丙最后。求：(1)甲抽到难签的概率；(2)甲、乙都抽到难签的概率；(3)甲未抽到难签、乙抽到难签的概率；(4)甲、乙、丙都抽到难签的概率；(5)乙抽到难签的概率。

解 设事件 A,B,C 分别表示甲、乙、丙抽到难签，则

(1) $P(A)=\dfrac{4}{10}=\dfrac{2}{5}$；

(2) $P(AB)=P(A)P(B|A)=\dfrac{4}{10}\times\dfrac{3}{9}=\dfrac{2}{15}$；

(3) $P(\overline{A}B)=P(\overline{A})P(B|\overline{A})=\dfrac{6}{10}\times\dfrac{4}{9}=\dfrac{4}{15}$；

(4) $P(ABC)=P(A)P(B|A)P(C|AB)=\dfrac{4}{10}\times\dfrac{3}{9}\times\dfrac{2}{8}=\dfrac{1}{30}$；

(5) $P(B)=P(AB+\overline{A}B)=P(AB)+P(\overline{A}B)=\dfrac{2}{15}+\dfrac{4}{15}=\dfrac{2}{5}$。

同理可得丙抽到难签的概率也是 $\dfrac{2}{5}$，从而也说明甲、乙、丙分别抽到难签的概率与抽签顺序无关。

1.4.3 全概率公式

全概率公式是概率论中的一个重要公式，它是在计算比较复杂事件的概率时，把较复杂事件分解为若干个互不相容的简单事件的和，再利用概率的性质或相关公式求得最后结果。在给出全概率公式之前，首先介绍一下样本空间划分的定义。

定义 2 设 Ω 为随机试验 E 的样本空间，$A_1,A_2,\cdots,A_n$ 是 Ω 的一组事件，若：

(1) $A_iA_j=\varnothing$ $(i\neq j,i,j=1,2,\cdots,n)$；

(2) $\bigcup\limits_{i=1}^{n}A_i=\Omega$。

则称 $A_1,A_2,\cdots,A_n$ 为样本空间 Ω 的一个**划分**，也称之为一个**完备事件组**。

例如，在本节例 4 中，A 表示"甲抽到难签"，$\overline{A}$ 表示"甲没抽到难签"，$A,\overline{A}$ 就是样本空间的一个划分。

定理 1 设随机试验 E 的样本空间为 Ω，$A_1,A_2,\cdots,A_n$ 是 Ω 的一个划分，且 $P(A_i)>0(i=1,2,\cdots,n)$，B 为 E 的任意一个事件，则

$$P(B)=\sum_{i=1}^{n}P(A_i)P(B|A_i)。 \quad (1.10)$$

公式(1.10)称为**全概率公式**(total probability formula)。

证明 $B=\Omega B=(A_1\cup A_2\cup\cdots\cup A_n)B=A_1B\cup A_2B\cup\cdots\cup A_nB$。

又因为 $A_iA_j=\varnothing$，所以 $(A_iB)(A_jB)=\varnothing(i\neq j,i,j=1,2,\cdots,n)$。

由加法公式，得 $P(B)=P(A_1B)+P(A_2B)+\cdots+P(A_nB)$。

再由乘法公式，得 $P(B)=P(A_1)P(B|A_1)+P(A_2)P(B|A_2)+\cdots+P(A_n)P(B|A_n)$，

即 $P(B)=\sum\limits_{i=1}^{n}P(A_i)P(B|A_i)$。

【例 5】 某手机制造厂从甲、乙、丙三个不同的分厂购进一批某种型号的电子元件，进货率分别是 $35\%,40\%,25\%$。三个分厂电子元件的次品率依次为 $3\%,2\%,1\%$。求该厂购

进这批产品的次品率。

解 设 B 表示"取出的一只为次品", A_1, A_2, A_3 分别表示"取出的产品来自甲、乙、丙三家分厂"。显然, A_1, A_2, A_3 为样本空间的一个划分,且

$$P(A_1) = 35\%, \quad P(A_2) = 40\%, \quad P(A_3) = 25\%;$$

$$P(B \mid A_1) = 3\%, \quad P(B \mid A_2) = 2\%, \quad P(B \mid A_3) = 1\%。$$

由全概率公式,得

$$\begin{aligned} P(B) &= P(A_1)P(B \mid A_1) + P(A_2)P(B \mid A_2) + P(A_3)P(B \mid A_3) \\ &= 35\% \times 3\% + 40\% \times 2\% + 25\% \times 1\% \\ &= 0.021。 \end{aligned}$$

在例 5 中,如果已知取出的一只是次品,反过来问这只次品是乙分厂生产的概率有多大?实际中有很多类似的问题,即已知某结果发生条件下,求各原因发生可能性的大小,这需要另一个重要的公式——贝叶斯(Bayes)公式。

1.4.4 贝叶斯公式

定理 2 设随机试验 E 的样本空间为 Ω, $A_1, A_2, \cdots, A_n$ 是 Ω 的一个划分,且 $P(A_i) > 0$, $(i = 1, 2, \cdots, n)$, B 为 E 的任意一个事件,则

$$P(A_i \mid B) = \frac{P(A_i)P(B \mid A_i)}{\sum_{j=1}^{n} P(A_j)P(B \mid A_j)}, \quad i = 1, 2, \cdots, n。 \tag{1.11}$$

此公式称为**贝叶斯公式**(Bayes formula)。

证明 由(1.7)式得 $P(A_i \mid B) = \dfrac{P(A_i B)}{P(B)}$。

再分别由(1.8)式和(1.10)式得

$$P(A_i B) = P(A_i)P(B \mid A_i), \quad P(B) = \sum_{j=1}^{n} P(A_j)P(B \mid A_j),$$

即 $P(A_i \mid B) = \dfrac{P(A_i)P(B \mid A_i)}{\sum_{j=1}^{n} P(A_j)P(B \mid A_j)}$。

该公式于 1763 年由贝叶斯给出。若将事件 B 看作结果,将 A_i 看作原因,则(1.11)式表示在观察到结果 B 已发生的条件下,寻找导致 B 发生的原因 A_i 的概率。即全概率公式是"由因溯果",而贝叶斯公式是"由果溯因"。

【例 6】 在例 5 中,若从这批产品中任取一只电子元件发现是次品,求此次品是乙分厂生产的概率。

解 由贝叶斯公式

$$P(A_2 \mid B) = \frac{P(A_2)P(B \mid A_2)}{P(B)} = \frac{40\% \times 2\%}{0.021} = \frac{8}{21}。$$

【例 7】 在秋菜运输中,某汽车可到甲、乙、丙三地去拉菜,设到此三处拉菜的概率分别为 0.2, 0.5, 0.3,而到各地拉到一级菜(只分一级、二级菜)的概率分别为 0.1, 0.3, 0.7。已知汽车拉到了一级菜,求该车菜是由乙地拉来的概率。

解 设 B 表示"汽车拉到了一级菜",A_1,A_2,A_3 分别表示"汽车由甲、乙、丙三地拉菜"。根据题意

$$P(A_1)=0.2,\quad P(A_2)=0.5,\quad P(A_3)=0.3;$$
$$P(B\mid A_1)=0.1,\quad P(B\mid A_2)=0.3,\quad P(B\mid A_3)=0.7。$$

由贝叶斯公式可得

$$P(A_2\mid B)=\frac{P(A_2)P(B\mid A_2)}{P(A_1)P(B\mid A_1)+P(A_2)P(B\mid A_2)+P(A_3)P(B\mid A_3)}$$
$$=\frac{0.5\times 0.3}{0.2\times 0.1+0.5\times 0.3+0.3\times 0.7}\approx 0.3947。$$

【例 8】 三个箱子中,第一箱装有 4 个黑球 1 个白球,第二箱装有 3 个黑球 3 个白球,第三箱装有 3 个黑球 5 个白球。现先任取一箱,再从该箱中任取一球。问:(1)取出的球是白球的概率?(2)若取出的球为白球,则该球属于第二箱的概率?

解 设 A 表示"取出的是白球",B_i 表示"球取自第 i 箱",$i=1,2,3$,易知

$$P(B_1)=P(B_2)=P(B_3)=\frac{1}{3},$$

$P(A\mid B_1)=\frac{1}{5},P(A\mid B_2)=\frac{1}{2},P(A\mid B_3)=\frac{5}{8}$。于是:

(1) 由全概率公式可知

$$P(A)=P(B_1)P(A\mid B_1)+P(B_2)P(A\mid B_2)+P(B_3)P(A\mid B_3)$$
$$=\frac{1}{5}\times\frac{1}{3}+\frac{1}{2}\times\frac{1}{3}+\frac{5}{8}\times\frac{1}{3}=\frac{53}{120};$$

(2) 由贝叶斯公式可知

$$P(B_2\mid A)=\frac{P(A\mid B_2)P(B_2)}{P(A)}=\frac{\frac{1}{2}\times\frac{1}{3}}{\frac{53}{120}}=\frac{20}{53}。$$

习题 1.4

基础题

1. (1) 已知 $P(A)=0.6,P(B)=0.5,P(B\mid A)=0.4$,求 $P(A\mid B)$;

   (2) 已知 $P(A)=0.5,P(B)=0.6,P(B\mid \overline{A})=0.4$,求 $P(A\cup B)$;

   (3) 已知 $P(\overline{A})=0.3,P(B)=0.4,P(A\overline{B})=0.5$,求 $P(B\mid A\cup\overline{B})$。

2. 设某动物出生后,能活到 20 岁的概率是 0.8,能活到 25 岁的概率是 0.3,现有一只恰好 20 岁的这种动物,求它能活到 25 岁的概率是多少?

3. 已知 10 只电子元件中有 2 只是次品,在其中任取两次,每次任取一只,做不放回抽样,求下列事件的概率:

   (1) 第一次正品,第二次次品;   (2) 一次正品,一次次品;
   (3) 两次都是正品;   (4) 第二次取到次品。

4. 某人忘记了电话号码的最后一个数字,只好随意拨号。(1)求他不超过 3 次拨通电话的概率;(2)如果他记得最后一位数是奇数,求他不超过 3 次拨通电话的概率。

5. 车间有甲、乙、丙三台机床生产同一种产品,且知它们的次品率依次是 0.2,0.3,0.1,而生产的产品数量比为:甲:乙:丙=2:3:5。现从产品中任取一个,(1)求它是次品的概率;(2)若发现取出的产品是次品,求次品是来自机床乙的概率。

6. 某一城市有 25% 的汽车废气排放量超过规定标准,一辆废气排放量超标的汽车不能通过检验站检验的概率是 0.99,但一辆废气排放量未超标的汽车也有 0.05 的概率不能通过检验。求:

(1) 一辆汽车未通过检验的概率;

(2) 一辆未通过检验的汽车,它的废气排放量超标的概率。

7. 某人从甲地到乙地,乘火车、轮船、汽车、飞机的概率分别是 0.2,0.1,0.3,0.4,乘火车不迟到的概率为 0.6,乘轮船不迟到的概率为 0.8,乘汽车不迟到的概率为 0.4,乘飞机不会迟到。(1)问这个人没有迟到的概率是多少?(2)若这个人没有迟到,问他乘轮船的概率是多少?

8. 发报台分别以概率 0.6 和 0.4 发出信号"·"及"—"。由于通信系统受到干扰,当发出信号"·"时,收报台分别以概率 0.8 及 0.2 收到信息"·"及"—";又当发出信号"—"时,收报台分别以概率 0.9 及 0.1 收到信号"—"及"·"。求当收报台收到"·"时,发报台确系发出信号"·"的概率以及收到"—"时,发报台确系发出信号"—"的概率。

提高题

1. 若 A,B 是随机事件,$0<P(A)<1,0<P(B)<1$,若 $P(A|B)=1$,则下面正确的是( )。

A. $P(\bar{B}|\bar{A})=1$ B. $P(A|\bar{B})=0$

C. $P(A+B)=0$ D. $P(B|A)=1$

2. 设事件 A 与 B 互不相容,且 $0<P(B)<1$,试证明:$P(A|\bar{B})=\dfrac{P(A)}{1-P(B)}$。

3. 设 A,B,C 是随机事件,A,C 互不相容,$P(AB)=\dfrac{1}{2}$,$P(C)=\dfrac{1}{3}$,则 $P(AB|\bar{C})=$ _____。

4. 设 $P(A)>0$,证明:$P(B|A)\geqslant 1-\dfrac{P(\bar{B})}{P(A)}$。

5. 一学生接连参加同一课程的两次考试。第一次及格的概率为 p,若第一次及格则第二次及格的概率也为 p,若第一次不及格则第二次及格的概率为 $\dfrac{p}{2}$。求:

(1) 若至少有一次及格则他能取得某种资格,求他取得该资格的概率;

(2) 若已知他第二次已经及格,求他第一次及格的概率。

1.5 独立性

1.5.1 两个事件的独立性

独立性是概率论中的又一个重要的概念。例如,将一枚均匀骰子连掷两次,设 A 表示"第二次掷出 6 点",B 表示"第一次掷出 6 点",显然 A 与 B 的发生是互不影响的,即

$P(A|B)=P(A)$。由乘法公式得
$$P(AB) = P(B)P(A|B) = P(A)P(B)。$$
由此引出下面的定义。

定义 1 若两事件 A,B 满足 $P(AB)=P(A)P(B)$，则称事件 A 与事件 B **相互独立** (mutually independent)。

定理 1 若两事件 A,B 相互独立，则 A 与 $\overline{B}$，$\overline{A}$ 与 B，$\overline{A}$ 与 $\overline{B}$ 也相互独立。

证明 仅证 A 与 $\overline{B}$ 独立。

由概率的性质得 $P(A\overline{B})=P(A)-P(AB)$。又事件 A,B 相互独立，即
$$P(AB) = P(A)P(B),$$
所以
$$P(A\overline{B}) = P(A) - P(A)P(B) = P(A)[1-P(B)] = P(A)P(\overline{B})。$$
上式表明 A 与 $\overline{B}$ 相互独立。

【例 1】 从一副不含大小王的扑克牌中任取一张，记 A 表示"抽到 K"，B 表示"抽到的牌是黑色的"。问事件 A,B 是否独立？

解 由于
$$P(A) = \frac{4}{52} = \frac{1}{13}, \quad P(B) = \frac{26}{52} = \frac{1}{2}, \quad P(AB) = \frac{2}{52} = \frac{1}{26},$$
可见，$P(AB)=P(A)P(B)$，说明事件 A,B 相互独立。

注 在实际应用中，往往根据问题的实际意义去判断两事件是否独立。

【例 2】 两射手彼此独立地向同一目标射击，设甲射中目标的概率为 0.9，乙射中目标的概率为 0.8，求目标被射中的概率是多少？

解 记 A 为事件"甲射中目标"，B 为事件"乙射中目标"。注意到事件"目标被击中"为 $A\cup B$，故
$$\begin{aligned}P(A \cup B) &= P(A) + P(B) - P(AB)\\ &= P(A) + P(B) - P(A)P(B) \quad (\text{因为 } A,B \text{ 相互独立})\\ &= 0.9 + 0.8 - 0.9 \times 0.8 = 0.98。\end{aligned}$$

1.5.2 多个事件的独立性

将两事件独立的定义推广到三个事件：

定义 2 设有三个事件 A,B,C，若：
$$\begin{aligned}P(AB) &= P(A)P(B),\\ P(AC) &= P(A)P(C),\\ P(BC) &= P(B)P(C),\\ P(ABC) &= P(A)P(B)P(C),\end{aligned}$$
若以上四个等式同时成立，则称**事件 A,B,C 相互独立**。若以上前三个等式同时成立，则称**事件 A,B,C 两两相互独立**。

注 事件 A,B,C 相互独立可以推出事件 A,B,C 两两相互独立；但反过来不一定成立。

定义3 设有 n 个事件 $A_1,A_2,\cdots,A_n$，若

$$\begin{cases} P(A_iA_j) = P(A_i)P(A_j), & 1\leqslant i<j\leqslant n,\\ P(A_iA_jA_k) = P(A_i)P(A_j)P(A_k), & 1\leqslant i<j<k\leqslant n,\\ P(A_iA_jA_kA_l) = P(A_i)P(A_j)P(A_k)P(A_l), & 1\leqslant i<j<k<l\leqslant n,\\ \quad\vdots\\ P(A_1A_2\cdots A_n) = P(A_1)P(A_2)\cdots P(A_n)。\end{cases}$$

以上 2^n-n-1 个式子都成立，则称 n 个事件 $A_1,A_2,\cdots,A_n$ **相互独立**。

注 若 n 个事件 $A_1,A_2,\cdots,A_n$ 相互独立，则将 $A_1,A_2,\cdots,A_n$ 中的任意多个事件换成它们的逆事件，所得的 n 个事件仍相互独立。

【**例3**】 设 A,B,C 三事件相互独立，试证：A 与 $B\cup C$ 相互独立。

证明 $P(A(B\cup C))=P(AB\cup AC)=P(AB)+P(AC)-P(ABC)$。

又因 A,B,C 三事件相互独立，所以

$$\begin{aligned}P(A(B\cup C)) &= P(A)P(B)+P(A)P(C)-P(A)P(B)P(C)\\ &= P(A)[P(B)+P(C)-P(B)P(C)]\\ &= P(A)P(B\cup C),\end{aligned}$$

所以 A 与 $B\cup C$ 相互独立。

【**例4**】 某工人照看三台机床，一个小时内 1 号，2 号，3 号机床需要照看的概率分别为 0.3，0.2，0.1，设各台机床之间是否需照看是相互独立的，求在一小时内，(1)至少有一台机床需要照看的概率；(2)至多有一台机床需要照看的概率。

解 以 A_i 记事件"第 i 台机床需要照看"$(i=1,2,3)$，则

$$P(A_1)=0.3,P(A_2)=0.2,P(A_3)=0.1。$$

(1) $P(A_1\cup A_2\cup A_3)=1-P(\overline{A_1\cup A_2\cup A_3})=1-P(\overline{A_1})P(\overline{A_2})P(\overline{A_3})$
$=1-0.7\times 0.8\times 0.9=0.496$；

(2) $P(\overline{A_1}\,\overline{A_2}\,\overline{A_3}\cup A_1\overline{A_2}\,\overline{A_3}\cup \overline{A_1}A_2\overline{A_3}\cup \overline{A_1}\,\overline{A_2}A_3)$
$=P(\overline{A_1})P(\overline{A_2})P(\overline{A_3})+P(A_1)P(\overline{A_2})P(\overline{A_3})+$
$\quad P(\overline{A_1})P(A_2)P(\overline{A_3})+P(\overline{A_1})P(\overline{A_2})P(A_3)$
$=0.7\times 0.8\times 0.9+0.3\times 0.8\times 0.9+0.7\times 0.2\times 0.9+0.7\times 0.8\times 0.1=0.902$。

【**例5**】 某企业因技术和设备落后以及市场竞争激烈而不断亏损。为改变这种状况，该企业决定分别独立开放两种新产品，其开放成功的希望分别为 80% 和 85%。又根据各方面的情况分析认为：(1)若两项新产品皆研制成功，该企业有 90% 的希望改变亏损状况；(2)若仅有一项研制成功，该企业有 50% 的希望改变亏损状况；(3)若两项都未研制成功，仅有 10% 的希望改变亏损状况。试问该企业采取这种策略能改变亏损状况的把握有多大？

解 设事件 $A=\{$采取此项策略改变亏损状况$\}$，$B_i=\{$第 i 项新产品研制成功$\}$ $(i=1,2)$，则 B_1,B_2 相互独立，且 $B_1B_2,B_1\overline{B_2},\overline{B_1}B_2,\overline{B_1}\,\overline{B_2}$ 构成完备事件组，由全概率公式可得

$$\begin{aligned}P(A) &= P(B_1B_2)P(A\mid B_1B_2)+P(B_1\overline{B_2})P(A\mid B_1\overline{B_2})+\\ &\quad P(\overline{B_1}B_2)P(A\mid \overline{B_1}B_2)+P(\overline{B_1}\,\overline{B_2})P(A\mid \overline{B_1}\,\overline{B_2})\\ &= P(B_1)P(B_2)P(A\mid B_1B_2)+P(B_1)P(\overline{B_2})P(A\mid B_1\overline{B_2})+\\ &\quad P(\overline{B_1})P(B_2)P(A\mid \overline{B_1}B_2)+P(\overline{B_1})P(\overline{B_2})P(A\mid \overline{B_1}\,\overline{B_2})\end{aligned}$$

$= 0.8 \times 0.85 \times 0.9 + 0.8 \times 0.15 \times 0.5 + 0.2 \times 0.85 \times 0.5 + 0.2 \times 0.15 \times 0.1$
$= 0.76$。

习题 1.5

基础题

1. 设有任意两个事件 A 和 B，其中 A 的概率不等于 0 或 1，证明：$P(A|B) = P(A|\bar{B})$ 是事件 A 和 B 相互独立的充分必要条件。

2. 设 A, B 为两个相互独立的事件，$P(A) = 0.4, P(A \cup B) = 0.7$，求 $P(B)$。

3. 设事件 A, B 满足 $P(A) = \frac{1}{2}, P(B) = \frac{1}{3}$，且 $P(A|B) + P(\bar{A}|\bar{B}) = 1$，求 $P(A \cup B)$。

4. 设两个相互独立的事件 A 和 B 都不发生的概率为 $\frac{1}{9}$，A 发生 B 不发生的概率与 B 发生 A 不发生的概率相等，求 $P(A)$。

5. 三人独立地破译一个密码，他们能译出的概率分别是 $\frac{1}{5}, \frac{1}{3}, \frac{1}{4}$，问他们能将此密码译出的概率是多少？

6. 某零件用两种工艺加工，第一种工艺有三道工序，各道工序出现不合格品的概率分别为 $0.3, 0.2, 0.1$；第二种工艺有两道工序，各道工序出现不合格品的概率分别为 $0.3, 0.2$。试问：(1) 用哪种工艺加工得到合格品的概率较大些？(2) 第二种工艺两道工序出现不合格品的概率都是 0.3 时，情况又如何？

7. 某彩票每周开奖一次，每次提供十万分之一的中奖机会，且各周开奖是相互独立的。若你每周买一张彩票，尽管你坚持十年（每年 52 周）之久，你从未中奖的可能性是多少？

8. 设 A, B, C 三事件相互独立，试证 AB 与 C 独立；$A - B$ 与 C 独立。

9. 设 $A_1, A_2, \cdots, A_n$ 为 n 个相互独立的事件，且 $P(A_k) = p_k (1 \leqslant k \leqslant n)$，求下列事件的概率：(1) n 个事件全不发生；(2) n 个事件中至少有一个发生；(3) n 个事件不全发生。

10. 甲、乙、丙三人独立地向同一飞机射击，设击中的概率分别是 $0.4, 0.5, 0.7$，若只有一人击中，则飞机被击落的概率是 0.2；若两人击中，则飞机被击落的概率是 0.6；若三人击中，则飞机一定被击落，求飞机被击落的概率。

提高题

1. 随机事件 A 与 B 相互独立，$P(A) = P(\bar{B}) = a - 1, P(A \cup B) = \frac{7}{9}$，求 a 的值。

2. 随机事件 A 与 B 相互独立，已知它们都不发生的概率为 0.16。又知 A 发生 B 不发生的概率与 B 发生 A 不发生的概率相等，则 A 与 B 都发生的概率是_____。

3. 设随机事件 A 与 B 相互独立，A 与 C 相互独立，$BC = \varnothing$。若 $P(A) = P(B) = \frac{1}{2}$，$P(AC|AB \cup C) = \frac{1}{4}$，求 $P(C)$。

4. 要验收一批（100 件）乐器，验收方案如下：自该批乐器中随机取 3 件测试（测试是相互独立进行的），如果 3 件中只要有一件在测试中被认为音色不纯，则这批乐器被拒绝接收。

设一件音色不纯的乐器经测试查出其为音色不纯的概率为 0.95,而一件音色纯的乐器经测试被误认为音色不纯的概率为 0.01。如果已知这 100 件乐器中恰有 4 件是音色不纯的,试问这批乐器被接收的概率是多少?

总复习题 1

1. 以 A 表示事件"甲种产品畅销,乙种产品滞销",则其对应的事件 $\bar{A}$ 为(　　)。
   A. "甲种产品滞销,乙种产品畅销"　　B. "甲乙两种产品都畅销"
   C. "甲种产品滞销"　　D. "甲种产品滞销或乙种产品畅销"

2. 设当事件 A 与 B 同时发生时 C 也发生,则(　　)。
   A. $P(C)=P(A\cap B)$　　B. $P(C)\leqslant P(A)+P(B)-1$
   C. $P(C)=P(A\cup B)$　　D. $P(C)\geqslant P(A)+P(B)-1$

3. 某城市共发行三种报纸 A,B,C。在这个城市的居民中有 45% 订阅 A 报,35% 订阅 B 报,30% 订阅 C 报,10% 同时订阅 A 报 B 报,8% 同时订阅 A 报 C 报,5% 同时订阅 B 报 C 报,3% 同时订阅 A,B,C 报。求以下事件的概率:(1)只订阅 A 报;(2)只订阅一种报纸;(3)至少订阅一种报纸;(4)不订阅任何报纸。

4. 有 6 个房间安排 4 个旅游者住,每人可以住进任何一个房间,且住进各个房间是等可能的。试求:(1)第 1 号房间住 1 人,第 2 号房间住 3 人的概率;(2)恰有 1 个房间住 1 人,1 个房间住 3 人的概率。

5. 某城市有 n 辆汽车,车牌号从 1~n。某人记下一段时间内通过某个路口的 m 辆汽车的车牌号,可能重复记下某些汽车的车牌号。求记下的最大牌号为 k 的概率。(设每辆汽车通过该路口的可能性相同)

6. 根据历年气象资料统计,某地四月份刮风的概率是 $\dfrac{4}{15}$,刮风又下雨的概率是 $\dfrac{1}{10}$,问该地区四月份刮风与下雨的关系是否密切?

7. 某场仓库存有 1,2,3 号箱子分别为 10,20,30 个,均装有某产品。其中,1 号箱内装有正品 20 件,次品 5 件;2 号箱内装有正品 20 件,次品 10 件;3 号箱内装有正品 15 件,次品 10 件。现从中任取一箱,再从箱中任取一件产品,问:(1)取到正品及次品的概率各是多少?(2)若已知取到正品,求该正品是从 1 号箱中取出的概率。

8. A_1,A_2,A_3 三个班的男女生比例分别为 1:1,1:2,1:3。现从三个班里随机地选择一个班级,然后选择一名学生。试求:(1)这名学生是男生的概率;(2)若这名学生是男生,求他来自 A_1 班的概率。

9. 对以往数据分析表明,当机器调整良好时,产品合格率为 98%,当机器发生故障时,其合格率为 55%,每天早上机器开动时,机器调整良好的概率为 95%,试求(1)某日早上第一件产品是合格品的概率;(2)已知这天早上第一件产品是合格品时,机器调整良好的概率是多少。

10. 设两两独立的三事件 A,B,C 满足条件 $ABC=\varnothing$, $P(A)=P(B)=P(C)<\dfrac{1}{2}$,且已

知 $P(A\cup B\cup C)=\dfrac{9}{16}$,求 $P(A)$。

11. 设三次独立试验中,若 A 发生的概率均相等且至少出现 1 次的概率为 $\dfrac{19}{27}$,求在一次试验中事件 A 发生的概率。

12. 甲、乙、丙三人进行射击,甲命中目标的概率是 $\dfrac{1}{2}$,乙命中目标的概率是 $\dfrac{1}{3}$,丙命中目标的概率是 $\dfrac{1}{4}$。现在三人同时独立射击目标,求:(1)三人都命中目标的概率;(2)其中恰有 1 人命中目标的概率;(3)目标被命中的概率。

13. 甲、乙两人进行乒乓球比赛,每局甲胜的概率为 0.6,问对甲而言,采取三局两胜有利还是采取五局三胜制有利。(设各局胜负相互独立)

14. 在区间 (0,1) 中随机地取两个数,求两数之积小于 $\dfrac{1}{4}$ 的概率。

15. 商店里按箱出售玻璃杯,每箱 20 只,假设各箱含 0,1,2 只残次品的概率相应为 0.8,0.1 和 0.1,一顾客欲购买一箱玻璃杯,在购买时,售货员随意取一箱,而顾客随机地察看 4 只,若无残次品则买下该箱玻璃,否则退回,试求:(1)顾客买下该箱的概率 α;(2)在买下的一箱中,确实没有残次品的概率 β。

第 2 章 随机变量及其分布

前一章我们研究了随机事件及其概率。为了更好地应用高等数学的方法对事件及其概率进行深入讨论，本章首先引入随机变量的概念，然后讨论离散型和连续型随机变量，最后讨论随机变量函数的分布。

2.1 随机变量的定义及其分布函数

2.1.1 随机变量的定义

为了对随机试验的结果进行定量研究，必须将其数量化，这就需引入随机变量。

实际中，有些试验结果本身就是由数量表示的。比如次数，高度，体重等；而有的试验结果表面与数量无关，但我们可以根据问题的需要把试验结果数量化，即把试验结果与实数对应起来，建立一个从样本空间到实数域的对应关系 X。例如抛硬币的试验，试验的基本结果有"正面""反面"，我们可以将此结果数量化，以数 0 代表出现"反面"结果，以数 1 代表出现"正面"结果，这样就建立了如下的一个对应关系：

$$X = \begin{cases} 0, & \text{出现反面}, \\ 1, & \text{出现正面}。 \end{cases}$$

X 的取值将随着试验的结果而变化，同时取值又是随机的，所以称其为随机变量。

总之，对于任何一个试验，我们总可以引入一个变量 X，用 X 的不同取值来描述试验的全部结果。

定义 1 设随机试验的样本空间为 Ω，$X = X(\omega)$ 是定义在样本空间 Ω 上的实值单值函数，称 $X = X(\omega)$ 为 Ω 上的**随机变量**(random variable)。随机变量一般用大写英文字母 $X, Y, Z, W, \cdots$ 表示，其取值一般用小写英文字母 $x, y, z, w, \cdots$ 表示。

下面是几个随机变量的例子。

【例 1】 掷一枚骰子，出现的点数 X 是一个随机变量。X 的所有可能取值为 $1, 2, 3, 4, 5, 6$。

【例 2】 将一枚硬币抛 3 次，出现正面的次数 X 是一个随机变量。

X 的所有可能取值为 $0,1,2,3$。

【例 3】 某地铁站的列车到站时间间隔为 5min,乘客随机到达车站,用 X 表示乘客的等车时间,则 X 是一个随机变量,其所有可能取值是区间 $[0,5]$。

引入随机变量后,随机事件即可用随机变量来描述。如例 1 中,事件"掷出的点数为 1"可用 $\{X=1\}$ 表示,其概率可表示为 $P(X=1)$;例 2 中,事件"出现正面的次数不少于 2"可表示为 $\{X \geqslant 2\}$,其对立事件可用 $\{X<2\}$ 表示。

2.1.2 随机变量的分布函数

为了研究随机变量 X 的统计规律性,我们需掌握用 X 表示的各种随机事件的概率。例如,用 X 表示某种电子元件的寿命,我们会关心事件"使用寿命在 $1000 \sim 2000 h$"的概率 $P(1000<X \leqslant 2000)$,或事件"使用寿命超过 2000h"的概率 $P(X>2000)$。

由于 $P(a<X \leqslant b) = P(X \leqslant b) - P(X \leqslant a)$,$P(X>a)=1-P(X \leqslant a)$,因而对于任意实数 x,只需考虑事件 $\{X \leqslant x\}$ 的概率,为此引入分布函数的概念。

定义 2 设 X 是一个随机变量,对任意实数 x,函数
$$F(x) = P(X \leqslant x) \tag{2.1}$$
称为随机变量 X 的**分布函数**(distribution function)。

注 (1) 由分布函数的定义知,$0 \leqslant F(x) \leqslant 1$;

(2) 这里并未限定 X 的类型,它对任何随机变量都有定义,有了分布函数,就可求出与随机变量 X 有关的事件的概率;

(3) 若将 X 看成数轴上的随机点的坐标,分布函数在 x 处的函数值就表示点 X 落在区间 $(-\infty, x]$ 上的概率。

由分布函数的定义,对于任意的两个实数 $x_1<x_2$,有
$$P(x_1<X \leqslant x_2) = P(X \leqslant x_2) - P(X \leqslant x_1) = F(x_2) - F(x_1)。 \tag{2.2}$$
分布函数 $F(x)$ 具有如下 3 条性质:

(1) **单调性** $F(x)$ 是一个不减函数:当 $x_1<x_2$ 时,$F(x_1) \leqslant F(x_2)$。

这是因为 $x_1<x_2$ 时,事件 $\{X \leqslant x_2\}$ 包含事件 $\{X \leqslant x_1\}$,因而前者的概率不小于后者的概率。

(2) **有界性** 对任意的 x,$0 \leqslant F(x) \leqslant 1$,且
$$F(-\infty) = \lim_{x \to -\infty} F(x) = 0, \quad F(+\infty) = \lim_{x \to +\infty} F(x) = 1。$$
这是因为,当 $x \to -\infty$ 时,$\{X \leqslant x\}$ 越来越接近于不可能事件,故其概率 $P(X \leqslant x) = F(x)$ 应趋于不可能事件的概率 0,即 $F(-\infty)=0$。类似地可得出后一结论。

(3) **右连续性** $\lim_{x \to x_0^+} F(x) = F(x_0)$,即 $F(x)$ 是右连续的。

【例 4】 在半径为 2 的圆域 D 内任投一个点,设点落在 D 的任何部分区域的概率与该区域的面积成正比。用 X 表示投入的点与圆心的距离,试求 X 的分布函数。

解 若 $x<0$,则 $\{X \leqslant x\}$ 是一不可能事件,故 $F(x) = P(X \leqslant x) = 0$。

若 $0 \leqslant x<2$,则由题设,有 $P(0 \leqslant X \leqslant x) = kx^2$。

为了确定 k 的值,令 $x=2$,得 $1=P(0 \leqslant X \leqslant 2)=4k$,从而 $k=\dfrac{1}{4}$,故
$$F(x)=P(X \leqslant x)=P(X<0)+P(0 \leqslant X \leqslant x)=\dfrac{1}{4}x^2。$$

当 $x \geqslant 2$ 时,由题意知 $\{X \leqslant x\}$ 是必然事件,于是 $F(x)=P(X \leqslant x)=1$。

综上所述,X 的分布函数为
$$F(x)=\begin{cases} 0, & x<0, \\ \dfrac{1}{4}x^2, & 0 \leqslant x<2, \\ 1, & x \geqslant 2。\end{cases}$$

【例 5】 设随机变量 X 的分布函数为
$$F(x)=A+B\arctan x, \quad -\infty<x<+\infty。$$
试求:(1)系数 A 及 B;(2)$P(X \leqslant 2), P(-1<X \leqslant 1)$。

解 (1)由分布函数的性质知
$$F(-\infty)=\lim_{x \to -\infty}(A+B\arctan x)=A-\dfrac{\pi}{2}B=0,$$
$$F(+\infty)=\lim_{x \to +\infty}(A+B\arctan x)=A+\dfrac{\pi}{2}B=1。$$

解得 $A=\dfrac{1}{2}, B=\dfrac{1}{\pi}$。

(2)由分布函数的定义知
$$P(X \leqslant 2)=F(2)=\dfrac{1}{2}+\dfrac{1}{\pi}\arctan 2。$$

由(2.2)式可得
$$P(-1<X \leqslant 1)=F(1)-F(-1)=\dfrac{1}{2}+\dfrac{1}{\pi}\arctan 1-\left[\dfrac{1}{2}+\dfrac{1}{\pi}\arctan(-1)\right]=\dfrac{1}{2}。$$

习题 2.1

基础题

1. 判别下列函数是否为某随机变量的分布函数?

(1) $F(x)=\begin{cases} 0, & x<-2, \\ 1/2, & -2 \leqslant x<0, \\ 1, & x \geqslant 0; \end{cases}$ (2) $F(x)=\begin{cases} 0, & x<0, \\ \sin x, & 0 \leqslant x<\pi, \\ 1, & x \geqslant \pi; \end{cases}$

(3) $F(x)=\begin{cases} 0, & x<0, \\ x+1/2, & 0 \leqslant x<1/2, \\ 1, & x \geqslant 1/2。 \end{cases}$

2. 设 $F_1(x)$ 与 $F_2(x)$ 为两个随机变量的分布函数,为了使 $aF_1(x)-bF_2(x)$ 是某一随机变量的分布函数,在下列各组值中应取(　　)。

A. $a=\dfrac{3}{5}, b=-\dfrac{2}{5}$ B. $a=\dfrac{2}{3}, b=\dfrac{2}{3}$

C. $a=-\frac{1}{2}, b=\frac{3}{2}$ D. $a=\frac{1}{2}, b=-\frac{3}{2}$

3. 设随机变量 X 的分布函数是

$$F(x)=\begin{cases}1-e^{-x}, & x\geqslant 0,\\ 0, & x<0。\end{cases}$$

试求 $P(X\leqslant 1), P(1<X\leqslant 2), P(X>2)$。

4. 在区间 $[0,a]$ 上任意投掷一个质点，以 X 表示这个质点的坐标，设这个质点落在 $[0,a]$ 中任意小区间内的概率与这个小区间的长度成正比，试求 X 的分布函数。

提高题

1. 设随机变量 X 的分布函数为 $F(x)=\begin{cases}0, & x<0,\\ \frac{1}{2}, & 0\leqslant x<1,\\ 1-e^{-x}, & x\geqslant 1,\end{cases}$ 则 $P(X=1)=(\quad)$。

A. 0 B. 1 C. $\frac{1}{2}-e^{-1}$ D. $1-e^{-1}$

2. 设随机变量 X 的分布函数为 $F(x)=\begin{cases}0, & x<-1,\\ \frac{1}{8}, & x=-1,\\ ax+b, & -1<x<1,\\ 1, & x\geqslant 1。\end{cases}$ 已知 $P(-1<X<1)=\frac{5}{8}$，则 a 与 b 各为多少？

2.2 离散型随机变量及其分布

2.2.1 离散型随机变量及其分布律

若随机变量 X 的所有可能取值是有限个或可列个，则称 X 是**离散型随机变量**(discrete random variable)。研究一个离散型随机变量，不但要看它取哪些值，更重要的是看它取每个值的概率。

定义 1 设随机变量 X 的所有可能取值为 $x_1, x_2, \cdots, x_k, \cdots$，取这些值的概率为

$$P(X=x_k)=p_k, \quad k=1,2,\cdots \tag{2.3}$$

则称(2.3)式为离散型随机变量 X 的**分布律**(distribution law)或**概率分布**。

分布律也可用如下的表格表示：

X	x_1	x_2	$\cdots$	x_k	$\cdots$
P	p_1	p_2	$\cdots$	p_k	$\cdots$

由概率的定义，p_k 满足如下**两个条件**：

(1) **非负性** $p_k \geqslant 0 (k=1,2,\cdots)$；

(2) **规范性** $\sum\limits_{k} p_k = 1$。

条件(2)是由于事件 $\{X=x_1\}, \{X=x_2\}, \cdots$ 两两互不相容，且 $x_1, x_2, \cdots$ 是 X 的所有可能取值，故 $\bigcup\limits_{k=1}^{\infty} \{X=x_k\} = \Omega$，由概率的可列可加性得到

$$\sum_{k=1}^{\infty} p_k = \sum_{k=1}^{\infty} P(X=x_k) = P\left(\bigcup_{k=1}^{\infty} \{X=x_k\}\right) = P(\Omega) = 1。$$

注 求 X 的分布律时应给出 X 的所有可能取值及取这些值的概率。求完后应验证是否满足条件(1)和条件(2)，如不满足，说明计算错误。条件(2)也常用来求分布律中的未知常数。

由概率的可列可加性得，X 的分布函数为

$$F(x) = P(X \leqslant x) = \sum_{x_k \leqslant x} p_k, \tag{2.4}$$

即对 X 之所有不超过 x 的取值的概率求和。

【例 1】 将 3 个小球随机地投入 4 个盒子，以 X 表示盒中球的最大数目，求 X 的分布律及 $P(X \leqslant 2)$。

解 X 的可能取值为 $1,2,3$

$$P(X=1) = \frac{C_4^3 \times 3!}{4^3} = \frac{3}{8},$$

$$P(X=2) = \frac{C_4^1 \times C_3^2 \times 3}{4^3} = \frac{9}{16},$$

$$P(X=3) = \frac{C_4^1}{4^3} = \frac{1}{16},$$

即

X	1	2	3
P	$\frac{3}{8}$	$\frac{9}{16}$	$\frac{1}{16}$

$$P(X \leqslant 2) = P(X=1) + P(X=2) = \frac{3}{8} + \frac{9}{16} = \frac{15}{16}。$$

【例 2】 设随机变量 X 的分布律为

X	-1	2	3
P	$\frac{1}{4}$	$\frac{1}{2}$	c

试求：(1)未知常数 c；(2)X 的分布函数；(3)$P\left(X \leqslant \frac{1}{2}\right)$，$P\left(\frac{3}{2} < X \leqslant \frac{5}{2}\right)$，$P(2 \leqslant X \leqslant 3)$。

解 (1) 由分布律的条件(2)知，$\frac{1}{4} + \frac{1}{2} + c = 1$，求得 $c = \frac{1}{4}$。

(2) 由定义 $F(x) = P(X \leqslant x)$，知：

当 $x < -1$ 时，$F(x) = P(X \leqslant x) = 0$，

当 $-1 \leqslant x < 2$ 时,$F(x) = P(X \leqslant x) = P(X = -1) = \dfrac{1}{4}$,

当 $2 \leqslant x < 3$ 时,$F(x) = P(X \leqslant x) = P(X = -1) + P(X = 2) = \dfrac{1}{4} + \dfrac{1}{2} = \dfrac{3}{4}$,

当 $x \geqslant 3$ 时,

$F(x) = P(X \leqslant x) = P(X = -1) + P(X = 2) + P(X = 3) = \dfrac{1}{4} + \dfrac{1}{2} + \dfrac{1}{4} = 1$。

故 $F(x) = \begin{cases} 0, & x < -1, \\ \dfrac{1}{4}, & -1 \leqslant x < 2, \\ \dfrac{3}{4}, & 2 \leqslant x < 3, \\ 1, & x \geqslant 3, \end{cases}$

(3) $P\left(X \leqslant \dfrac{1}{2}\right) = P(X = -1) = \dfrac{1}{4}$,

$P\left(\dfrac{3}{2} < X \leqslant \dfrac{5}{2}\right) = P(X = 2) = \dfrac{1}{2}$,

$P(2 \leqslant X \leqslant 3) = P(X = 2) + P(X = 3) = \dfrac{3}{4}$。

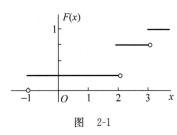

图 2-1

$F(x)$ 的图形如图 2-1 所示,它是一条阶梯形的曲线,在 X 的可能取值 $-1, 2, 3$ 处有跳跃,其跳跃度恰好为 X 取值 $-1, 2, 3$ 的概率,即 $\dfrac{1}{4}, \dfrac{1}{2}, \dfrac{1}{4}$。

$P\left(X \leqslant \dfrac{1}{2}\right), P\left(\dfrac{3}{2} < X \leqslant \dfrac{5}{2}\right), P(2 \leqslant X \leqslant 3)$ 也可通过 X 的分布函数求出,具体如下:

$P\left(X \leqslant \dfrac{1}{2}\right) = F\left(\dfrac{1}{2}\right) = \dfrac{1}{4}$,

$P\left(\dfrac{3}{2} < X \leqslant \dfrac{5}{2}\right) = F\left(\dfrac{5}{2}\right) - F\left(\dfrac{3}{2}\right) = \dfrac{3}{4} - \dfrac{1}{4} = \dfrac{1}{2}$,

$P(2 \leqslant X \leqslant 3) = F(3) - F(2) + P(X = 2) = 1 - \dfrac{3}{4} + \dfrac{1}{2} = \dfrac{3}{4}$。

分布律和分布函数都可用来描述离散型随机变量,不过分布函数用得较少。尤其求离散型随机变量 X 落在某个区间的概率时,分布律比分布函数更方便,这点从例 2 中即可看出。

2.2.2 几种常见的离散型随机变量

1. 0-1 分布

定义 2 若随机变量 X 只取两个值 $0, 1$,它的分布律为

$$P(X = k) = p^k (1-p)^{1-k}, \quad k = 0, 1, \tag{2.5}$$

则称 X 服从 **0-1 分布** 或 **两点分布**(two-point distribution)。

0-1 分布的分布律也可用表格表示

X	0	1
P	$1-p$	p

其分布函数为

$$F(x) = \begin{cases} 0, & x<0, \\ 1-p, & 0 \leqslant x < 1, \\ 1, & x \geqslant 1。 \end{cases}$$

实际生活中,许多随机试验都可用 0-1 分布描述。例如,检查产品是否合格、产品是否为一级品、观察机器是否出现故障、抛硬币试验、登记新生婴儿性别,等等。

上述试验通常只有两个结果,这类试验称为**伯努利**(Bernoulli)**试验**。将伯努利试验独立重复地进行 n 次,称这一串试验为 n **重伯努利试验**。例如,将一枚硬币独立重复地抛 n 次就是 n 重伯努利试验。

2. 二项分布

在 n 重伯努利试验中,设每次试验中事件 A 发生的概率为 $p(0<p<1)$,记 $A_i=$"第 i 次试验中 A 发生"($i=1,2,\cdots,n$)。事件 A 在指定的 k 次试验中发生,在其他 $n-k$ 次试验中不发生(例如在前 k 次试验中发生,后 $n-k$ 次试验中不发生)的概率为

$$P(A_1 A_2 \cdots A_k \overline{A}_{k+1} \cdots \overline{A}_n) = P(A_1)P(A_2)\cdots P(A_k)P(\overline{A}_{k+1})\cdots P(\overline{A}_n) = p^k(1-p)^{n-k}。$$

这种指定方式共有 C_n^k 种,它们是两两互不相容的,所以,在 n 重伯努利试验中事件 A 恰好发生 k 次的概率为 $C_n^k p^k (1-p)^{n-k}$,于是有以下定义。

定义 3 在 n 重伯努利试验中,假设事件 A 在一次试验中发生的概率为 $p(0<p<1)$,若记 n 次试验中事件 A 发生的次数为 X,则 X 的分布律为

$$P(X=k) = C_n^k p^k (1-p)^{n-k}, \quad k=0,1,2,\cdots,n。 \tag{2.6}$$

称 X 是服从参数为 n 和 p 的**二项分布**(binomial distribution),记作 $X \sim B(n,p)$。

显然,(2.6)式满足

$$P(X=k) \geqslant 0, \quad \text{且} \sum_{k=0}^n P(X=k) = \sum_{k=0}^n C_n^k p^k (1-p)^{n-k} = [p+(1-p)]^n = 1,$$

即满足分布律的条件。

注意到 $C_n^k p^k (1-p)^{n-k}$ 是 $[p+(1-p)]^n$ 二项展开式的第 $k+1$ 项,故称 X 服从二项分布。

特别地,当 $n=1$ 时二项分布转化为 $P(X=k)=p^k(1-p)^{1-k}(k=0,1)$,即 0-1 分布,或表示为 $X \sim B(1,p)$。

二项分布是最重要的离散型概率分布之一。随机变量 X 服从这个分布有两个重要条件:一是各次试验的条件是不变的,这保证了事件 A 发生的概率 p 在各次试验中保持不变,即满足"重复";二是各次试验要满足"独立"。现实生活中有许多现象程度不同地符合二项分布。例如,从废品率为 p、个数为 N 的一大批产品中随机抽检,每次抽一个,共抽 n 次。若是放回抽样,每个产品有同等机会被抽出,则这 n 个产品中所含废品数 X 就服从二项分布 $B(n,p)$;反之,若是不放回抽样,则 X 就不再服从二项分布。但是当 N 远远大于 n

时,即使不放回,对废品率的影响也极小,这时 X 仍可近似地作为二项分布来处理。

【例 3】 按规定,某种型号电子元件的使用寿命超过 1000h 的为合格品。已知某一大批产品的合格率为 0.9,现在从中随机地抽查 20 只。求 20 只元件中恰好有 k 只($k=0,1,2,\cdots,20$)为合格品的概率。

解 设 X 表示 20 只元件中合格品的只数。由于这批电子元件总数很大,而抽查的数量 20 相对于元件总数来说很小,所以可作为放回抽样处理,即 X 可近似地作为二项分布处理。这样做会有一些误差,但误差不大。

由题知 $X \sim B(20, 0.9)$,则所求概率为

$$P(X=k) = C_{20}^k \, 0.9^k \, 0.1^{20-k}, \quad k=0,1,2,\cdots,20。$$

【例 4】 某人购买彩票,设每次买一张,中奖率为 0.02,共买 400 次,试求他至少中奖两次的概率。

解 设 X 表示 400 次中中奖的次数,则 $X \sim B(400, 0.02)$。X 的分布律为

$$P(X=k) = C_{400}^k \, 0.02^k \, 0.98^{400-k}, \quad k=0,1,2,\cdots,400。$$

于是所求概率为

$$\begin{aligned}
P(X \geqslant 2) &= 1 - P(X<2) = 1 - P(X=0) - P(X=1) \\
&= 1 - 0.98^{400} - 400 \times 0.02 \times 0.98^{399} \\
&= 0.9972。
\end{aligned}$$

这个概率很接近于 1。下面我们讨论这一结果的实际意义:其一,虽然每次彩票的中奖率很小(为 0.02),但如果购买 400 次,则至少有两次中奖几乎是可以肯定的。这一事实说明,一个事件尽管在一次试验中发生的概率很小,但只要试验次数很多,而且试验是独立进行的,那么这一事件的发生几乎是肯定的。这也告诉人们决不能轻视小概率事件;其二,若购买了 400 次彩票,而中奖的次数达不到两次,我们有理由怀疑"中奖率为 0.02"这一假设的合理性,从而推断该彩票的中奖率达不到 0.02,这就是概率论的反证法思想。通常,称这一事实为**小概率事件原理**。

3. 泊松分布

泊松分布是 1837 年由法国数学家泊松(Poisson S.D., 1781—1840)首次提出的。

定义 4 若随机变量 X 所有可能取值为 $0,1,2,\cdots$,而取各个值的概率为

$$P(X=k) = \frac{\lambda^k e^{-\lambda}}{k!}, \quad k=0,1,2,\cdots; \lambda > 0 \text{ 是常数}, \tag{2.7}$$

则称 X 服从参数为 λ 的**泊松分布**(Poisson distribution),记作 $X \sim P(\lambda)$。

容易验证 $\sum\limits_{k=0}^{\infty} P(X=k) = \sum\limits_{k=0}^{\infty} \frac{\lambda^k e^{-\lambda}}{k!} = e^{-\lambda} \sum\limits_{k=0}^{\infty} \frac{\lambda^k}{k!} = e^{-\lambda} \cdot e^{\lambda} = 1。$

泊松分布也是最重要的离散型分布之一。它多是出现在当 X 表示在一定的时间或空间内出现的事件个数这种场合,其应用是相当广泛的。比如,电信传呼台每天接收到的传呼次数,某繁华交通路口每小时经过的车辆数,公共汽车站候车的旅客数,纺纱机纱线的断头数,某页书上的印刷错误的个数等都服从泊松分布。同时泊松分布还可作为二项分布的近似。

定理 1（泊松定理） 若随机变量 $X_n \sim B(n, p_n)$（p_n 与试验次数 n 有关），常数 $\lambda > 0$，如果 $\lim\limits_{n \to \infty} n p_n = \lambda$，则

$$\lim C_n^k p_n^k (1-p_n)^{n-k} = \frac{\lambda^k e^{-\lambda}}{k!}, \quad k = 0, 1, 2, \cdots \text{。} \tag{2.8}$$

该定理表明，在二项分布 $B(n,p)$ 中，当 n 很大，p 很小时，二项分布可用参数为 $\lambda = np$ 的泊松分布来近似计算。

【例 5】 设某疾病的发病率为 0.001，某单位共有 5000 人。问该单位患有这种疾病的人数不超过 5 人的概率是多少？

解 设该单位患有这种疾病的人数为 X，则 $X \sim B(5000, 0.001)$，于是题目所求的为

$$P(X \leqslant 5) = \sum_{k=0}^{5} C_{5000}^k \, 0.001^k \, 0.999^{5000-k} \text{。}$$

这个概率的计算量很大。由于 n 很大，p 很小，且 $\lambda = np = 5$，所以由泊松定理得

$$P(X \leqslant 5) \approx \sum_{k=0}^{5} \frac{5^k}{k!} e^{-5} = 0.616 \text{（查附表 1）。}$$

4. 几何分布

定义 5 在 n 重伯努利试验中，假设事件 A 在一次试验中发生的概率为 $p(0<p<1)$，将试验进行到事件 A 出现一次为止，以 X 表示所需的试验次数，则

$$P(X = k) = (1-p)^{k-1} p, \quad k = 1, 2, \cdots \tag{2.9}$$

称 X 服从参数为 p 的**几何分布**(geometric distribution)，记作 $X \sim Ge(p)$。

容易验证 $\sum\limits_{k=1}^{\infty} P(X=k) = \sum\limits_{k=1}^{\infty} (1-p)^{k-1} p = p \sum\limits_{k=1}^{\infty} (1-p)^{k-1} = 1$。

【例 6】 设一篮球运动员的投篮命中率为 45%。以 X 表示他首次投中时累计已投篮的次数，写出 X 的分布律，并计算 X 取偶数的概率。

解 由题意，$X \sim Ge(0.45)$，所以 X 的分布律为

$$P(X=k) = (1-0.45)^{k-1} \times 0.45 = 0.55^{k-1} \times 0.45, \quad k = 1, 2, \cdots \text{。}$$

X 取偶数的概率为

$$\sum_{m=1}^{\infty} P(X=2m) = \sum_{m=1}^{\infty} 0.55^{2m-1} \times 0.45 = 0.45 \times \sum_{m=1}^{\infty} 0.55^{2m-1}$$

$$= 0.45 \times \frac{0.55}{1 - 0.55^2} = 0.355 \text{。}$$

习题 2.2

基础题

1. 一个袋中装有 5 个球，编号为 $1, 2, 3, 4, 5$。在袋中同时取 3 只，以 X 表示取出的 3 只球中的最大号码，写出随机变量 X 的分布律和分布函数。

2. 一制药厂分别独立地组织两组技术人员试制不同类型的新药，若每组成功的概率为 0.4，而当第一组成功时，每年的销售额可达 400000 元；而当第二组成功时，每年的销售额可达 600000 元，若两组均失败则分文全无。以 X 记这两种新药的年销售额，求 X 的分

布律。

3. 某加油站替公共汽车站代替出租汽车业务,每出租一辆汽车,可从出租公司得到 3 元。因代营业务,每天加油站要多付给职工服务费 60 元。设每天出租汽车数是一个随机变量,它的分布律如下:

X	10	20	30	40
P	0.15	0.25	0.45	0.15

求因代营业务得到的收入大于当天额外支出的费用的概率。

4. 设随机变量 X 的可能取值为 $1,2,3$,且取这 3 个值的概率之比为 $1:2:3$,试求 X 的分布律。

5. 已知随机变量 X 只能取 $-1,0,1,\sqrt{2}$,相应的概率为 $\dfrac{1}{2c},\dfrac{3}{4c},\dfrac{5}{8c},\dfrac{7}{16c}$,求 c 的值,并计算 $P(X<1)$。

6. 设离散型随机变量 X 的概率分布为 $P(X=k)=kp^{k+1}(k=1,2,\cdots)$,问 p 取何值?

7. 设 $X \sim B(2,p)$,$Y \sim B(4,p)$,且 $P(X \geqslant 1)=\dfrac{5}{9}$,求 $P(Y \geqslant 1)$。

8. 9 人同时向一目标射击一次,如每人射击击中目标的概率为 0.3,各人射击是相互独立的,求有两人以上击中目标的概率。

9. 有甲、乙两种味道和颜色都极为相似的名酒各 4 杯。如果从中挑 4 杯,能将甲种酒全部挑出来,算是试验成功一次。

(1) 某人随机地去试,问他试验成功一次的概率是多少?

(2) 某人声称他通过品尝能区分两种酒。他连续试验 10 次,成功 3 次。试推断他是推断的,还是他确有区分的能力(设各次试验是相互独立的)。

10. 某地每年夏季遭受台风袭击的次数服从参数为 4 的泊松分布,试求:

(1)台风袭击次数小于 1 的概率;(2)台风袭击次数大于 1 的概率。

提高题

1. $P(X=k)=c\lambda^k \mathrm{e}^{-\lambda}/k!$ $(k=0,2,4,\cdots)$ 是随机变量 X 的概率分布,则 λ,c 一定满足( )。

A. $\lambda>0$ B. $c>0$ C. $c\lambda>0$ D. $c>0,\lambda>0$

2. 设随机变量 X 的分布函数 $F(x)=\begin{cases}0, & x<0, \\ 0.3, & 0 \leqslant x<1, \\ 0.7, & 1 \leqslant x<3, \\ 1, & x \geqslant 3。\end{cases}$ 求 $P(0<X \leqslant 2)$ 及随机变量 X 的概率分布。

3. 设 $P(X=k)=\dfrac{b}{k(k+1)}(k=1,2,\cdots)$ 是随机变量 X 的概率分布,求常数 b。

4. 某厂生产的产品中次品率为 0.005,任意取出 1000 件,试用泊松定理计算:

(1) 其中至少有 2 件次品的概率;

(2) 其中有不超过 5 件次品的概率；

(3) 能以 90% 以上的概率保证次品件数不超过多少件？

5. 设在一次试验中，事件 A 发生的概率为 p，现进行 n 次独立试验，求：(1) A 至少发生一次的概率；(2) 事件 A 至多发生一次的概率。

2.3 连续型随机变量及其分布

2.3.1 连续型随机变量及其概率密度函数

若随机变量 X 的全部可能取值非离散时，就需定义非离散型的随机变量。以下所述的连续型随机变量是一类重要的非离散型随机变量。

定义 1 设 $F(x)$ 是随机变量 X 的分布函数，若存在非负可积函数 $f(x)$，使得对任意实数 x，有

$$F(x) = \int_{-\infty}^{x} f(t) \mathrm{d}t, \tag{2.10}$$

则称 X 为**连续型随机变量**，$f(x)$ 为 X 的**概率密度函数**(probability density function)，简称**概率密度**。

由上述定义可知，连续型随机变量的分布函数是连续函数。

连续型随机变量 X 的概率密度函数 $f(x)$ 有如下性质：

(1) $f(x) \geqslant 0$；

(2) $\int_{-\infty}^{+\infty} f(x) \mathrm{d}x = F(+\infty) = 1$；

(3) $P(x_1 < X \leqslant x_2) = \int_{x_1}^{x_2} f(x) \mathrm{d}x$；

(4) 若 $f(x)$ 在 x 处连续，则 $F'(x) = f(x)$。

由性质(2)可知介于曲线 $y = f(x)$ 与 x 轴之间的面积等于 1 (图 2-2(a))。由性质(3)知道 X 落在区间 $(x_1, x_2]$ 上的概率 $P(x_1 < X \leqslant x_2)$ 等于区间 $(x_1, x_2]$ 上曲线 $y = f(x)$ 之下的曲边梯形的面积(图 2-2(b))。性质(4)给出了通过分布函数计算概率密度函数的方法。

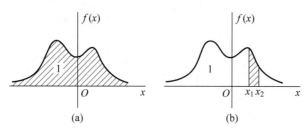

图 2-2

进一步，由性质(4)可知

$$f(x) = F'(x) = \lim_{\Delta x \to 0^+} \frac{F(x+\Delta x) - F(x)}{\Delta x} = \lim_{\Delta x \to 0^+} \frac{P(x < X \leqslant x+\Delta x)}{\Delta x}. \tag{2.11}$$

当 Δx 充分小时,$P(x<X\leqslant x+\Delta x)\approx f(x)\Delta x$,这表示 X 落在小区间 $(x,x+\Delta x]$ 上的概率近似地等于 $f(x)\Delta x$。(2.11)式说明 $f(x)$ 反映了在 x 点处(无穷小的区间内)单位长的概率,或者说,它反映了概率在 x 点处的"密集程度"。由此可看到概率密度函数的定义与物理中线密度函数的定义类似,这就是称 $f(x)$ 为概率密度函数的缘故。

由于连续型随机变量 X 的分布函数 $F(x)$ 是连续的,所以
$$P(X=a)=F(a)-F(a-0)=0。 \qquad (2.12)$$
从而用性质(3)计算时,不用考虑区间是否包含端点,即
$$P(x_1<X\leqslant x_2)=P(x_1\leqslant X\leqslant x_2)=P(x_1\leqslant X<x_2)$$
$$=P(x_1<X<x_2)=\int_{x_1}^{x_2}f(x)\mathrm{d}x。$$
(2.12)式也说明概率为 0 的事件未必是不可能事件;类似地,概率为 1 的事件也未必是必然事件。

【例 1】 设随机变量 X 具有概率密度函数
$$f(x)=\begin{cases} k\sin x, & 0<x<\pi \\ 0, & 其他。 \end{cases}$$

(1)确定常数 k;(2)求 X 的分布函数;(3)求 $P\left(\dfrac{\pi}{3}<X\leqslant\dfrac{\pi}{2}\right)$。

解 (1) 由 $\int_{-\infty}^{+\infty}f(x)\mathrm{d}x=1$ 得 $\int_{0}^{\pi}k\sin x\mathrm{d}x=1$,解得 $k=\dfrac{1}{2}$。于是,X 的概率密度函数为
$$f(x)=\begin{cases} \dfrac{1}{2}\sin x, & 0<x<\pi, \\ 0, & 其他。 \end{cases}$$

(2) 当 $x<0$ 时,$F(x)=\int_{-\infty}^{x}f(x)\mathrm{d}x=0$;

当 $0\leqslant x<\pi$ 时,$F(x)=\int_{-\infty}^{x}f(x)\mathrm{d}x=\int_{0}^{x}\dfrac{1}{2}\sin x\mathrm{d}x=\dfrac{1-\cos x}{2}$;

当 $x\geqslant\pi$ 时,$F(x)=\int_{-\infty}^{x}f(x)\mathrm{d}x=\int_{0}^{\pi}\dfrac{1}{2}\sin x\mathrm{d}x=1$。

综上,X 的分布函数为
$$F(x)=\begin{cases} 0, & x<0, \\ \dfrac{1-\cos x}{2}, & 0\leqslant x<\pi, \\ 1, & x\geqslant\pi。 \end{cases}$$

(3) $P\left(\dfrac{\pi}{3}<X\leqslant\dfrac{\pi}{2}\right)=\int_{\frac{\pi}{3}}^{\frac{\pi}{2}}f(x)\mathrm{d}x=\int_{\frac{\pi}{3}}^{\frac{\pi}{2}}\dfrac{1}{2}\sin x\mathrm{d}x=0.25$。

或 $P\left(\dfrac{\pi}{3}<X\leqslant\dfrac{\pi}{2}\right)=F\left(\dfrac{\pi}{2}\right)-F\left(\dfrac{\pi}{3}\right)=0.25$。

2.3.2 几种常见的连续型随机变量

1. 均匀分布

定义 2 若连续型随机变量 X 具有概率密度函数

$$f(x) = \begin{cases} \dfrac{1}{b-a}, & a \leqslant x \leqslant b, \\ 0, & \text{其他}, \end{cases} \tag{2.13}$$

则称 X 在区间 $[a,b]$ 上服从**均匀分布**(uniform distribution)，记作 $X \sim U(a,b)$。

事实上，若 $X \sim U(a,b)$，设任意区间 $(c,c+l) \subset (a,b)$，则

$$P(c < X < c+l) = \int_c^{c+l} f(x) \mathrm{d}x = \int_c^{c+l} \frac{1}{b-a} \mathrm{d}x = \frac{l}{b-a}。$$

以上说明：在区间 $[a,b]$ 上服从均匀分布的随机变量 X，具有下述意义的等可能性，即它落在区间 $[a,b]$ 上任意等长的子区间内的可能性是相同的，且它落在该子区间内的概率与这个区间的长度成正比，而与该区间的位置无关。

均匀分布的分布函数为

$$F(x) = \begin{cases} 0, & x < a, \\ \dfrac{x-a}{b-a}, & a \leqslant x < b, \\ 1, & x \geqslant b。\end{cases} \tag{2.14}$$

$f(x)$ 与 $F(x)$ 的图形分别如图 2-3(a) 和 (b) 所示。

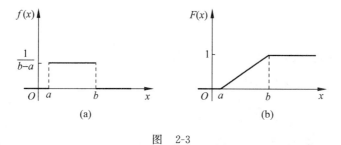

图 2-3

在实际问题中，定点计算的舍入误差，计算机产生的随机数，正弦波的随机相位等通常都服从均匀分布。在理论研究中，尤其是在分布的模拟研究中也常用到均匀分布。

【例 2】 设随机变量 X 在区间 $[0,10]$ 上服从均匀分布，现对 X 进行 4 次独立观测，试求至少有 3 次观测值大于 5 的概率。

解 设 Y 是 4 次独立观测中观测值大于 5 的次数，则 $Y \sim B(4,p)$，其中 $p = P(X > 5)$。

由题意，X 的概率密度函数为

$$f(x) = \begin{cases} \dfrac{1}{10}, & 0 \leqslant x \leqslant 10, \\ 0, & \text{其他}, \end{cases}$$

所以 $p = P(X > 5) = \int_5^{10} \dfrac{1}{10} \mathrm{d}x = \dfrac{1}{2}$，即 $Y \sim B\left(4, \dfrac{1}{2}\right)$。于是，$Y$ 的分布律为

$$Y = \mathrm{C}_4^k \left(\frac{1}{2}\right)^k \left(1 - \frac{1}{2}\right)^{4-k} = \mathrm{C}_4^k \left(\frac{1}{2}\right)^4, \quad k = 0, 1, 2, 3, 4,$$

于是

$$P(Y \geqslant 3) = P(Y = 3) + P(Y = 4) = \mathrm{C}_4^3 \left(\frac{1}{2}\right)^4 + \mathrm{C}_4^4 \left(\frac{1}{2}\right)^4 = \frac{5}{16}。$$

2. 指数分布

定义 3 若连续型随机变量 X 具有概率密度函数

$$f(x) = \begin{cases} \lambda e^{-\lambda x}, & x > 0, \\ 0, & \text{其他}, \end{cases} \quad (2.15)$$

其中 $\lambda > 0$ 为常数，则称 X 服从参数为 λ 的**指数分布**(exponential distribution)，记作 $X \sim \text{Exp}(\lambda)$。其分布函数为

$$F(x) = \begin{cases} 1 - e^{-\lambda x}, & x > 0, \\ 0, & \text{其他}。 \end{cases} \quad (2.16)$$

指数分布常用于各种"寿命"分布的近似。例如电子元件的使用寿命，随机服务系统的服务时间，机器正常工作的时间等。指数分布在可靠性理论与排队论中也有广泛的应用。

指数分布还有一个有趣的性质——无记忆性。因为

$$P(X > s+t \mid X > s) = \frac{P(X > s+t, X > s)}{P(X > s)} = \frac{P(X > s+t)}{P(X > s)}$$

$$= \frac{1 - (1 - e^{-\lambda(s+t)})}{1 - (1 - e^{-\lambda s})} = e^{-\lambda t} = 1 - (1 - e^{-\lambda t}) = P(X > t),$$

即

$$P(X > s+t \mid X > s) = P(X > t)。 \quad (2.17)$$

如果 X 是某一元件的寿命，那么(2.17)式表明：某元件已使用了 s 小时，它总共能使用至少 $s+t$ 小时的条件概率，与从开始使用时算起它至少能使用 t 小时的概率相等。这就是说，元件对它已使用过的 s 小时没有记忆。具有这一性质是指数分布有广泛性应用的重要原因。

指数分布描述了"无记忆性"时的寿命分布，但"无记忆性"是不可能的，因而只是一种近似。对一些寿命长的元件，在初期阶段老化现象很小。在这一阶段，指数分布较确切地描述了其寿命分布情况。又如人的寿命，一般，在50岁或60岁之前，由于生理上的老化而死亡的因素是次要的，若排除那些意外情况，人的寿命分布在这个阶段也应接近指数分布。

3. 正态分布

正态分布是概率论中一种最重要的分布。一方面，正态分布是自然界中一种最常见的分布，是许许多多随机现象的定量描述。例如在正常条件下各种产品的质量指标，如零件的尺寸，纤维的强度和张力，某地区成年男子的身高、体重，农作物的产量，小麦的穗长、株高，测量误差，射击目标的水平或垂直偏差，信号噪声，等等，都服从或近似服从正态分布。另一方面，正态分布具有许多良好的性质。许多分布可近似地服从正态分布，从而可用正态分布的性质来研究问题。

定义 4 若连续型随机变量 X 的概率密度函数为

$$f(x) = \frac{1}{\sqrt{2\pi}\sigma} e^{-\frac{(x-\mu)^2}{2\sigma^2}}, \quad -\infty < x < +\infty, \quad (2.18)$$

其中 $\mu, \sigma (\sigma > 0)$ 为常数，则称 X 服从参数为 μ, σ^2 的**正态分布**(normal distribution)或**高斯分布**(Gauss distribution)，记作 $X \sim N(\mu, \sigma^2)$。

利用 $\int_{-\infty}^{+\infty} e^{-x^2} dx = \sqrt{\pi}$，可以证明 $\int_{-\infty}^{+\infty} f(x) dx = \int_{-\infty}^{+\infty} \frac{1}{\sqrt{2\pi}\sigma} e^{-\frac{(x-\mu)^2}{2\sigma^2}} dx = 1$。

正态分布的分布函数为

$$F(x) = \frac{1}{\sqrt{2\pi}\sigma} \int_{-\infty}^{x} e^{-\frac{(t-\mu)^2}{2\sigma^2}} dt, \quad -\infty < x < +\infty。 \tag{2.19}$$

图 2-4(a)和(b)分别为 σ 固定而 μ 变化时的正态分布的概率密度函数及 μ 固定而 σ 变化时的正态分布的概率密度函数。由图 2-4(a)和(b)可以看出,正态分布的概率密度函数 $f(x)$ 具有如下性质:

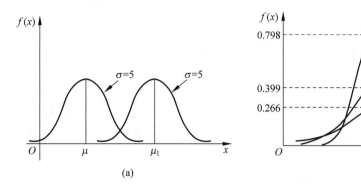

图 2-4

(1) 曲线关于 $x=\mu$ 对称;
(2) 当 $x=\mu$ 时,$f(x)$ 有最大值 $\dfrac{1}{\sqrt{2\pi}\sigma}$;
(3) 曲线以 x 轴为水平渐近线;
(4) μ 确定曲线的位置,σ 确定曲线的陡峭程度。

特别地,当 $\mu=0,\sigma=1$ 时,称 X 服从**标准正态分布**(standard normal distribution),记作 $X \sim N(0,1)$。其概率密度函数和分布函数分别用 $\varphi(x)$ 和 $\Phi(x)$ 表示,即

$$\varphi(x) = \frac{1}{\sqrt{2\pi}} e^{-\frac{x^2}{2}}, \quad -\infty < x < +\infty, \tag{2.20}$$

$$\Phi(x) = \frac{1}{\sqrt{2\pi}} \int_{-\infty}^{x} e^{-\frac{t^2}{2}} dt, \quad -\infty < x < +\infty。 \tag{2.21}$$

由 $\varphi(x)$ 关于 y 轴的对称性可得

(1) $\Phi(0)=0.5$;
(2) $\Phi(-x)=1-\Phi(x)$。 \quad\quad (2.22)

标准正态分布之所以很重要,其中一个原因就是:任意正态分布 $N(\mu,\sigma^2)$ 的计算可通过下面的定理转化为标准正态分布 $N(0,1)$ 的计算。标准正态分布的概率分布列成标准用表,见附表 2 给出了 $x \geqslant 0$ 时的 $\Phi(x)$ 的数值表。

定理 1 若 $X \sim N(\mu,\sigma^2)$,则 $Y=\dfrac{X-\mu}{\sigma} \sim N(0,1)$。

证明 设 Y 的分布函数为 $F_Y(y)$,则

$$F_Y(y) = P(Y \leqslant y) = P\left(\frac{X-\mu}{\sigma} \leqslant y\right) = P(X \leqslant \mu+\sigma y)$$

$$= \frac{1}{\sqrt{2\pi}\sigma} \int_{-\infty}^{\mu+\sigma y} e^{-\frac{(t-\mu)^2}{2\sigma^2}} dt \xlongequal{u=\frac{t-\mu}{\sigma}} \int_{-\infty}^{y} \frac{1}{\sqrt{2\pi}} e^{-\frac{u^2}{2}} du.$$

于是 $F_Y(y)$ 是标准正态分布函数,所以 $Y = \dfrac{X-\mu}{\sigma} \sim N(0,1)$。

设 $X \sim N(\mu, \sigma^2)$,则

$$P(a < X < b) = P\left(\frac{a-\mu}{\sigma} < \frac{X-\mu}{\sigma} < \frac{b-\mu}{\sigma}\right) = \Phi\left(\frac{b-\mu}{\sigma}\right) - \Phi\left(\frac{a-\mu}{\sigma}\right). \quad (2.23)$$

正态分布的 3σ 准则(3σ law):

$$P(\mu - \sigma < X < \mu + \sigma) = 2\Phi(1) - 1 = 0.6826,$$
$$P(\mu - 2\sigma < X < \mu + 2\sigma) = 2\Phi(2) - 1 = 0.9544,$$
$$P(\mu - 3\sigma < X < \mu + 3\sigma) = 2\Phi(3) - 1 = 0.9974.$$

可以看出,X 取值于区间 $(\mu-3\sigma, \mu+3\sigma)$ 内的概率几乎为 1(参见图 2-5),在实用中把 X 落在上述区间看成为"实际上的必然事件"。正态分布的这种性质统计学上称作"3σ 准则"(三倍标准差原则)。

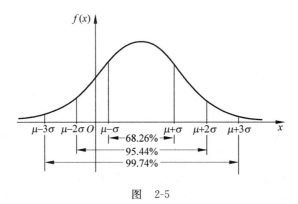

图 2-5

【例 3】 设 $X \sim N(3, 2^2)$。

(1) 求 $P(2 < X \leqslant 5)$; (2) 确定 c 使得 $P(X > c) = P(X \leqslant c)$;

(3) 设 d 满足 $P(X > d) \geqslant 0.9$,问 d 至多为多少?

解 (1) $P(2 < X \leqslant 5) = \Phi\left(\dfrac{5-3}{2}\right) - \Phi\left(\dfrac{2-3}{2}\right) = \Phi(1) - \Phi(-0.5)$

$= \Phi(1) - (1 - \Phi(0.5)) = 0.8413 - (1 - 0.6915) = 0.5328$。

(2) $P(X \leqslant c) = \Phi\left(\dfrac{c-3}{2}\right)$, $P(X > c) = 1 - P(X \leqslant c) = 1 - \Phi\left(\dfrac{c-3}{2}\right)$,

要使得 $P(X \leqslant c) = P(X > c)$,只需 $\Phi\left(\dfrac{c-3}{2}\right) = 1 - \Phi\left(\dfrac{c-3}{2}\right)$,即 $\Phi\left(\dfrac{c-3}{2}\right) = 0.5$,所以 $\dfrac{c-3}{2} = 0$,解得 $c = 3$。

(3) 按题意,d 需满足

$$P(X > d) = 1 - \Phi\left(\frac{d-3}{2}\right) = \Phi\left(\frac{3-d}{2}\right) \geqslant 0.9.$$

又查附表 2 可得 $\Phi(1.285) = 0.9$,所以由分布函数 $\Phi(x)$ 的不减性知,$\dfrac{3-d}{2} \geqslant 1.285$,即 $d \leqslant$

0.43，所以 d 至多为 0.43。

习题 2.3

基础题

1. 设连续型随机变量 X 的分布函数是
$$F(x) = \begin{cases} 0, & x < 1, \\ Ax\ln x + Bx + 1, & 1 \leqslant x \leqslant e, \\ 1, & x > e. \end{cases}$$
(1)确定常数 A 及 B；(2)求 $P(1 \leqslant X \leqslant 2)$；(3)求 X 的概率密度函数 $f(x)$。

2. 设随机变量 X 具有概率密度函数
$$f(x) = \begin{cases} kx, & 0 \leqslant x < 1, \\ 2-x, & 1 \leqslant x < 2, \\ 0, & 其他。 \end{cases}$$
(1)确定常数 k；(2)求 X 的分布函数；(3)求 $P(0.5 < X \leqslant 1.5)$。

3. 设随机变量 X 的概率密度函数是
$$f(x) = \begin{cases} \dfrac{A}{\sqrt{1-x^2}}, & |x| < 1, \\ 0, & |x| \geqslant 1。 \end{cases}$$
试求：(1)系数 A；(2)$P\left(|X| < \dfrac{1}{2}\right)$；(3)分布函数 $F(x)$。

4. 设 K 在 $[0,5]$ 上服从均匀分布。求方程 $4x^2 + 4Kx + K + 2 = 0$ 有实根的概率。

5. 从一批子弹中任意抽取 5 发试验，如果没有一发子弹落在靶心 2m 以外，则整批子弹将被接受，设弹着点与靶心的距离 X 的概率密度函数为
$$f(x) = \begin{cases} Ax e^{-x^2}, & x > 0, \\ 0, & x \leqslant 0。 \end{cases}$$
试求：(1)系数 A；(2)这批子弹被接受的概率。

6. 设随机变量 X 在区间 $[2,5]$ 上服从均匀分布，现对 X 进行 3 次独立观测，试求至少有 2 次观测值大于 3 的概率。

7. 某种晶体管寿命服从参数为 $\dfrac{1}{1000}$ 的指数分布（单位：h）。电子仪器装有此种晶体管 5 个，并且每个晶体管损坏与否相互独立。试求此仪器在 1000h 内恰好有两个晶体管损坏的概率。

8. 某地抽样调查结果表明，考生的外语成绩（百分制）近似服从正态分布，平均成绩为 72 分，96 分以上的占考生总数的 2.3%，试求考生的外语成绩在 60～84 分之间的概率。

9. 设随机变量 $X \sim N(1, 0.6^2)$，求：(1)$P(X > 0)$；(2)$P(0.2 < X < 1.8)$。

10. 设随机变量 $X \sim N(\mu, \sigma^2)$，而且已知 $P(X < 0.5) = 0.0793$，$P(X > 1.5) = 0.7611$，求 μ 与 σ。

11. 电源电压在不超过 200V，200～240V 和超过 240V 这三种情况下，元件损坏的概率分别为 0.1，0.001 和 0.2。设电源电压 X 服从正态分布，$X \sim N(220, 25^2)$。试求：

(1) 元件损坏的概率；

(2) 元件损坏时,电压在 200～240V 间的概率。

12. 某工程队完成某项工程所需时间 X(天)近似服从正态分布 $N(100,25)$,工程队上级规定：若工程在 100 天内完工,可获奖金 10 万元；在 100～115 天内完工,可获奖金 3 万元；超过 115 天完工,罚款 5 万元。求该工程队在完成此项工程时,所获奖金的分布律。

13. 设测量两地间的距离时带有随机误差 X(单位：m),其概率密度函数为

$$f(x) = \frac{1}{40\sqrt{2\pi}} e^{-\frac{(x-2)^2}{3200}}, \quad -\infty < x < +\infty。$$

试求：(1)测量误差的绝对值不超过 30m 的概率；(2)接连测量三次,每次测量相互独立进行,求至少有一次误差不超过 30m 的概率。

14. 某城市男子身高 X(单位：cm)服从正态分布 $N(170,36)$。

(1) 问应如何选择公共汽车车门的高度使男子与车门碰头的机会小于 0.01；

(2) 若车门高为 182cm,求 100 个男子中与车门碰头的人数不多于两个的概率。

15. 设随机变量 X 具有关于 y 轴对称的概率密度函数 $f(x)$,即 $f(-x)=f(x)$,其分布函数为 $F(x)$,试证明：对任意 $a>0$,有

(1) $F(-a) = 1 - F(a) = \frac{1}{2} - \int_0^a f(x)dx$；

(2) $P(|X|<a) = 2F(a) - 1$；

(3) $P(|X|>a) = 2[1-F(a)]$。

提高题

1. 若 ae^{-x^2+x} 为随机变量 X 的概率密度函数,则 $a=(\quad)$。

2. 设 $f_1(x)$ 为标准正态分布的概率密度函数,$f_2(x)$ 为 $[-1,3]$ 上的均匀分布的概率密度函数,若 $f(x)=\begin{cases} af_1(x), & x\leq 0 \\ bf_2(x), & x>0 \end{cases}$ $(a>0,b>0)$ 为概率密度函数,则 a,b 应满足($\quad$)。

　　A. $2a+3b=4$　　　B. $3a+2b=4$　　　C. $a+b=1$　　　D. $a+b=2$

3. 设随机变量 X 的概率密度函数 $f(x)$ 满足 $f(1+x)=f(1-x)$,且 $\int_0^2 f(x)dx = 0.6$,求 $P(X<0)$。

4. 设随机变量 X 服从正态分布 $N(\mu,2^2)$,已知 $3P(X\geq 1.5)=2P(X<1.5)$,则 $P(|X-1|\leq 2)=(\quad)$。

5. 设随机变量 X 服从 $[a,a+2]$ 上的均匀分布,对进行 3 次独立观测,求最多有一次观测值小于 $a+1$ 的概率。

2.4　随机变量函数的分布

在分析及解决实际问题时,经常会遇到以随机变量为自变量的函数,例如对某工厂生产的一批钢球进行检验,钢球的直径 D 是一随机变量,钢球的体积 $V=\frac{1}{6}\pi D^3$ 是关于 D 的函

数,我们希望通过直径 D 的分布情况了解体积 V 的分布情况。

一般来讲,若 X 是一随机变量,$Y=g(X)$ 是 X 的函数,由于 Y 的取值会随 X 取值的变化而变化,从而 Y 也是一个随机变量,也需要研究它的分布情况,下面我们分几种情况进行讨论。

2.4.1 离散型随机变量函数的分布

设 X 是离散型随机变量且 $Y=g(X)$,则 Y 也是一个离散型随机变量。如果已知 X 的分布律为

X	x_1	x_2	$\cdots$	x_k	$\cdots$
P	p_1	p_2	$\cdots$	p_k	$\cdots$

将 $X=x_k$ 代入 $Y=g(X)$ 得

Y	$g(x_1)$	$g(x_2)$	$\cdots$	$g(x_k)$	$\cdots$
P	p_1	p_2	$\cdots$	p_k	$\cdots$

应注意的是,有些 $g(x_k)$ 可能会相等,要在分布律中将其对应的概率相加合并成一项。

【例 1】 设随机变量 X 的分布律为

X	-1	0	1	2
P	0.2	0.3	0.1	0.4

试求:(1)$Y=2X+3$ 的分布律;(2)$Y=X^2+1$ 的分布律。

解 (1) 将 X 分别取 $-1,0,1,2$ 代入 $Y=2X+3$ 得 Y 为 $1,3,5,7$,则 $Y=2X+3$ 的分布律为

Y	1	3	5	7
P	0.2	0.3	0.1	0.4

(2) 将 X 的取值代入 $Y=X^2+1$ 得

Y	2	1	2	5
P	0.2	0.3	0.1	0.4

再对相等的值合并,得 Y 的分布律为

Y	2	1	5
P	0.3	0.3	0.4

2.4.2 连续型随机变量函数的分布

设 X 是一个连续型随机变量,其概率密度函数为 $f_X(x)$,$g(x)$ 是一个已知的连续函数,$Y=g(X)$ 是随机变量 X 的函数。如何求随机变量 Y 的概率密度函数呢?我们一般先求 Y 的分布函数 $F_Y(y)$,再对 $F_Y(y)$ 求导得到 Y 的概率密度函数 $f_Y(y)$。

【例 2】 设随机变量 X 的概率密度函数为 $f_X(x)(-\infty<x<+\infty)$,求 $Y=X^3$ 的概率密度函数 $f_Y(y)$。

解 分别记 X,Y 的分布函数为 $F_X(x),F_Y(y)$,下面先求 $F_Y(y)$。
$$F_Y(y)=P(Y\leqslant y)=P(X^3\leqslant y)=P(X\leqslant \sqrt[3]{y})=F_X(\sqrt[3]{y})。$$
将 $F_Y(y)$ 关于 y 求导得到 Y 的概率密度函数为
$$f_Y(y)=\begin{cases}\dfrac{1}{3}y^{-\frac{2}{3}}f_X(\sqrt[3]{y}), & y\neq 0,\\ 0, & y=0。\end{cases}$$

【例 3】 设随机变量 X 的概率密度函数为 $f_X(x)=\dfrac{1}{\pi(1+x^2)}$,求 $Y=e^X$ 的概率密度函数 $f_Y(y)$。

解 分别记 X,Y 的分布函数为 $F_X(x),F_Y(y)$,下面先求 $F_Y(y)$。
$$F_Y(y)=P(Y\leqslant y)=P(e^X\leqslant y)。$$
因为 $Y=e^X>0$,知当 $y\leqslant 0$ 时,$F_Y(y)=0$;当 $y>0$ 时,$F_Y(y)=P(Y\leqslant y)=P(e^X\leqslant y)=P(X\leqslant \ln y)=F_X(\ln y)$。

将 $F_Y(y)$ 关于 y 求导得到
$$f_Y(y)=f_X(\ln y)\left(\dfrac{1}{y}\right)=\dfrac{1}{\pi y(1+\ln^2 y)}。$$
因此 Y 的概率密度函数为
$$f_Y(y)=\begin{cases}\dfrac{1}{\pi y(1+\ln^2 y)}, & y>0,\\ 0, & y\leqslant 0。\end{cases}$$

对于连续型随机变量的函数,还有下面的定理。

定理 1 设随机变量 X 具有概率密度函数 $f_X(x)(-\infty<x<+\infty)$,又设函数 $g(x)$ 处处可导且恒有 $g'(x)>0$(或恒有 $g'(x)<0$),则 $Y=g(X)$ 是连续型随机变量,其概率密度函数为
$$f_Y(y)=\begin{cases}f_X[h(y)]|h'(y)|, & \alpha<y<\beta,\\ 0, & 其他,\end{cases}\tag{2.24}$$
其中 $\alpha=\min\{g(-\infty),g(+\infty)\}$,$\beta=\max\{g(-\infty),g(+\infty)\}$,$h(y)$ 是 $g(x)$ 的反函数。

注 (2.24)式中,要取 $h'(y)$ 的绝对值,这一点不要疏忽,否则可能会得到错误结果。

【例 4】 设随机变量 $X\sim N(\mu,\sigma^2)$。试证明 X 的线性函数 $Y=aX+b(a\neq 0)$ 也服从正态分布。

证明 X 的概率密度函数为

$$f_X(x) = \frac{1}{\sqrt{2\pi}\sigma} e^{-\frac{(x-\mu)^2}{2\sigma^2}}, \quad -\infty < x < +\infty。$$

令 $y = g(x) = ax + b$，由此解得 $x = h(y) = \dfrac{y-b}{a}$，且 $h'(y) = \dfrac{1}{a}$，则 $Y = aX + b (a \neq 0)$ 的概率密度函数为

$$f_Y(y) = \frac{1}{|a|} f_X\left(\frac{y-b}{a}\right), \quad -\infty < y < +\infty,$$

即

$$f_Y(y) = \frac{1}{|a|\sigma\sqrt{2\pi}} e^{-\frac{\left(\frac{y-b}{a}-\mu\right)^2}{2\sigma^2}} = \frac{1}{|a|\sigma\sqrt{2\pi}} e^{-\frac{[y-(b+a\mu)]^2}{2(a\sigma)^2}}, \quad -\infty < y < +\infty,$$

于是有 $Y = aX + b \sim N(a\mu + b, (a\sigma)^2)$。

由此可见，正态随机变量 X 的线性函数 $Y = aX + b (a \neq 0)$ 服从参数为 $a\mu + b$ 和 $(a\sigma)^2$ 的正态分布。

【例 5】 设 $X \sim U\left(-\dfrac{\pi}{2}, \dfrac{\pi}{2}\right)$，求 $Y = \tan X$ 的概率密度函数。

解 X 的概率密度函数为

$$f_X(x) = \begin{cases} \dfrac{1}{\pi}, & -\dfrac{\pi}{2} < x < \dfrac{\pi}{2}, \\ 0, & \text{其他}。 \end{cases}$$

令 $y = g(x) = \tan x$，由此解得

$x = h(y) = \arctan y$，且 $\alpha = g\left(-\dfrac{\pi}{2}\right) = -\infty$，$\beta = g\left(\dfrac{\pi}{2}\right) = +\infty$，$h'(y) = \dfrac{1}{1+y^2}$，由 (2.24) 式知，$Y = \tan X$ 的概率密度函数为

$$f_Y(y) = \frac{1}{\pi(1+y^2)}, \quad -\infty < y < +\infty。$$

【例 6】 设随机变量 X 的概率密度函数为 $f_X(x) = \begin{cases} \dfrac{2x}{\pi^2}, & 0 < x < \pi, \\ 0, & \text{其他}。 \end{cases}$ 求 $Y = \sin X$ 的概率密度函数 $f_Y(y)$。

解 设 X, Y 的分布函数分别为 $F_X(x), F_Y(y)$，由于 X 在 $(0, \pi)$ 内取值，所以 $Y = \sin X$ 的可能取值区间为 $(0, 1)$。

当 $y \leqslant 0$ 时，$\{Y \leqslant y\}$ 是不可能事件，$F_Y(y) = P(Y \leqslant y) = 0$，从而 $f_Y(y) = F'_Y(y) = 0$；当 $y \geqslant 1$ 时，$\{Y \leqslant y\}$ 是必然事件，$F_Y(y) = P(Y \leqslant y) = 1$，从而 $f_Y(y) = F'_Y(y) = 0$；

当 $0 < y < 1$ 时，使 $\{Y \leqslant y\}$ 的 x 取值范围为两个互不相交的区间 (如图 2-6 所示)。

$\Delta_1(y) = [0, x_1] = [0, \arcsin y]$，
$\Delta_2(y) = [x_2, \pi] = [\pi - \arcsin y, \pi]$，

于是

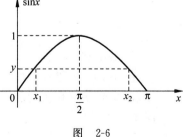

图 2-6

$$\{Y \leqslant y\} = \{X \in \Delta_1(y)\} \cup \{X \in \Delta_2(y)\}$$
$$= \{0 \leqslant X \leqslant \arcsin y\} \cup \{\pi - \arcsin y \leqslant X \leqslant \pi\},$$

故
$$F_Y(y) = P(Y \leqslant y) = P(\{0 \leqslant X \leqslant \arcsin y\} \cup \{\pi - \arcsin y \leqslant X \leqslant \pi\})$$
$$= P(0 \leqslant X \leqslant \arcsin y) + P(\pi - \arcsin y \leqslant X \leqslant \pi)$$
$$= F_X(\arcsin y) - F_X(0) + F_X(\pi) - F_X(\pi - \arcsin y).$$

将上式两端对 y 求导,得
$$f_Y(y) = F_Y'(y) = f_X(\arcsin y) \frac{1}{\sqrt{1-y^2}} + f_X(\pi - \arcsin y) \frac{1}{\sqrt{1-y^2}}$$
$$= \frac{2\arcsin y}{\pi^2} \frac{1}{\sqrt{1-y^2}} + \frac{2(\pi - \arcsin y)}{\pi^2} \frac{1}{\sqrt{1-y^2}} = \frac{2}{\pi} \frac{1}{\sqrt{1-y^2}}.$$

所以
$$f_Y(y) = \begin{cases} \dfrac{2}{\pi \sqrt{1-y^2}}, & 0 < y < 1, \\ 0, & 其他. \end{cases}$$

习题 2.4

基础题

1. 设随机变量 X 的分布律为

X	-2	-1	0	1	3
P	0.2	0.1	0.2	0.1	0.4

试求:(1) $Y_1 = X^2$ 的分布律;(2) $Y_2 = 3X - 1$ 的分布律。

2. 设随机变量 X 服从 $[-1, 2]$ 上的均匀分布,记
$$Y = \begin{cases} 1, & X \geqslant 0, \\ -1, & X < 0, \end{cases}$$
试求 Y 的分布律。

3. 设随机变量 X 在 $[0, 1]$ 上服从均匀分布。求:
(1) $Y = e^X$ 的概率密度函数;(2) $Y = -2\ln X$ 的概率密度函数。

4. 设连续型随机变量 X 的概率密度函数为
$$f(x) = \begin{cases} e^{-x}, & x \geqslant 0, \\ 0, & x < 0, \end{cases}$$
求 $Y = \sqrt{X}$ 的概率密度函数 $f_Y(y)$。

5. 设随机变量 X 服从标准正态分布,$Y = 1 - 2|X|$,试求 Y 的概率密度函数。

6. 设随机变量 X 在 $[0, 2\pi]$ 上服从均匀分布,求 $Y = \cos X$ 的概率密度函数。

提高题

1. 设随机变量 X 服从正态分布 $X \sim N(1, 4)$,且
$$Y = \begin{cases} -1, & X < -2.92, \\ 0, & -2.92 \leqslant X \leqslant 1, \\ 1, & X > 1. \end{cases}$$

求随机变量 $Z=\arcsin Y$ 概率分布。

2. 设 X 是离散型随机变量，其分布函数为
$$F_X(x)=\begin{cases} 0, & x<-2, \\ 0.2, & -2\leqslant x<-1, \\ 0.35, & -1\leqslant x<0, \\ 0.6, & 0\leqslant x<1, \\ 1, & x\geqslant 1. \end{cases}$$

令 $Y=|X+1|$，随机变量 Y 的分布函数 $F_Y(y)$。

3. 设 $X\sim U(0,2)$，求 $Y=X^2$ 在 $(0,4)$ 内的概率分布密度 $f_Y(y)$。

4. 设随机变量 X 在区间 $[0,1]$ 上服从均匀分布，$Y=X^2+X+1$，求 Y 的概率密度函数 $f_Y(y)$。

总复习题 2

1. 下列函数中，(　　) 可以作为连续型随机变量的分布函数。

A. $F(x)=\begin{cases} e^x, & x<0, \\ 1, & x\geqslant 0 \end{cases}$
B. $G(x)=\begin{cases} e^{-x}, & x<0, \\ 1, & x\geqslant 0 \end{cases}$

C. $\Phi(x)=\begin{cases} 0, & x<0, \\ 1-e^x, & x\geqslant 0 \end{cases}$
D. $H(x)=\begin{cases} 0, & x<0, \\ 1+e^{-x}, & x\geqslant 0 \end{cases}$

2. $P(X=x_k)=\dfrac{2}{p_k}(k=1,2,\cdots)$ 为一随机变量 X 的概率分布的必要条件是(　　)。

A. x_k 非负　　B. x_k 为整数　　C. $0\leqslant p_k\leqslant 2$　　D. $p_k\geqslant 2$

3. 设 $F(x)=\begin{cases} a-be^{-2x}, & x>0, \\ c, & x\leqslant 0 \end{cases}$ 是随机变量 X 的分布函数，求 a,b,c。

4. 设随机变量 X 的分布律为 $P(X=k)=\dfrac{ak}{n}(k=0,1,2,\cdots,n)$，求 a 的值。

5. 已知随机变量 X 只能取 $-1,0,1,3$，相应的概率为 $\dfrac{1}{a},\dfrac{3}{2a},\dfrac{5}{4a},\dfrac{7}{8a}$，求概率
$$P(|X|\leqslant 2\mid X\geqslant 0)。$$

6. 2008 年中国奥运会吉祥物由 5 个"中国福娃"组成，分别叫做贝贝、晶晶、欢欢、迎迎、妮妮，现有 8 个相同的盒子，每个盒中放一个福娃，每种福娃的数量如下表：

福娃名称	贝贝	晶晶	欢欢	迎迎	妮妮
数量	1	2	3	1	1

从中随机地选出 5 只，若完整地选出"奥运吉祥物"记 100 分；若选出的 5 只中仅差一种记 80 分；差两种计 60 分；以此类推，即 X 表示所得分数，求 X 的分布律。

7. 设某射手每次击中目标的概率为 0.8,现连续地向一目标射击,直到击中为止,设 X 为射击次数,则 X 的可能取值为 $1,2,\cdots$,试求:(1) X 的概率分布;(2)概率 $P(2<X\leqslant 4)$ 及 $P(X\geqslant 3)$。

8. 设连续型随机变量 X 的概率密度函数为 $f_X(x)=\begin{cases}\dfrac{3}{8}x^2, & 0<x<2,\\ 0, & \text{其他},\end{cases}$ 连续型随机变量 Y 的概率密度函数为 $f_Y(y)=\begin{cases}\dfrac{3}{8}y^2, & 0<y<2,\\ 0, & \text{其他},\end{cases}$ 已知事件 $A=\{X>a\}$,$B=\{Y>a\}$ 相互独立,且 $P(A+B)=\dfrac{3}{4}$,试确定常数 a 的值。

9. 某电子元件的寿命 X 的概率密度函数为(单位:h)
$$f(x)=\begin{cases}\dfrac{1000}{x^2}, & x>1000,\\ 0, & x\leqslant 1000。\end{cases}$$
装有 5 个这种电子元件的系统在使用的前 1500h 内正好有两个元件需要更新的概率为多少?(设各元件损坏与否相互独立)

10. 设顾客在某银行的窗口等待服务的时间 X(单位:min)服从指数分布,其概率密度函数为 $f_X(x)=\begin{cases}\dfrac{1}{5}e^{-\frac{x}{5}}, & x>0,\\ 0, & \text{其他},\end{cases}$ 某顾客在窗口等待服务,若超过 10min,他就离开。他一个月要到银行 5 次。以 Y 表示一个月内他未等到服务而离开窗口的次数。写出 Y 的分布律,并求 $P(Y\geqslant 1)$。

11. 假设一大型设备在任何长为 t 的时间内发生故障的次数 $N(t)$ 服从参数为 λt 的泊松分布。试求:(1)相继两次故障之间的时间间隔 T 的概率分布;(2)在设备已经无故障工作 8h 的情形下,再无故障运行 8h 的概率。

12. 某企业准备通过招聘考试招收 300 名职工,其中成绩排在前 280 名的录为正式工,随后的 20 名录为临时工。报考的人数是 1657 人,考试满分是 400 分。考生成绩近似服从正态分布。考试后得知考试总平均成绩,即 $\mu=166$ 分,360 分以上的高分考生 31 人。某考生 B 得 256 分?问他能否被录取?能否被聘为正式工?

13. 设随机变量 X 服从正态分布 $N(\mu,\sigma^2)(\sigma>0)$,且二次方程 $y^2+4y+X=0$ 无实根的概率为 0.5,求 μ 的值。

14. 设随机变量 X 的概率密度函数为
$$f_X(x)=\begin{cases}1-|x|, & -1<x<1,\\ 0, & \text{其他}。\end{cases}$$
求随机变量 $Y=X^2+1$ 的概率密度函数。

15. 设随机变量 X 的分布函数 $F(x)$ 连续,求 $Y=F(X)$ 的概率密度函数。

第3章 多维随机变量及其分布

第2章我们只讨论了一个随机变量的情况,但在很多实际问题中,试验结果通常需要用两个或两个以上的随机变量才能描述。例如,炮弹落点的位置需要由它的横坐标 X 和纵坐标 Y 来确定,而横坐标和纵坐标是定义在同一个样本空间的两个随机变量。再如,在制定我国的服装标准时,需同时考虑人体的上身长、臂长、胸围、下肢长、腰围、臀围等多个变量。在很多情况下,对于同一个试验结果的各个随机变量之间,一般有某种联系,因而需要把它们作为一个整体来研究。

3.1 多维随机变量及其分布函数

3.1.1 二维随机变量

定义 1 设随机试验 E 的样本空间为 $\Omega = \{\omega\}$,$X(\omega)$,$Y(\omega)$ 分别是定义在同一个样本空间上的两个随机变量,称 (X,Y) 为定义在 Ω 上的**二维随机变量**(two-dimension random variables)或**二维随机向量**。

例如,炮弹落点的位置需由它的横坐标 X 和纵坐标 Y 来确定,这里 (X,Y) 是二维随机变量。

类似地,设 $X_1, X_2, \cdots, X_n$ 是定义在同一个样本空间 Ω 上的 n 个随机变量,称 $(X_1, X_2, \cdots, X_n)$ 为 n **维随机变量**。

通常把二维或二维以上的随机变量称为多维随机变量。相对于多维随机变量,称随机变量 X 为一维随机变量。

3.1.2 二维随机变量的联合分布函数

类似于一维随机变量,我们讨论二维随机变量的分布函数。

定义 2 设 (X,Y) 是二维随机变量,对任意实数 x,y,事件 $\{X \leqslant x\}$ 与 $\{Y \leqslant y\}$ 同时发生的概率 $P(\{X \leqslant x\} \cap \{Y \leqslant y\})$ 称为 (X,Y) 的**分布函数**或随机变量 X 和 Y 的**联合分布函数**(unity distribution function),记为 $F(x,y)$,即

$$F(x,y) = P(\{X \leqslant x\} \cap \{Y \leqslant y\}) = P(X \leqslant x, Y \leqslant y). \quad (3.1)$$

若将二维随机变量(X,Y)看成是平面上随机点的坐标,则分布函数$F(x,y)$在(x,y)处的函数值就是随机点(X,Y)落在点(x,y)左下方无穷矩形域内的概率(如图3-1(a)所示)。由图3-1(b),容易算出随机点(X,Y)落在矩形区域$x_1<x\leqslant x_2,y_1<y\leqslant y_2$内的概率为

$$P(x_1<X\leqslant x_2,y_1<Y\leqslant y_2)=F(x_2,y_2)-F(x_2,y_1)+F(x_1,y_1)-F(x_1,y_2)。 \tag{3.2}$$

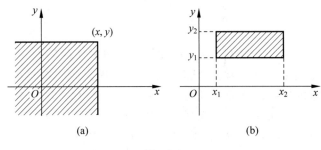

图 3-1

二维随机变量(X,Y)的分布函数$F(x,y)$具有如下4条性质:

(1) **单调性** $F(x,y)$是分别关于变量x和y的不减函数,即当$x_1<x_2$时,有
$$F(x_1,y)\leqslant F(x_2,y); \quad 当 y_1<y_2 时,有 F(x,y_1)\leqslant F(x,y_2);$$

(2) **有界性** $0\leqslant F(x,y)\leqslant 1$,且
$$F(-\infty,y)=0, \quad F(x,-\infty)=0, \quad F(-\infty,-\infty)=0, \quad F(+\infty,+\infty)=1;$$

(3) **右连续性** $F(x,y)$关于x右连续,关于y右连续,即
$$F(x+0,y)=F(x,y), \quad F(x,y+0)=F(x,y);$$

(4) **非负性** 对于任意的实数$x_1,x_2,y_1,y_2,x_1<x_2,y_1<y_2$有
$$P(x_1<X\leqslant x_2,y_1<Y\leqslant y_2)=F(x_2,y_2)-F(x_2,y_1)+F(x_1,y_1)-F(x_1,y_2)\geqslant 0。$$

以上性质是联合分布函数的基本性质,一个函数是随机变量联合分布函数的充分必要条件是它满足以上性质(1)～性质(4)。

3.1.3 二维随机变量的边缘分布函数

若二维随机变量(X,Y)的分布函数为$F(x,y)$,则(X,Y)中随机变量X的分布函数称为(X,Y)关于X的**边缘分布函数**,记为$F_X(x)$,即
$$F_X(x)=P(X\leqslant x)=P(X\leqslant x,Y<+\infty)=F(x,+\infty)。$$
同理,二维随机变量(X,Y)关于Y的边缘分布函数,记为$F_Y(y)$,即
$$F_Y(y)=P(Y\leqslant y)=P(X<+\infty,Y\leqslant y)=F(+\infty,y)。$$

【例1】 设二维随机变量(X,Y)的分布函数为
$$F(x,y)=\begin{cases}(1-\mathrm{e}^{-2x})(1-\mathrm{e}^{-y}), & x>0,y>0,\\ 0, & 其他。\end{cases}$$
求$P(0<X\leqslant 1,0<Y\leqslant 1),P(0<X\leqslant 1)$。

解 利用公式(3.2)有 $P(0<X\leqslant 1, 0<Y\leqslant 1) = F(1,1) - F(1,0) - F(0,1) + F(0,0)$
$$= (1-e^{-2})(1-e^{-1}) - 0 - 0 + 0$$
$$= (1-e^{-2})(1-e^{-1})$$
$$\approx 0.5466。$$

由边缘分布函数的定义，可得
$$F_X(x) = F(x, +\infty) = \begin{cases} 1-e^{-2x}, & x>0, \\ 0, & x\leqslant 0, \end{cases}$$

则 $P(0<X\leqslant 1) = F_X(1) - F_X(0) = 1 - e^{-2} \approx 0.8647$。

3.1.4 n 维随机变量的联合分布函数

与二维随机变量类似，可定义 n 维随机变量的联合分布函数与边缘分布函数。

对任意 n 个实数 $x_1, x_2, \cdots, x_n$，则 n 个事件 $\{X_1 \leqslant x_1\}, \{X_2 \leqslant x_2\}, \cdots, \{X_n \leqslant x_n\}$ 同时发生的概率
$$F(x_1, x_2, \cdots, x_n) = P(X_1 \leqslant x_1, X_2 \leqslant x_2, \cdots, X_n \leqslant x_n)$$
称为 n 维随机变量 $(X_1, X_2, \cdots, X_n)$ 的分布函数或随机变量 $X_1, X_2, \cdots, X_n$ 的联合分布函数。

n 维随机变量 $(X_1, X_2, \cdots, X_n)$ 的边缘分布函数也可类似地定义。例如，其关于随机变量 $X_1, (X_1, X_2), (X_1, X_2, X_3)$ 的边缘分布函数可分别表示为
$$F_{X_1}(x_1) = F(x_1, +\infty, +\infty, \cdots, +\infty),$$
$$F_{X_1, X_2}(x_1, x_2) = F(x_1, x_2, +\infty, \cdots, +\infty),$$
$$F_{X_1, X_2, X_3}(x_1, x_2, x_3) = F(x_1, x_2, x_3, +\infty, \cdots, +\infty)。$$

习题 3.1

基础题

1. 判断 $F(x,y) = \begin{cases} \dfrac{1}{2} + (1-e^{-x})(1-e^{-y}), & x>0, y>0, \\ \dfrac{1}{2}, & 其他 \end{cases}$ 是否可以作为二维随机变量 (X,Y) 的分布函数？

2. 一电子器件包含两部分，分别以 X, Y 记这两部分的寿命（单位：h），设 (X,Y) 的分布函数为 $F(x,y) = \begin{cases} 1 - e^{-0.01x} - e^{-0.01y} + e^{-0.01(x+y)}, & x>0, y>0, \\ 0, & 其他。\end{cases}$

求：(1) $P(0<X\leqslant 100, 0<Y\leqslant 100)$；(2) $P(0<X\leqslant 100)$。

提高题

1. 设二维随机变量 (X,Y) 的分布函数为
$$F(x,y) = a(b + \arctan x)(c + \arctan y), \quad -\infty < x, y < +\infty。$$

求：(1)常数 a,b,c 的值；(2) $P(0<X\leqslant 1,0<Y\leqslant 1)$；(3) X 与 Y 的边缘分布函数 $F_X(x)$ 与 $F_Y(y)$。

3.2 二维离散型随机变量

3.2.1 二维离散型随机变量的联合分布律

定义 1 若二维随机变量 (X,Y) 的所有可能取值是有限或可列个数对，则称 (X,Y) 是**二维离散型随机变量**(two-dimension discrete random variable)。

定义 2 设二维离散型随机变量 (X,Y) 的所有可能取值为 $(x_i,y_j)(i,j=1,2,\cdots)$，则称
$$p_{ij} = P(X=x_i, Y=y_j), \quad i,j=1,2,\cdots \tag{3.3}$$
为二维离散型随机变量 (X,Y) 的**分布律**，或随机变量 X 和 Y 的**联合分布律**。

类似于一维随机变量的分布律，(X,Y) 的分布律需满足如下两个条件：

(1) **非负性** $p_{ij}\geqslant 0 (i,j=1,2,\cdots)$；

(2) **规范性** $\sum\limits_{i=1}^{\infty}\sum\limits_{j=1}^{\infty} p_{ij} = 1$。

另外也可用表格表示二维离散型随机变量 (X,Y) 的分布律：

X \ Y	y_1	y_2	$\cdots$	y_j	$\cdots$
x_1	p_{11}	p_{12}	$\cdots$	p_{1j}	$\cdots$
x_2	p_{21}	p_{22}	$\cdots$	p_{2j}	$\cdots$
$\vdots$	$\vdots$	$\vdots$		$\vdots$	
x_i	p_{i1}	p_{i2}	$\cdots$	p_{ij}	$\cdots$
$\vdots$	$\vdots$	$\vdots$		$\vdots$	

注 求二维离散型随机变量的分布律，关键是写出其所有可能的取值及取值的概率，通常写完后应验证所有概率的和是否为 1。

【例 1】 口袋中有五件产品，其中两件次品，三件正品，从袋中随机地取两次，每次取一件，取后放回。设随机变量 X,Y 分别表示第一次、第二次取到的正品数，试求 (X,Y) 的分布律及 $P(X+Y=1)$。

解 随机变量 X,Y 的所有可能取值均为 $0,1$，则
$$P(X=0,Y=0) = \frac{2\times 2}{5\times 5} = \frac{4}{25}, \quad P(X=0,Y=1) = \frac{2\times 3}{5\times 5} = \frac{6}{25}。$$

同理可得
$$P(X=1,Y=0) = \frac{3\times 2}{5\times 5} = \frac{6}{25}, \quad P(X=1,Y=1) = \frac{3\times 3}{5\times 5} = \frac{9}{25}。$$

即 (X,Y) 的分布律为

X \ Y	0	1
0	$\frac{4}{25}$	$\frac{6}{25}$
1	$\frac{6}{25}$	$\frac{9}{25}$

$$P(X+Y=1) = P(X=1, Y=0) + P(X=0, Y=1) = \frac{6}{25} + \frac{6}{25} = \frac{12}{25}。$$

【例2】 设 A, B 为随机事件，且 $P(A) = \frac{1}{4}, P(B|A) = \frac{1}{3}, P(A|B) = \frac{1}{2}$。令

$$X = \begin{cases} 1, & A\text{ 发生,} \\ 0, & A\text{ 不发生,} \end{cases} \qquad Y = \begin{cases} 1, & B\text{ 发生,} \\ 0, & B\text{ 不发生.} \end{cases}$$

试求：二维随机变量 (X, Y) 的分布律。

解 由于 $P(AB) = P(A)P(B|A) = \frac{1}{12}, P(B) = \frac{P(AB)}{P(A|B)} = \frac{1}{6}$，所以

$$P(X=1, Y=1) = P(AB) = \frac{1}{12},$$

$$P(X=1, Y=0) = P(A\overline{B}) = P(A) - P(AB) = \frac{1}{6},$$

$$P(X=0, Y=1) = P(\overline{A}B) = P(B) - P(AB) = \frac{1}{12},$$

$$P(X=0, Y=0) = P(\overline{A}\overline{B}) = P(\overline{A+B}) = 1 - P(A+B)$$
$$= 1 - [P(A) + P(B) - P(AB)] = \frac{2}{3}。$$

所以，(X, Y) 的分布律为

X \ Y	0	1
0	$\frac{2}{3}$	$\frac{1}{12}$
1	$\frac{1}{6}$	$\frac{1}{12}$

3.2.2 二维离散型随机变量的边缘分布律

定义3 设 (X, Y) 为离散型的二维随机变量，其分布律为

$$p_{ij} = P(X = x_i, Y = y_j), \quad i, j = 1, 2, \cdots。$$

对 j 求和所得的分布律

$$p_{i\cdot} = \sum_{j=1}^{\infty} p_{ij} = \sum_{j=1}^{\infty} P(X=x_i, Y=y_j) = P(X=x_i), \quad i=1,2,\cdots \quad (3.4)$$

称为关于 X 的**边缘分布律**(marginal distribution law)。类似地,对 i 求和可得 Y 的边缘分布律,即

$$p_{\cdot j} = \sum_{i=1}^{\infty} p_{ij} = \sum_{i=1}^{\infty} P(X=x_i, Y=y_j) = P(Y=y_j), \quad j=1,2,\cdots \quad (3.5)$$

边缘分布律也可以用如下的表格表示:

X \ Y	y_1	y_2	$\cdots$	y_j	$\cdots$	$p_{i\cdot}$
x_1	p_{11}	p_{12}	$\cdots$	p_{1j}	$\cdots$	$\sum_{j=1}^{\infty} p_{1j}$
x_2	p_{21}	p_{22}	$\cdots$	p_{2j}	$\cdots$	$\sum_{j=1}^{\infty} p_{2j}$
$\vdots$	$\vdots$	$\vdots$		$\vdots$		$\vdots$
x_i	p_{i1}	p_{i2}	$\cdots$	p_{ij}	$\cdots$	$\sum_{j=1}^{\infty} p_{ij}$
$\vdots$	$\vdots$	$\vdots$		$\vdots$		$\vdots$
$p_{\cdot j}$	$\sum_{i=1}^{\infty} p_{i1}$	$\sum_{i=1}^{\infty} p_{i2}$	$\cdots$	$\sum_{i=1}^{\infty} p_{ij}$	$\cdots$	1

此表中,中间部分是 (X,Y) 的分布律,而边缘部分是 (X,Y) 关于 X 和关于 Y 的边缘分布律,这也是"边缘分布律"这个名词的来源。

【例3】 求本节例 2 中二维随机变量 (X,Y) 关于 X 和关于 Y 的边缘分布律。

解 由本节例 2 中的分布律,可知

$$p_{1\cdot} = \frac{2}{3} + \frac{1}{12} = \frac{3}{4}, \quad p_{2\cdot} = \frac{1}{6} + \frac{1}{12} = \frac{1}{4},$$

$$p_{\cdot 1} = \frac{2}{3} + \frac{1}{6} = \frac{5}{6}, \quad p_{\cdot 2} = \frac{1}{12} + \frac{1}{12} = \frac{1}{6}。$$

列表得:

X \ Y	0	1	$p_{i\cdot}$
0	$\frac{2}{3}$	$\frac{1}{12}$	$\frac{3}{4}$
1	$\frac{1}{6}$	$\frac{1}{12}$	$\frac{1}{4}$
$p_{\cdot j}$	$\frac{5}{6}$	$\frac{1}{6}$	1

或写成

X	0	1
$p_i.$	$\frac{3}{4}$	$\frac{1}{4}$

Y	0	1
$p_{\cdot j}$	$\frac{5}{6}$	$\frac{1}{6}$

3.2.3 二维离散型随机变量的条件分布

利用条件概率的定义,可以给出二维离散型随机变量的条件分布律。

定义 4 设 (X,Y) 为离散型的二维随机变量,其分布律为
$$p_{ij} = P(X=x_i, Y=y_j), \quad i,j=1,2,\cdots。$$
对固定的 j,若 $p_{\cdot j} > 0$,称
$$P(X=x_i \mid Y=y_j) = \frac{P(X=x_i, Y=y_j)}{P(Y=y_j)} = \frac{p_{ij}}{p_{\cdot j}}, \quad i=1,2,\cdots \tag{3.6}$$
为在 $Y=y_j$ 的条件下,随机变量 X 的**条件分布律**(conditional distribution law)。对固定的 i,若 $p_i. > 0$,称
$$P(Y=y_j \mid X=x_i) = \frac{P(X=x_i, Y=y_j)}{P(X=x_i)} = \frac{p_{ij}}{p_i.}, \quad j=1,2,\cdots \tag{3.7}$$
为在 $X=x_i$ 的条件下,随机变量 Y 的**条件分布律**。

由分布律的性质,易知条件分布律有如下的性质:

(1) $P(X=x_i \mid Y=y_j) \geqslant 0, P(Y=y_j \mid X=x_i) \geqslant 0$;

(2) $\sum_{i=1}^{\infty} P(X=x_i \mid Y=y_j) = 1, \sum_{j=1}^{\infty} P(Y=y_j \mid X=x_i) = 1$。

【例 4】 设随机变量 X 与 Y 的联合分布律为

X \ Y	1	2	3
3	$\frac{1}{10}$	$\frac{1}{5}$	$\frac{3}{10}$
4	$\frac{1}{5}$	$\frac{1}{10}$	$\frac{1}{10}$

求在 $Y=1$ 的条件下,X 的条件分布律。

解 由题设可知 $P(Y=1) = \frac{1}{10} + \frac{1}{5} = \frac{3}{10}$,
$$P(X=3 \mid Y=1) = \frac{P(X=3, Y=1)}{P(Y=1)} = \frac{1/10}{3/10} = \frac{1}{3},$$
$$P(X=4 \mid Y=1) = \frac{P(X=4, Y=1)}{P(Y=1)} = \frac{1/5}{3/10} = \frac{2}{3},$$

即在 $Y=1$ 的条件下，X 的条件分布律为

X	3	4
$P(X=k\|Y=1)$	$\dfrac{1}{3}$	$\dfrac{2}{3}$

3.2.4 二维离散型随机变量的相互独立性

第 1 章中我们定义了两个事件的独立性，即如果有 $P(AB)=P(A)P(B)$，则称事件 A，B 相互独立。现在把此概念推广到两个离散型随机变量上。

设有二维离散型随机变量 (X,Y)，如果记 $A=\{X=x_i\}$，$B=\{Y=y_j\}$，则由 $P(AB)=P(A)P(B)$ 得 $P(X=x_i,Y=y_j)=P(X=x_i)P(Y=y_j)$。由此可给出如下的定义。

定义 5 设 (X,Y) 为二维离散型随机变量，其分布律为
$$p_{ij}=P(X=x_i,Y=y_j),\quad i,j=1,2,\cdots。$$
若对 (X,Y) 的所有可能取值 (x_i,y_j)，有
$$P(X=x_i,Y=y_j)=P(X=x_i)P(Y=y_j),\quad i,j=1,2,\cdots, \tag{3.8}$$
则称随机变量 X 和 Y **相互独立**。

类似地，如果记 $A=\{X\leqslant x\}$，$B=\{Y\leqslant y\}$，可给出如下的定义。

定义 6 设 $F(x,y)$ 及 $F_X(x)$，$F_Y(y)$ 分别是二维随机变量 (X,Y) 的分布函数及边缘分布函数，若对所有的 $(x,y)\in\mathbb{R}^2$，有
$$F(x,y)=F_X(x)F_Y(y), \tag{3.9}$$
则称随机变量 X 和 Y **相互独立**。

【例 5】 判断本节例 4 中随机变量 X 与 Y 的独立性。

解 由已知可得，X 和 Y 的边缘分布律如下：

X \ Y	1	2	3	$p_{i\cdot}$
3	$\dfrac{1}{10}$	$\dfrac{1}{5}$	$\dfrac{3}{10}$	$\dfrac{3}{5}$
4	$\dfrac{1}{5}$	$\dfrac{1}{10}$	$\dfrac{1}{10}$	$\dfrac{2}{5}$
$p_{\cdot j}$	$\dfrac{3}{10}$	$\dfrac{3}{10}$	$\dfrac{2}{5}$	1

因为
$$P(X=3,Y=2)=\frac{1}{5},\quad P(X=3)P(Y=2)=\frac{3}{5}\times\frac{3}{10}=\frac{9}{50},$$
所以 $P(X=3,Y=2)\neq P(X=3)P(Y=2)$，即 X 与 Y 不相互独立。

【例6】 设二维离散型随机变量(X,Y)的分布律为

X \ Y	1	2	3
1	$\frac{1}{6}$	$\frac{1}{9}$	$\frac{1}{18}$
2	$\frac{1}{3}$	α	β

且 X 与 Y 相互独立，求 α, β。

解 由已知可求，X 和 Y 的边缘分布律如下：

X \ Y	1	2	3	$p_{i\cdot}$
1	$\frac{1}{6}$	$\frac{1}{9}$	$\frac{1}{18}$	$\frac{1}{3}$
2	$\frac{1}{3}$	α	β	$\frac{1}{3}+\alpha+\beta$
$p_{\cdot j}$	$\frac{1}{2}$	$\frac{1}{9}+\alpha$	$\frac{1}{18}+\beta$	1

因为 X 与 Y 相互独立，故
$$\begin{cases} P(X=1,Y=2)=P(X=1)P(Y=2), \\ P(X=1,Y=3)=P(X=1)P(Y=3), \end{cases}$$

即 $\begin{cases} \frac{1}{9}=\frac{1}{3}\left(\frac{1}{9}+\alpha\right), \\ \frac{1}{18}=\frac{1}{3}\left(\frac{1}{18}+\beta\right), \end{cases}$ 由此解得 $\alpha=\frac{2}{9}, \beta=\frac{1}{9}$。

习题 3.2

基础题

1. 一口袋中有三个球，其中两个红球，一个白球，取两次，每次取一个，考虑两种情况：(1)放回抽样；(2)不放回抽样。我们定义随机变量 X, Y 如下：

$$X=\begin{cases} 1, & \text{若第一次取出的是红球,} \\ 0, & \text{若第一次取出的是白球,} \end{cases} \quad Y=\begin{cases} 1, & \text{若第二次取出的是红球,} \\ 0, & \text{若第二次取出的是白球。} \end{cases}$$

试分别就(1)、(2)两种情况，写出 (X,Y) 的分布律。

2. 设 (X,Y) 的分布律为

X \ Y	0	1
0	0.56	0.24
1	0.14	0.06

求 $P\left(X\leqslant\frac{1}{2},Y\leqslant\frac{1}{2}\right),P(X\geqslant1),P\left(X<\frac{1}{2}\right)$。

3. 设随机变量 (X,Y) 只能取下列数组中的值：$(0,0),(-1,1),\left(-1,\frac{1}{3}\right),(2,0)$，且取这些值的概率依次为 $\frac{1}{6},\frac{1}{3},\frac{1}{12},\frac{5}{12}$。求：(1)此二维随机变量的分布律；(2)$X$ 和 Y 的边缘分布律；(3)判断 X 和 Y 是否相互独立？并说明理由。

4. 甲乙两人独立地各进行两次射击，已知甲的命中率为 0.2，乙的命中率为 0.5，以 X 和 Y 分别表示甲和乙的命中次数，求 (X,Y) 的分布律。

5. 设随机变量 X 和 Y 有如下的分布律

Y	0	1
P	0.5	0.5

X	-1	0	1
P	0.25	0.5	0.25

且 $P(XY=0)=1$。

(1) 求 X 和 Y 的联合分布律；
(2) 判断 X 和 Y 是否相互独立？为什么？
(3) $X=1$ 条件下，求 Y 的条件分布律和 $Y=0$ 条件下，求 X 的条件分布律。

提高题

1. 设随机变量 X 在 $1,2,3,4$ 四个整数中等可能地取一个值，另一个随机变量 Y 在 $1\sim X$ 中等可能地取一整数值，试求 (X,Y) 的分布律及 $P(X=Y)$。

2. 设二维随机变量 (X,Y) 的分布律为

X \ Y	0	2
0	$\frac{1}{3}$	a
2	b	$\frac{1}{6}$

已知事件 $\{X=0\}$ 与事件 $\{X+Y=2\}$ 相互独立，求 a,b 的值。

3. 随机变量 Y 服从参数 $\lambda=1$ 的指数分布，随机变量

$$X_k = \begin{cases} 0, & Y\leqslant k, \\ 1, & Y>k \end{cases} \quad (k=1,2),$$

求 (X_1,X_2) 的分布律及边缘分布律。

4. 已知随机变量 X,Y 以及 XY 的分布律如下表所示：

X	0	1	2
P	$\frac{1}{2}$	$\frac{1}{3}$	$\frac{1}{6}$

Y	0	1	2
P	$\frac{1}{3}$	$\frac{1}{3}$	$\frac{1}{3}$

XY	0	1	2	4
P	$\frac{7}{12}$	$\frac{1}{3}$	0	$\frac{1}{12}$

求 $P(X=2Y)$。

5. 设随机变量 X,Y 相互独立同分布,且
$$P(X=-1)=q, \quad P(X=1)=p, \quad 其中 p+q=1, 0<p<1。$$
令
$$Z=\begin{cases}0, & XY=1,\\ 1, & XY=-1。\end{cases}$$
求:(1)Z 的分布律;(2)(X,Z) 的分布律;(3)p 为何值时 X 与 Z 相互独立?

3.3 二维连续型随机变量

3.3.1 二维连续型随机变量的概率密度函数

定义1 对于二维随机变量(X,Y)的分布函数$F(x,y)$,如果存在非负函数$f(x,y)$,使对于任意实数x,y,有
$$F(x,y)=\int_{-\infty}^{x}\int_{-\infty}^{y}f(u,v)\mathrm{d}u\mathrm{d}v, \tag{3.10}$$
则称(X,Y)是**二维连续型随机变量**(two-dimension continuous random variable),函数$f(x,y)$称为(X,Y)的**概率密度函数**或称为(X,Y)的**联合概率密度函数**。

类似于一维连续型随机变量的概率密度函数,二维连续型随机变量的概率密度函数$f(x,y)$具有如下的性质:

(1) $f(x,y)\geqslant 0$;

(2) $\int_{-\infty}^{+\infty}\int_{-\infty}^{+\infty}f(x,y)\mathrm{d}x\mathrm{d}y=1$;

(3) 若$f(x,y)$在点(x,y)连续,则$\dfrac{\partial^{2}F(x,y)}{\partial x\partial y}=f(x,y)$;

(4) 设G是xOy平面上的一个区域,点(X,Y)落在G内的概率为
$$P((X,Y)\in G)=\iint\limits_{G}f(x,y)\mathrm{d}x\mathrm{d}y。 \tag{3.11}$$

【例1】 设随机变量(X,Y)的概率密度函数为
$$f(x,y)=\begin{cases}k\mathrm{e}^{-(3x+4y)}, & x>0, y>0,\\ 0, & 其他。\end{cases}$$
试求:(1)常数k;(2)(X,Y)的分布函数$F(x,y)$;(3)$P(X+Y\leqslant 1)$。

解 (1)由概率密度函数的性质(2)知
$$1=\int_{-\infty}^{+\infty}\int_{-\infty}^{+\infty}f(x,y)\mathrm{d}x\mathrm{d}y=\int_{0}^{+\infty}\int_{0}^{+\infty}k\mathrm{e}^{-(3x+4y)}\mathrm{d}x\mathrm{d}y$$

$$= \int_0^{+\infty} k\mathrm{e}^{-3x}\mathrm{d}x \int_0^{+\infty} \mathrm{e}^{-4y}\mathrm{d}y = \frac{1}{12}k,$$

因此 $k=12$。

(2) $F(x,y) = \int_{-\infty}^{x}\int_{-\infty}^{y} f(x,y)\mathrm{d}x\mathrm{d}y = \begin{cases} \iint_0^x \int_0^y 12\mathrm{e}^{-(3x+4y)}\mathrm{d}x\mathrm{d}y, & x>0, y>0 \\ 0, & \text{其他} \end{cases}$

$= \begin{cases} (1-\mathrm{e}^{-3x})(1-\mathrm{e}^{-4y}), & x>0, y>0, \\ 0, & \text{其他}。\end{cases}$

(3) 随机变量 (X,Y) 的可能取值区域如图 3-2 所示，由概率密度函数的性质可得

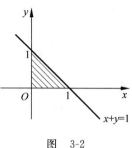

$$P(X+Y \leqslant 1) = \int_0^1 \mathrm{d}x \int_0^{1-x} 12\mathrm{e}^{-(3x+4y)}\mathrm{d}y$$
$$= 1 - 4\mathrm{e}^{-3} + 3\mathrm{e}^{-4}$$
$$\approx 0.8558。$$

图 3-2

3.3.2 两个常用二维连续型随机变量的概率密度函数

1. 二维均匀分布

设 (X,Y) 为二维随机变量，G 是平面上的一个有界区域，其面积为 $A(A>0)$，若 (X,Y) 的概率密度函数为

$$f(x,y) = \begin{cases} \dfrac{1}{A}, & (x,y) \in G, \\ 0, & (x,y) \notin G, \end{cases} \tag{3.12}$$

则称二维随机变量 (X,Y) 在区域 G 上服从**二维均匀分布**（two-dimension uniform distribution）。

2. 二维正态分布

设 (X,Y) 的概率密度函数为

$$f(x,y) = \frac{1}{2\pi\sigma_1\sigma_2\sqrt{1-\rho^2}}\mathrm{e}^{-\frac{1}{2(1-\rho^2)}\left[\frac{(x-\mu_1)^2}{\sigma_1^2} - 2\rho\frac{(x-\mu_1)(y-\mu_2)}{\sigma_1\sigma_2} + \frac{(y-\mu_2)^2}{\sigma_2^2}\right]}, \tag{3.13}$$

其中 $\mu_1, \mu_2, \sigma_1, \sigma_2, \rho$ 都是常数，$\sigma_1>0, \sigma_2>0, |\rho|<1, x, y$ 是任意实数。我们称 (X,Y) 服从参数为 $\mu_1, \mu_2, \sigma_1, \sigma_2, \rho$ 的**二维正态分布**（two-dimension normal distribution），记为 $(X,Y) \sim N(\mu_1, \sigma_1^2; \mu_2, \sigma_2^2; \rho)$。

3.3.3 二维连续型随机变量的边缘概率密度函数

对于二维连续型随机变量 (X,Y)，设它的概率密度函数为 $f(x,y)$，因为

$$F_X(x) = F(x, +\infty) = \int_{-\infty}^{x} \left(\int_{-\infty}^{+\infty} f(u,v)\mathrm{d}v \right) \mathrm{d}u = \int_{-\infty}^{x} f_X(u)\mathrm{d}u,$$

显然，$F_X(x)$ 是连续型随机变量 X 的分布函数，其概率密度函数，即 (X,Y) 关于 X 的**边缘概率密度函数**（edge density function）为

$$f_X(x) = \int_{-\infty}^{+\infty} f(x,y)\mathrm{d}y \text{。} \tag{3.14}$$

类似地，可得(X,Y)关于Y的边缘概率密度函数为

$$f_Y(y) = \int_{-\infty}^{+\infty} f(x,y)\mathrm{d}x \text{。} \tag{3.15}$$

【例2】 设二维连续型随机变量(X,Y)的概率密度函数为

$$f(x,y) = \begin{cases} 4xy, & 0<x<1, 0<y<1, \\ 0, & \text{其他。} \end{cases}$$

求(X,Y)关于X和Y的边缘概率密度函数。

解 (X,Y)关于X的边缘概率密度函数为

$$f_X(x) = \int_{-\infty}^{+\infty} f(x,y)\mathrm{d}y = \begin{cases} \int_0^1 4xy\mathrm{d}y = 2x, & 0<x<1, \\ 0, & \text{其他。} \end{cases}$$

由x与y的对称性可知，关于Y的边缘概率密度函数为

$$f_Y(y) = \int_{-\infty}^{+\infty} f(x,y)\mathrm{d}x = \begin{cases} 2y, & 0<y<1, \\ 0, & \text{其他。} \end{cases}$$

【例3】 设二维随机变量(X,Y)在圆域$x^2+y^2 \leqslant 1$上服从均匀分布，求(X,Y)关于X和关于Y的边缘概率密度函数。

解 由假设知，(X,Y)的概率密度函数为

$$f(x,y) = \begin{cases} \dfrac{1}{\pi}, & x^2+y^2 \leqslant 1, \\ 0, & \text{其他。} \end{cases}$$

(X,Y)关于X的边缘概率密度函数为

$$f_X(x) = \int_{-\infty}^{+\infty} f(x,y)\mathrm{d}y = \begin{cases} \int_{-\sqrt{1-x^2}}^{\sqrt{1-x^2}} \dfrac{1}{\pi}\mathrm{d}y, & |x|<1 \\ 0, & |x| \geqslant 1 \end{cases}$$

$$= \begin{cases} \dfrac{2}{\pi}\sqrt{1-x^2}, & |x|<1, \\ 0, & |x| \geqslant 1. \end{cases}$$

同理

$$f_Y(y) = \begin{cases} \dfrac{2}{\pi}\sqrt{1-y^2}, & |y|<1, \\ 0, & |y| \geqslant 1. \end{cases}$$

显然，尽管(X,Y)在圆域上服从均匀分布，但X和Y都不服从均匀分布。

【例4】 求二维正态分布随机变量(X,Y)关于X和关于Y的边缘概率密度函数。

解 (X,Y)的概率密度函数为

$$f(x,y) = \frac{1}{2\pi\sigma_1\sigma_2\sqrt{1-\rho^2}} \mathrm{e}^{-\frac{1}{2(1-\rho^2)}\left[\frac{(x-\mu_1)^2}{\sigma_1^2} - 2\rho\frac{(x-\mu_1)(y-\mu_2)}{\sigma_1\sigma_2} + \frac{(y-\mu_2)^2}{\sigma_2^2}\right]},$$

其中 $\mu_1,\mu_2,\sigma_1,\sigma_2,\rho$ 都是常数,$\sigma_1>0,\sigma_2>0,|\rho|<1,x,y$ 是任意实数。由于

$$\frac{(y-\mu_2)^2}{\sigma_2^2}-2\rho\frac{(x-\mu_1)(y-\mu_2)}{\sigma_1\sigma_2}=\left(\frac{y-\mu_2}{\sigma_2}-\rho\frac{x-\mu_1}{\sigma_1}\right)^2-\rho^2\frac{(x-\mu_1)^2}{\sigma_1^2},$$

于是

$$f_X(x)=\int_{-\infty}^{+\infty}f(x,y)\mathrm{d}y=\frac{1}{2\pi\sigma_1\sigma_2\sqrt{1-\rho^2}}\mathrm{e}^{-\frac{(x-\mu_1)^2}{2\sigma_1^2}}\int_{-\infty}^{+\infty}\mathrm{e}^{-\frac{1}{2(1-\rho^2)}\left(\frac{y-\mu_2}{\sigma_2}-\rho\frac{x-\mu_1}{\sigma_1}\right)^2}\mathrm{d}y.$$

令 $t=\dfrac{1}{\sqrt{1-\rho^2}}\left(\dfrac{y-\mu_2}{\sigma_2}-\rho\dfrac{x-\mu_1}{\sigma_1}\right)$,则有

$$f_X(x)=\frac{1}{2\pi\sigma_1}\mathrm{e}^{-\frac{(x-\mu_1)^2}{2\sigma_1^2}}\int_{-\infty}^{+\infty}\mathrm{e}^{-\frac{t^2}{2}}\mathrm{d}t=\frac{1}{\sqrt{2\pi}\sigma_1}\mathrm{e}^{-\frac{(x-\mu_1)^2}{2\sigma_1^2}}\frac{1}{\sqrt{2\pi}}\int_{-\infty}^{+\infty}\mathrm{e}^{-\frac{t^2}{2}}\mathrm{d}t$$

$$=\frac{1}{\sqrt{2\pi}\sigma_1}\mathrm{e}^{-\frac{(x-\mu_1)^2}{2\sigma_1^2}}\quad(-\infty<x<+\infty),$$

即 X 服从正态分布 $N(\mu_1,\sigma_1^2)$。

同理可得

$$f_Y(y)=\frac{1}{\sqrt{2\pi}\sigma_2}\mathrm{e}^{-\frac{(y-\mu_2)^2}{2\sigma_2^2}}\quad(-\infty<y<+\infty),$$

即 Y 服从正态分布 $N(\mu_2,\sigma_2^2)$。因此,二维正态分布的边缘分布仍是正态分布,这是一个重要的结论。但由于两个边缘分布都不依赖于参数 ρ,所以由边缘分布一般还不能确定随机变量(X,Y)的分布。

*3.3.4 二维连续型随机变量的条件分布

对于二维随机变量(X,Y),有时需要考虑其中一个随机变量取定值的条件下,另一个随机变量的概率分布问题,这就是随机变量的条件分布。

定义 2 设(X,Y)是二维随机变量,其概率密度函数 $f(x,y)$ 在(x,y)处连续,边缘概率密度函数 $f_Y(y)$ 连续且 $f_Y(y)>0$,则称 $\dfrac{f(x,y)}{f_Y(y)}$ 为在 $Y=y$ 条件下 X 的**条件概率密度**(conditional probability density),记为

$$f_{X|Y}(x\mid y)=\frac{f(x,y)}{f_Y(y)}, \tag{3.16}$$

称 $\displaystyle\int_{-\infty}^{x}f_{X|Y}(x\mid y)\mathrm{d}x=\int_{-\infty}^{x}\frac{f(x,y)}{f_Y(y)}\mathrm{d}x$ 为在 $Y=y$ 的条件下,随机变量 X 的**条件分布函数** (conditional distribution function),记作 $P(X\leqslant x|Y=y)$ 或 $F_{X|Y}(x|y)$,即

$$F_{X|Y}(x\mid y)=P(X\leqslant x\mid Y=y)=\int_{-\infty}^{x}\frac{f(x,y)}{f_Y(y)}\mathrm{d}x. \tag{3.17}$$

类似地可定义在 $X=x$ 条件下,Y 的条件概率密度为

$$f_{Y|X}(y\mid x)=\frac{f(x,y)}{f_X(x)}, \tag{3.18}$$

称 $\displaystyle\int_{-\infty}^{y}f_{Y|X}(y\mid x)\mathrm{d}y=\int_{-\infty}^{y}\frac{f(x,y)}{f_X(x)}\mathrm{d}y$ 为在 $X=x$ 的条件下,随机变量 Y 的**条件分布函数**,

记作 $P(Y\leqslant y|X=x)$ 或 $F_{Y|X}(y|x)$，即

$$F_{Y|X}(y\mid x) = P(Y\leqslant y \mid X=x) = \int_{-\infty}^{y} \frac{f(x,y)}{f_X(x)}\mathrm{d}y。 \tag{3.19}$$

【例5】 已知 (X,Y) 的概率密度函数为

$$f(x,y) = \begin{cases} 6xy(2-x-y), & 0\leqslant x\leqslant 1, 0\leqslant y\leqslant 1, \\ 0, & 其他。 \end{cases}$$

求条件概率密度 $f_{X|Y}(x|y), f_{Y|X}(y|x)$。

解 X 的边缘概率密度函数为

$$f_X(x) = \begin{cases} \int_{-\infty}^{+\infty} f(x,y)\mathrm{d}y = 4x-3x^2, & 0<x<1, \\ 0, & 其他。 \end{cases}$$

由 x 与 y 的对称性，可得 Y 的边缘概率密度函数为

$$f_Y(y) = \begin{cases} 4y-3y^2, & 0<y<1, \\ 0, & 其他。 \end{cases}$$

所以，当 $0<y<1$ 时，$f_Y(y)>0$，则

$$f_{X|Y}(x\mid y) = \frac{f(x,y)}{f_Y(y)} = \begin{cases} \dfrac{6x(2-x-y)}{4-3y}, & 0<x<1, \\ 0, & 其他； \end{cases}$$

当 $0<x<1$ 时，$f_X(x)>0$，则

$$f_{Y|X}(y\mid x) = \frac{f(x,y)}{f_X(x)} = \begin{cases} \dfrac{6y(2-x-y)}{4-3x}, & 0<y<1, \\ 0, & 其他。 \end{cases}$$

3.3.5 二维连续型随机变量的独立性

定义3 对于二维连续型随机变量 (X,Y)，若其概率密度函数等于两个边缘概率密度函数的乘积，即

$$f(x,y) = f_X(x)f_Y(y), \quad (x,y)\in \mathbb{R}^2, \tag{3.20}$$

则称随机变量 X 和 Y **相互独立**。

定理1 设 $F(x,y)$ 及 $F_X(x), F_Y(y)$ 分别是二维随机变量 (X,Y) 的分布函数及边缘分布函数，则随机变量 X 和 Y 相互独立的充要条件是对所有的 $(x,y)\in \mathbb{R}^2$ 有

$$F(x,y) = F_X(x)F_Y(y)。$$

【例6】 判断本节例3中 X 和 Y 的相互独立性。

解 在本节例3中 (X,Y) 的概率密度函数为

$$f(x,y) = \begin{cases} \dfrac{1}{\pi}, & x^2+y^2\leqslant 1, \\ 0, & 其他。 \end{cases}$$

(X,Y) 关于 X 和 Y 的边缘概率密度函数分别为

$$f_X(x) = = \begin{cases} \dfrac{2}{\pi}\sqrt{1-x^2}, & |x|<1, \\ 0, & |x|\geqslant 1, \end{cases} \qquad f_Y(y) = \begin{cases} \dfrac{2}{\pi}\sqrt{1-y^2}, & |y|<1, \\ 0, & |y|\geqslant 1. \end{cases}$$

当 $x^2+y^2\leqslant 1$ 时，$f(x,y)\neq f_X(x)f_Y(y)$，所以 X 和 Y 不相互独立。

【例 7】 设 $(X,Y)\sim N(\mu_1,\sigma_1^2;\mu_2,\sigma_2^2;\rho)$，则 X 和 Y 相互独立的充要条件是 $\rho=0$。

证明 先证充分性。若 $\rho=0$，则 (X,Y) 的概率密度函数为

$$f(x,y) = \frac{1}{2\pi\sigma_1\sigma_2}\mathrm{e}^{-\frac{1}{2}\left[\frac{(x-\mu_1)^2}{\sigma_1^2}+\frac{(y-\mu_2)^2}{\sigma_2^2}\right]} = \frac{1}{\sqrt{2\pi}\sigma_1}\mathrm{e}^{-\frac{(x-\mu_1)^2}{2\sigma_1^2}}\frac{1}{\sqrt{2\pi}\sigma_2}\mathrm{e}^{-\frac{(y-\mu_2)^2}{2\sigma_2^2}}$$

$$= f_X(x)f_Y(y), \quad -\infty<x,y<+\infty,$$

这说明 X 和 Y 相互独立。

下面证明必要性。若 X 和 Y 相互独立，则对任意实数 x,y，有

$$f(x,y) = f_X(x)f_Y(y)。$$

取 $x=\mu_1,y=\mu_2$ 时，有

$$f(\mu_1,\mu_2) = f_X(\mu_1)f_Y(\mu_2), \quad 即有 \frac{1}{2\pi\sigma_1\sigma_2\sqrt{1-\rho^2}} = \frac{1}{2\pi\sigma_1\sigma_2}。$$

由 $\sigma_1>0,\sigma_2>0$，可得 $\sqrt{1-\rho^2}=1$，所以 $\rho=0$。

以上关于二维连续型随机变量的一些概念，容易推广到 n 维随机变量的情况。

对于 n 维随机变量 $(X_1,X_2,\cdots,X_n)$ 的分布函数 $F(x_1,x_2,\cdots,x_n)$，若存在非负函数 $f(x_1,x_2,\cdots,x_n)$，使得对于任意实数 $x_1,x_2,\cdots,x_n$，有

$$F(x_1,x_2,\cdots,x_n) = \int_{-\infty}^{x_n}\int_{-\infty}^{x_{n-1}}\cdots\int_{-\infty}^{x_1} f(x_1,x_2,\cdots,x_n)\mathrm{d}x_1\mathrm{d}x_2\cdots\mathrm{d}x_n,$$

则称 $f(x_1,x_2,\cdots,x_n)$ 为 $(X_1,X_2,\cdots,X_n)$ 的概率密度函数。

n 维随机变量 $(X_1,X_2,\cdots,X_n)$ 关于随机变量 $X_1,(X_1,X_2)$ 的边缘概率密度函数可分别表示为

$$f_{X_1}(x_1) = \int_{-\infty}^{+\infty}\int_{-\infty}^{+\infty}\cdots\int_{-\infty}^{+\infty} f(x_1,x_2,\cdots,x_n)\mathrm{d}x_2\mathrm{d}x_3\cdots\mathrm{d}x_n,$$

$$f_{X_1,X_2}(x_1,x_2) = \int_{-\infty}^{+\infty}\int_{-\infty}^{+\infty}\cdots\int_{-\infty}^{+\infty} f(x_1,x_2,\cdots,x_n)\mathrm{d}x_3\mathrm{d}x_4\cdots\mathrm{d}x_n。$$

若对所有的 $x_1,x_2,\cdots,x_n$，有

$$F(x_1,x_2,\cdots,x_n) = F_{X_1}(x_1)F_{X_2}(x_2)\cdots F_{X_n}(x_n),$$

则称 $X_1,X_2,\cdots,X_n$ 是相互独立的。

习题 3.3

基础题

1. 设二维随机变量 (X,Y) 的概率密度函数为

$$f(x,y) = \begin{cases} 4xy, & 0<x<1, 0<y<1, \\ 0, & 其他。 \end{cases}$$

试求：(1) $P(0<X<0.5, 0.25<Y<1)$；(2) $P(X=Y)$；(3) $P(X<Y)$；(4) (X,Y) 的分布函数。

2. 设二维连续型随机变量(X,Y)的概率密度函数为
$$f(x,y) = \begin{cases} 4.8y(2-x), & 0 \leqslant x \leqslant 1, 0 \leqslant y \leqslant x, \\ 0, & \text{其他}。 \end{cases}$$
求边缘概率密度函数 $f_X(x), f_Y(y)$。

3. 设二维随机变量(X,Y)的概率密度函数为
$$f(x,y) = \begin{cases} cx^2 y, & x^2 \leqslant y \leqslant 1, \\ 0, & \text{其他}。 \end{cases}$$
(1)试确定常数c；(2)求X与Y的边缘概率密度函数；(3)判断X,Y是否相互独立？

4. 设(X,Y)的概率密度函数为
$$f(x,y) = \begin{cases} Ae^{-y}, & 0 < x < y, \\ 0, & \text{其他}。 \end{cases}$$
(1)试确定常数A；(2)求X与Y的边缘概率密度函数；(3)判断X,Y是否相互独立？

5. 设二维随机变量(X,Y)的概率密度函数为
$$f(x,y) = \begin{cases} x^2 + \dfrac{1}{3}xy, & 0 \leqslant x \leqslant 1, 0 \leqslant y \leqslant 2, \\ 0, & \text{其他}。 \end{cases}$$
(1)分别求(X,Y)关于X和关于Y的边缘概率密度函数，并判断X和Y是否相互独立？(2)求$P(X+Y \geqslant 1)$。

6. 已知二维随机变量(X,Y)的概率密度函数为
$$f(x,y) = \begin{cases} A\arctan \dfrac{y}{x}, & (x,y) \in D, \\ 0, & \text{其他}, \end{cases} \quad \text{其中} D = \{(x,y) \mid x^2 + y^2 \leqslant 4, 0 < y \leqslant x\}。$$
求：(1)常数A；(2)边缘概率密度函数$f_X(x)$。

7. 设二维随机变量(X,Y)在圆域$x^2 + y^2 \leqslant 1$上服从均匀分布，求条件概率密度$f_{X|Y}(x|y), f_{Y|X}(y|x)$。

提高题

1. 设连续型随机变量U,V的概率密度函数分别为$f_1(u)$与$f_2(v)$，令$f(x,y) = f_1(x)f_2(y) + g(x,y)$，试给出$f(x,y)$可成为某个二维随机变量的概率密度函数的充分必要条件，并说明理由。

2. 设随机变量X和Y相互独立，且分别服从参数为1和参数为4的指数分布，则$P(X<Y)=(\quad)$。

  A. $\dfrac{1}{5}$ B. $\dfrac{1}{3}$ C. $\dfrac{2}{5}$ D. $\dfrac{4}{5}$

3. 设X和Y是两个相互独立的随机变量，X在$[0,1]$上服从均匀分布，Y的概率密度函数为 $f_Y(y) = \begin{cases} \dfrac{1}{2}e^{-y/2}, & y > 0, \\ 0, & y \leqslant 0。 \end{cases}$

(1) 求X和Y的联合概率密度函数；

（2）设含有 a 的二次方程为 $a^2+2Xa+Y=0$，试求 a 有实根的概率。

4．设二维随机变量 (X,Y) 在 G 上服从均匀分布，G 由 $x-y=0$，$x+y=2$ 与 $y=0$ 围成。求：(1) 边缘概率密度函数 $f_X(x)$；(2) $f_{X|Y}(x|y)$。

5．设二维随机变量 (X,Y) 的概率密度函数为
$$f(x,y) = Ae^{-2x^2+2xy-y^2}, \quad -\infty < x < +\infty, -\infty < y < +\infty,$$
求常数 A 及条件概率密度 $f_{Y|X}(y|x)$。

3.4　两个随机变量函数的分布

第 2 章我们分离散型和连续型研究了一维随机变量的函数的分布。本节我们类似地研究二维随机变量的函数的分布。

3.4.1　二维离散型随机变量的函数的分布

二维离散型随机变量的函数仍是离散型随机变量，计算其分布律要找出它所有可能的取值及取每个值的概率。

【例 1】　已知 (X,Y) 的分布律为

X \ Y	1	2	3
1	$\frac{1}{4}$	$\frac{1}{4}$	0
2	$\frac{1}{8}$	$\frac{1}{8}$	0
3	$\frac{1}{12}$	$\frac{1}{12}$	$\frac{1}{12}$

求 $Z=X+Y$ 和 $Z=XY$ 的分布律。

解　先求 $Z=X+Y$ 的分布律。将 X,Y 的取值代入 $Z=X+Y$ 得

Z	2	3	4	3	4	5	4	5	6
P	$\frac{1}{4}$	$\frac{1}{4}$	0	$\frac{1}{8}$	$\frac{1}{8}$	0	$\frac{1}{12}$	$\frac{1}{12}$	$\frac{1}{12}$

再对相等的值合并，得 Z 的分布律为

Z	2	3	4	5	6
P	$\frac{1}{4}$	$\frac{3}{8}$	$\frac{5}{24}$	$\frac{1}{12}$	$\frac{1}{12}$

下面求 $Z=XY$ 的分布律。将 X,Y 的取值代入 $Z=XY$ 得

Z	1	2	3	2	4	6	3	6	9
P	$\frac{1}{4}$	$\frac{1}{4}$	0	$\frac{1}{8}$	$\frac{1}{8}$	0	$\frac{1}{12}$	$\frac{1}{12}$	$\frac{1}{12}$

再对相等的值合并得，Z 的分布律为

Z	1	2	3	4	6	9
P	$\frac{1}{4}$	$\frac{3}{8}$	$\frac{1}{12}$	$\frac{1}{8}$	$\frac{1}{12}$	$\frac{1}{12}$

3.4.2 二维连续型随机变量的函数的分布

设 (X,Y) 是二维连续型随机变量，其概率密度函数为 $f(x,y)$，设 $g(x,y)$ 是一个二元函数，则 $Z=g(X,Y)$ 是 (X,Y) 的函数。类似于求一维随机变量函数分布的方法，求 Z 的分布。先求 Z 的分布函数 $F_Z(z)$，则

$$F_Z(z) = P(Z \leqslant z) = P(g(X,Y) \leqslant z) = P((X,Y) \in D(z)) = \iint\limits_{D(z)} f(x,y)\mathrm{d}x\mathrm{d}y,$$

其中，$D(z)=\{(x,y) \mid g(x,y) \leqslant z\}$。

再求 Z 的概率密度函数 $f_Z(z)=F'_Z(z)$。

我们只就下面几个具体的函数来讨论。

1. 和的分布

【**例 2**】 设 (X,Y) 是二维连续型随机变量，其概率密度函数为 $f(x,y)$，求 $Z=X+Y$ 的概率密度函数。

解 Z 的分布函数

$$F_Z(z) = P(Z \leqslant z) = P(X+Y \leqslant z) = \iint\limits_{x+y \leqslant z} f(x,y)\mathrm{d}x\mathrm{d}y$$

$$= \int_{-\infty}^{+\infty} \mathrm{d}x \int_{-\infty}^{z-x} f(x,y)\mathrm{d}y \xlongequal{t=x+y} \int_{-\infty}^{+\infty} \mathrm{d}x \int_{-\infty}^{z} f(x,t-x)\mathrm{d}t = \int_{-\infty}^{z} \mathrm{d}t \int_{-\infty}^{+\infty} f(x,t-x)\mathrm{d}x,$$

故 Z 的概率密度函数为

$$f_Z(z) = F'_Z(z) = \int_{-\infty}^{+\infty} f(x,z-x)\mathrm{d}x。 \tag{3.21}$$

由对称性可得

$$f_Z(z) = \int_{-\infty}^{+\infty} f(z-y,y)\mathrm{d}y。 \tag{3.22}$$

特别地，当 X 和 Y 相互独立时，设 (X,Y) 关于 X 和 Y 的边缘概率密度函数分别为 $f_X(x), f_Y(y)$，则(3.21)式和(3.22)式可分别改写成

$$f_Z(z) = \int_{-\infty}^{+\infty} f_X(x)f_Y(z-x)\mathrm{d}x, \tag{3.23}$$

$$f_Z(z) = \int_{-\infty}^{+\infty} f_X(z-y)f_Y(y)\mathrm{d}y。 \tag{3.24}$$

称(3.23)式和(3.24)式为**卷积公式**(convolution formula)。

【例3】 设 X 与 Y 是两个相互独立的随机变量,它们都服从 $N(0,1)$ 分布,其概率密度函数为

$$f_X(x) = \frac{1}{\sqrt{2\pi}} e^{-\frac{x^2}{2}}, \quad -\infty < x < +\infty,$$

$$f_Y(y) = \frac{1}{\sqrt{2\pi}} e^{-\frac{y^2}{2}}, \quad -\infty < y < +\infty。$$

求 $Z = X + Y$ 的概率密度函数。

解 由(3.23)式,得

$$f_Z(z) = \int_{-\infty}^{+\infty} f_X(x) f_Y(z-x) dx = \frac{1}{2\pi} \int_{-\infty}^{+\infty} e^{-\frac{x^2}{2}} e^{-\frac{(z-x)^2}{2}} dx = \frac{1}{2\pi} e^{-\frac{z^2}{4}} \int_{-\infty}^{+\infty} e^{-\left(x-\frac{z}{2}\right)^2} dx。$$

令 $t = x - \frac{z}{2}$,得

$$f_Z(z) = \frac{1}{2\pi} e^{-\frac{z^2}{4}} \int_{-\infty}^{+\infty} e^{-t^2} dt = \frac{1}{2\pi} e^{-\frac{z^2}{4}} \sqrt{\pi} = \frac{1}{2\sqrt{\pi}} e^{-\frac{z^2}{4}},$$

即 Z 服从 $N(0,2)$ 分布。

一般地,设 X,Y 相互独立且 $X \sim N(\mu_1, \sigma_1^2), Y \sim N(\mu_2, \sigma_2^2)$。由(3.23)式计算知, $Z = X+Y$ 仍然服从正态分布,且有 $Z \sim N(\mu_1 + \mu_2, \sigma_1^2 + \sigma_2^2)$。

这个结论还可以推广到 n 个独立正态随机变量之和的情况,即若 $X_i \sim N(\mu_i, \sigma_i^2)(i=1, 2,\cdots,n)$,且它们相互独立,则它们的和 $Z = X_1 + X_2 + \cdots + X_n$ 仍然服从正态分布,且有

$$Z \sim N(\mu_1 + \mu_2 + \cdots + \mu_n, \sigma_1^2 + \sigma_2^2 + \cdots + \sigma_n^2)。$$

更一般地,可以证明有限个相互独立的正态随机变量的线性组合 $Z = a_1 X_1 + a_2 X_2 + \cdots + a_n X_n$ 仍然服从正态分布,且有

$Z \sim N(a_1\mu_1 + a_2\mu_2 + \cdots + a_n\mu_n, a_1^2\sigma_1^2 + a_2^2\sigma_2^2 + \cdots + a_n^2\sigma_n^2)$ ($a_1, a_2, \cdots, a_n$ 是不全为 0 的常数)。

2. $Z_1 = \max\{X,Y\}$ 和 $Z_2 = \min\{X,Y\}$ 的分布

【例4】 设随机变量 X 和 Y 相互独立,它们的分布函数分别为 $F_X(x)$ 和 $F_Y(y)$,求随机变量 $Z_1 = \max\{X,Y\}$ 和 $Z_2 = \min\{X,Y\}$ 的分布。

解 (1) $Z_1 = \max\{X,Y\}$ 的分布。

$$F_{Z_1}(z) = P(Z_1 \leqslant z) = P(\max\{X,Y\} \leqslant z)$$
$$= P(X \leqslant z, Y \leqslant z) = P(X \leqslant z)P(Y \leqslant z) = F_X(z)F_Y(z),$$

即 $Z_1 = \max\{X,Y\}$ 的分布函数为 $F_{Z_1}(z) = F_X(z)F_Y(z)$。

(2) $Z_2 = \min\{X,Y\}$ 的分布。

$$F_{Z_2}(z) = P(Z_2 \leqslant z) = P(\min\{X,Y\} \leqslant z) = 1 - P(\min\{X,Y\} > z)$$
$$= 1 - P(X > z, Y > z) = 1 - P(X > z)P(Y > z)$$
$$= 1 - [1 - F_X(z)][1 - F_Y(z)]$$

即 $Z_2 = \min\{X,Y\}$ 的分布函数为 $F_{Z_2}(z) = 1 - [1 - F_X(z)][1 - F_Y(z)]$。

一般地,若 $X_1, X_2, \cdots, X_n$ 是 n 个相互独立的随机变量,其分布函数分别为 $F_{X_1}(x), F_{X_2}(x), \cdots, F_{X_n}(x)$,则:

(1) $Y = \max\{X_1, X_2, \cdots, X_n\}$ 的分布函数为

$$F_Y(y) = \prod_{i=1}^{n} F_{X_i}(y); \tag{3.25}$$

(2) $Z=\min\{X_1,X_2,\cdots,X_n\}$ 的分布函数为
$$F_Z(z) = 1 - \prod_{i=1}^{n}[1-F_{X_i}(z)]。 \tag{3.26}$$
特别地,若 $X_1,X_2,\cdots,X_n$ 独立同分布,分布函数记为 $F(x)$,则
$$F_Y(y) = [F(y)]^n, \tag{3.27}$$
$$F_Z(z) = 1 - [1-F(z)]^n。 \tag{3.28}$$

【例 5】 对某种电子装置的输出测量了 5 次,得到观测值 X_1,X_2,X_3,X_4,X_5,设它们是相互独立的随机变量,且都服从同一分布
$$F(x) = \begin{cases} 1-e^{-\frac{x^2}{8}}, & x \geqslant 0, \\ 0, & x < 0。 \end{cases}$$
求 $P(\max\{X_1,X_2,X_3,X_4,X_5\}>4)$,$P(\min\{X_1,X_2,X_3,X_4,X_5\}<8)$。

解 令 $W=\max\{X_1,X_2,X_3,X_4,X_5\}$,$V=\min\{X_1,X_2,X_3,X_4,X_5\}$。由于 X_1,X_2,X_3,X_4,X_5 相互独立,且都服从同一分布,由(3.27)式,(3.28)式分别得
$$F_W(x) = [F(x)]^5 = \begin{cases} (1-e^{-\frac{x^2}{8}})^5, & x \geqslant 0, \\ 0, & x < 0, \end{cases}$$
$$F_V(x) = 1-[1-F(x)]^5 = \begin{cases} 1-(e^{-\frac{x^2}{8}})^5, & x \geqslant 0, \\ 0, & x < 0, \end{cases}$$
于是
$$P(W>4) = 1-P(W \leqslant 4) = 1-F_W(4) = 1-(1-e^{-2})^5 \approx 0.5167;$$
$$P(V<8) = F_V(8) = 1-(e^{-8})^5 = 1-e^{-40} \approx 1。$$

习题 3.4

基础题

1. 设随机变量 (X,Y) 的分布律为

X \ Y	-1	1	2
-1	0.25	0.1	0.3
-2	0.15	0.15	0.05

试求随机变量 $X+Y$ 和 $X-Y$ 的分布律。

2. 设随机变量 (X,Y) 的分布律为

X \ Y	0	1
0	0.1	0.2
1	0.3	0.1
2	0.2	0.1

试求：(1) $P(X=2|Y=1)$，$P(Y=1|X=0)$；(2) $V=\max\{X,Y\}$ 的分布律；(3) $U=\min\{X,Y\}$ 的分布律。

3. 设随机变量 X 和 Y 有如下的分布律

X	0	1
P	$\frac{1}{3}$	$\frac{2}{3}$

Y	-1	0	1
P	$\frac{1}{3}$	$\frac{1}{3}$	$\frac{1}{3}$

且 $P(X^2=Y^2)=1$。求：(1) (X,Y) 的分布律；(2) $Z=XY$ 的分布律。

4. 已知一台电子设备的寿命（单位：h）$T\sim \text{Exp}(0.001)$，现检查了 100 台这样的设备，求最短寿命小于 10h 的概率。

5. 设电子仪器由两个相互独立的电子装置 L_1, L_2 并联组成，设 X 和 Y 分别表示 L_1, L_2 的寿命，其概率密度函数分别为

$$f_X(x)=\begin{cases}\alpha e^{-\alpha x}, & x\geqslant 0,\\ 0, & 其他\end{cases} \quad f_Y(y)=\begin{cases}\beta e^{-\beta y}, & y\geqslant 0,\\ 0, & 其他,\end{cases}$$

其中 $\alpha>0, \beta>0$，且 $\alpha\neq\beta$，试求仪器寿命的分布函数及概率密度函数。

提高题

1. 设随机变量 (X,Y) 的概率密度函数为

$$f(x,y)=\begin{cases}\dfrac{1}{2}(x+y)e^{-(x+y)}, & x>0, y>0,\\ 0, & 其他。\end{cases}$$

(1) 判断 X 和 Y 是否相互独立？(2) 求 $Z=X+Y$ 的概率密度函数。

2. 一个系统由两个部件和一个转换开关组成，部件的使用寿命均服从参数为 λ 的指数分布，转换开关正常工作或失效的概率都是 $\dfrac{1}{2}$，系统初始先由部件Ⅰ工作，部件Ⅱ备用（备用期间不失效），当部件Ⅰ失效时，若转换开关失效，则系统失效；若转换开关没有失效，部件Ⅱ接替部件Ⅰ工作，直至部件Ⅱ失效，系统才失效。假设各部件及转换开关是否失效是相互独立的，求该系统寿命 T 的分布函数 $F(t)$。

总复习题 3

1. 将两封信随机地投往编号为 1,2,3,4 的四个信箱，若用 X,Y 分别表示投入第 1,2 号信箱的信件数，试写出 (X,Y) 的分布律及在 $X=1$ 的条件下，Y 的条件分布律。

2. 设随机变量 X 与 Y 相互独立且均服从区间 $[0,8]$ 上的均匀分布，求 $P(\min\{X,Y\}\leqslant 6)$。

3. 已知 X 的分布律为 $P(X=-2)=P(X=-1)=P(X=1)=P(X=2)=\dfrac{1}{4}$，$Y=X^2$，求 (X,Y) 的分布律。

4. 设随机变量 X 与 Y 相互独立，且 $P(X=1)=P(Y=1)=p$，$P(X=0)=P(Y=0)=1-p>0$。令

$$Z = \begin{cases} 1, & X+Y \text{ 为偶数,} \\ 0, & X+Y \text{ 为奇数,} \end{cases}$$

问 p 取什么值时,X 和 Z 相互独立？

5. 设随机变量 (X,Y) 的概率密度函数为

$$f(x,y) = \begin{cases} kxy\mathrm{e}^{-(x^2+y^2)}, & x>0, y>0, \\ 0, & \text{其他.} \end{cases}$$

求：(1) 常数 k 的值；(2) $X>1$ 的条件下,$Y>1$ 的概率 $P(Y>1|X>1)$。

6. 设随机变量 (X,Y) 的概率密度函数为

$$f(x,y) = \begin{cases} x+y, & 0<x<1, 0<y<1, \\ 0, & \text{其他.} \end{cases}$$

求在 $X=x$ 的条件下,Y 的条件概率密度。

7. 设随机变量 (X,Y) 的概率密度函数为

$$f(x,y) = \begin{cases} b\mathrm{e}^{-(x+y)}, & 0<x<1, 0<y<+\infty, \\ 0, & \text{其他.} \end{cases}$$

(1) 试确定常数 b；

(2) 求边缘概率密度函数 $f_X(x), f_Y(y)$；

(3) 求函数 $U=\max\{X,Y\}$ 的分布函数。

8. 设随机变量 (X,Y) 的概率密度函数为

$$f(x,y) = \begin{cases} 3x, & 0<x<1, 0<y<x, \\ 0, & \text{其他.} \end{cases}$$

求：(1) $Z=X+Y$ 的概率密度函数；(2) $Z=X-Y$ 的概率密度函数。

9. 某种商品一周的需求量是一个随机变量,其概率密度函数为

$$f(t) = \begin{cases} t\mathrm{e}^{-t}, & t>0, \\ 0, & t \leqslant 0. \end{cases}$$

设各周的需要量是相互独立的。求：(1) 两周需要量的概率密度函数；(2) 三周需要量的概率密度函数。

第4章 随机变量的数字特征

前面我们讨论了随机变量的分布函数,看到随机变量的分布函数能够完整地描述随机变量的统计规律性。但在许多实际问题中,求随机变量的分布函数是很困难的,往往也并不需要全面考查随机变量的变化情况,而只需知道能表征其特性的某些数字特征即可。例如在评定某地区的粮食产量水平时,经常估算一下该地区的粮食平均产量,用粮食平均产量这一指标衡量该地区的粮食产量水平的高低;在评定一射手的射击水平时,不仅要考虑该射手命中环数的平均值,还要考虑该射手的命中点是比较分散,还是比较集中;在评价一批棉花的质量时,既要考查棉花纤维的平均长度,又要考查纤维长度与平均长度的偏离程度,平均长度长,偏离程度小,棉花质量就好,等等。

研究上述问题发现,随机变量的平均值和偏离平均值的程度,是描述随机变量性质的重要指标,我们分别称之为随机变量的数学期望和方差。本章将分别讨论随机变量的这些数字特征:数学期望、方差、协方差、相关系数等。

4.1 随机变量的数学期望

4.1.1 离散型随机变量的数学期望

1. 离散型随机变量的数学期望

我们先看一个例子:一射手进行射击训练,已知在 100 次射击中命中的环数与次数记录如下:

环数	10	9	8	7
频数	40	30	20	10
频率	0.4	0.3	0.2	0.1

则该射手平均射中的环数为

$$\frac{10\times 40+9\times 30+8\times 20+7\times 10}{100} \tag{4.1}$$

$$=10\times 0.4+9\times 0.3+8\times 0.2+7\times 0.1 \tag{4.2}$$

$$=9(\text{环})$$

大家很容易理解(4.1)式用的是加权求平均值的方法。在(4.2)式中将频率替换成概率，则其所求平均值就应是：随机变量的取值与其对应概率乘积的和。于是有如下数学期望的概念。

定义 1 设离散型随机变量 X 的分布律为 $P(X=x_k)=p_k(k=1,2,\cdots)$。如果级数 $\sum_{k=1}^{\infty} x_k p_k$ 绝对收敛 $\left(\text{即} \sum_{k=1}^{\infty} |x_k| p_k \text{ 收敛}\right)$，则称这个级数的和为 X 的**数学期望**(mathematical expectation)或**均值**，记为 $E(X)$，即

$$E(X) = \sum_{k=1}^{\infty} x_k p_k 。 \tag{4.3}$$

【例 1】 甲乙两台机床生产同一种零件，在一天内生产的次品数分别记为 X,Y。已知 X,Y 的分布律分别为

X	0	1	2	3
P	0.4	0.3	0.2	0.1

Y	0	1	2	3
P	0.4	0.5	0.1	0

如果两台机床的产量相等，问哪台机床生产的零件质量较好？

解 我们来计算 X,Y 的数学期望，得

$$E(X) = 0 \times 0.4 + 1 \times 0.3 + 2 \times 0.2 + 3 \times 0.1 = 1,$$
$$E(Y) = 0 \times 0.4 + 1 \times 0.5 + 2 \times 0.1 + 3 \times 0 = 0.7 。$$

这意味着，如果两台机床的产量相等，甲机床生产的平均次品数为 1，而乙机床的为 0.7，很明显乙机床生产的零件质量较好。

【例 2】 从数字 $1,2,\cdots,n$ 中任取两个不同的数字，求这两个数字之差的绝对值的数学期望。

解 以 X 表示任取的两个数字之差的绝对值，则 X 的分布为

$$P(X=k) = \frac{n-k}{\binom{n}{2}}, \quad k=1,2,\cdots,n-1,$$

所以

$$E(X) = \sum_{k=1}^{n-1} k \cdot \frac{n-k}{\binom{n}{2}} = \frac{n}{\binom{n}{2}} \sum_{k=1}^{n-1} k - \frac{1}{\binom{n}{2}} \sum_{k=1}^{n-1} k^2$$
$$= n - \frac{2}{n(n-1)} \cdot \frac{n(n-1)(2n-1)}{6} = \frac{n+1}{3} 。$$

【例 3】 设随机变量 X 的分布律为

$$P\left(X = \frac{2^k}{k}\right) = \frac{1}{2^k}, \quad k=1,2,\cdots,$$

试证明 $E(X)$ 不存在。

证明 因为 $\sum_{k=1}^{+\infty} |x_k P(X=x_k)| = \sum_{k=1}^{+\infty} \frac{1}{k}$ 不收敛，即 $\sum_{k=1}^{+\infty} x_k P(X=x_k)$ 不绝对收敛，所以根据定义 1 可知 $E(X)$ 不存在。

2. 几种常见离散型随机变量的数学期望

(1) 0-1 分布

设 X 服从 0-1 分布,即 $P(X=0)=1-p, P(X=1)=p$,则
$$E(X) = 0 \times (1-p) + 1 \times p = p。$$

(2) 二项分布

设 X 服从参数为 n 和 p 的二项分布,即 $X \sim B(n,p)$,其分布律为
$$P(X=k) = C_n^k p^k q^{n-k}, \quad 0 < p < 1, p+q=1, k=0,1,2,\cdots,n。$$

则
$$E(X) = \sum_{k=0}^{n} k C_n^k p^k q^{n-k} = \sum_{k=0}^{n} k \cdot \frac{n!}{k!(n-k)!} p^k q^{n-k} = \sum_{k=1}^{n} \frac{np(n-1)!}{(k-1)!(n-k)!} p^{k-1} q^{n-k}$$

$$= np \sum_{k=1}^{n} C_{n-1}^{k-1} p^{k-1} q^{(n-1)-(k-1)} = np(p+q)^{n-1} = np。$$

(3) 泊松分布

设 X 服从参数为 λ 的泊松分布,即 $X \sim P(\lambda)$,其分布律为
$$P(X=k) = \frac{\lambda^k}{k!} e^{-\lambda}, \quad k=0,1,2,\cdots; \lambda > 0。$$

则
$$E(X) = \sum_{k=0}^{\infty} k \frac{\lambda^k e^{-\lambda}}{k!} = \sum_{k=1}^{\infty} \frac{\lambda^k e^{-\lambda}}{(k-1)!} = \lambda e^{-\lambda} \sum_{k=1}^{\infty} \frac{\lambda^{k-1}}{(k-1)!} = \lambda e^{-\lambda} \cdot e^{\lambda} = \lambda。$$

4.1.2 连续型随机变量的数学期望

1. 连续型随机变量的数学期望

连续型随机变量数学期望的定义和含义,完全类似于离散型随机变量,只要将离散型随机变量期望 $E(X) = \sum_{k=1}^{\infty} x_k p_k$ 中的 x_k 改为 x,p_k 改为概率密度函数 $f(x)$,再将求和改为求积分即可。

定义 2 设连续型随机变量 X 的概率密度函数为 $f(x)$,如果积分 $\int_{-\infty}^{+\infty} x f(x) dx$ 绝对收敛 $\left(\text{即} \int_{-\infty}^{+\infty} |x| f(x) dx \text{ 收敛}\right)$,则称这个积分值为 X 的**数学期望**或**均值**,记为 $E(X)$。即

$$E(X) = \int_{-\infty}^{+\infty} x f(x) dx。 \tag{4.4}$$

2. 几种常见连续型随机变量的数学期望

(1) 均匀分布

设随机变量 X 服从 $[a,b]$ 上的均匀分布,即 $X \sim U(a,b)$,其概率密度函数为

$$f(x) = \begin{cases} \dfrac{1}{b-a}, & x \in [a,b], \\ 0, & \text{其他}, \end{cases}$$

从而
$$E(X) = \int_{-\infty}^{+\infty} xf(x)\mathrm{d}x = \int_a^b x\frac{1}{b-a}\mathrm{d}x = \frac{a+b}{2}。$$

即均值 $E(X)$ 恰为区间 $[a,b]$ 的中点。

(2) 指数分布

设随机变量 X 服从参数为 λ 的指数分布,则 X 的概率密度函数为

$$f(x) = \begin{cases} \lambda \mathrm{e}^{-\lambda x}, & x > 0, \\ 0, & \text{其他}, \end{cases} \quad \lambda > 0,$$

从而

$$E(X) = \int_{-\infty}^{+\infty} xf(x)\mathrm{d}x = \int_0^{+\infty} x\lambda \mathrm{e}^{-\lambda x}\mathrm{d}x = \int_0^{+\infty} x\mathrm{d}(-\mathrm{e}^{-\lambda x}) = x(-\mathrm{e}^{-\lambda x})\Big|_0^{+\infty} + \int_0^{+\infty} \mathrm{e}^{-\lambda x}\mathrm{d}x$$

$$= 0 + \int_0^{+\infty} \mathrm{e}^{-\lambda x}\mathrm{d}x = -\frac{\mathrm{e}^{-\lambda x}}{\lambda}\Big|_0^{+\infty} = \frac{1}{\lambda}。$$

(3) 正态分布

设连续型随机变量 X 服从正态分布,即 $X \sim N(\mu, \sigma^2)$,其中 $\mu, \sigma(\sigma>0)$ 为常数。X 的概率密度函数为

$$f(x) = \frac{1}{\sqrt{2\pi}\sigma}\mathrm{e}^{-\frac{(x-\mu)^2}{2\sigma^2}}, \quad -\infty < x < +\infty,$$

于是

$$E(X) = \int_{-\infty}^{+\infty} xf(x)\mathrm{d}x = \int_{-\infty}^{+\infty} x\frac{1}{\sqrt{2\pi}\sigma}\mathrm{e}^{-\frac{(x-\mu)^2}{2\sigma^2}}\mathrm{d}x。$$

设 $t = \frac{x-\mu}{\sigma}$,则 $x = \sigma t + \mu$,$\mathrm{d}x = \sigma \mathrm{d}t$,从而

$$E(X) = \frac{1}{\sqrt{2\pi}}\int_{-\infty}^{+\infty}(\sigma t + \mu)\mathrm{e}^{-\frac{t^2}{2}}\mathrm{d}t = \frac{\mu}{\sqrt{2\pi}}\int_{-\infty}^{+\infty}\mathrm{e}^{-\frac{t^2}{2}}\mathrm{d}t = \mu \quad \left(\text{因为}\int_{-\infty}^{+\infty}\mathrm{e}^{-\frac{t^2}{2}}\mathrm{d}t = \sqrt{2\pi}\right)。$$

【例4】 设某型号电子管的寿命 X 服从指数分布,其平均寿命为 1000h,试计算 $P(1000 \leqslant X \leqslant 1200)$。

解 $E(X) = \frac{1}{\lambda} = 1000, \lambda = \frac{1}{1000}$,$X$ 的概率密度函数为

$$f(x) = \begin{cases} \frac{1}{1000}\mathrm{e}^{-\frac{1}{1000}x}, & x > 0, \\ 0, & \text{其他}。 \end{cases}$$

$$P(1000 < X < 1200) = \int_{1000}^{1200} f(x)\mathrm{d}x = \int_{1000}^{1200} \frac{1}{1000}\mathrm{e}^{-\frac{1}{1000}x}\mathrm{d}x = \mathrm{e}^{-1} - \mathrm{e}^{-1.2} \approx 0.667。$$

【例5】 若连续型随机变量 X 的概率密度函数为 $f(x) = \frac{1}{\pi(1+x^2)}(-\infty < x < +\infty)$,称 X 服从**柯西分布**,试判断随机变量 X 的数学期望 $E(X)$ 的存在性。

解 $\int_{-\infty}^{+\infty}|x|f(x)\mathrm{d}x = \int_{-\infty}^{+\infty}|x|\frac{1}{\pi(1+x^2)}\mathrm{d}x$

$$= \frac{2}{\pi}\int_0^{+\infty} x\frac{1}{1+x^2}\mathrm{d}x = \frac{1}{\pi}\ln(1+x^2)\Big|_0^{+\infty} = +\infty,$$

即 $\int_{-\infty}^{+\infty} xf(x)\mathrm{d}x$ 不绝对收敛，所以 $E(X)$ 不存在。

注 无论是离散型还是连续型随机变量，定义中绝对收敛条件不可去，即并非所有的随机变量都有数学期望。

习题 4.1

基础题

1. 从 4 名男生和 2 名女生中，任选 3 人参加演讲比赛。设随机变量 X 表示所选 3 人中的女生人数，求 $E(X)$。

2. 设随机变量 X 取非负整数，其分布律为 $P(X=k)=\dfrac{ab^k}{k!}$，已知 $E(X)=2$，求常数 a 和 b。

3. 按规定，某客车站每天 8:00—9:00，9:00—10:00 都恰有一辆客车到站，但到站的时刻是随机的，且两者到站的时间是相互独立的，其规律为

到站时刻	8:10 9:10	8:30 9:30	8:50 9:50
P	0.2	0.4	0.4

一乘客 8:20 到车站，求他候车时间的数学期望。

4. 设随机变量 X 的概率密度函数为

$$f(x)=\begin{cases}1+x, & -1\leqslant x\leqslant 0,\\ 1-x, & 0<x\leqslant 1,\\ 0, & 其他,\end{cases}$$

试求 X 的数学期望。

5. 设连续型随机变量 X 的概率密度函数为

$$f(x)=\begin{cases}kx^a, & 0<x<1,\\ 0, & 其他,\end{cases}\quad 其中\ k,a>0。$$

又已知 $E(X)=0.75$，求 k,a 的值。

提高题

1. 某人的一串钥匙上有 n 把钥匙，其中只有一把能打开自己的家门，他随意地试用这串钥匙中的某一把去开门。若每把钥匙试开一次后除去，求打开门时试开次数的数学期望。

2. 同时掷两枚骰子，出现的最大点数为一个随机变量。求这个随机变量的期望。

3. 连续型随机变量 X 的概率密度函数为

$$f(x)=\dfrac{1}{\sqrt{\pi}}\mathrm{e}^{-x^2+2x-1},\quad -\infty<x<+\infty,$$

求 $E(X)$。

4. 假设一部机器在一天内发生故障的概率为 0.2，发生故障则全天停业。假如一周 5 个工作日里无故障，可获利润 10 万元，发生 1 次故障仍可获利润 5 万元，发生 2 次故障所获

利润为 0 万元,发生 3 次或 3 次以上故障就要损失 2 万元,求一周内的期望利润。

4.2 随机变量函数的数学期望与数学期望的性质

4.2.1 随机变量函数的数学期望

在 4.1 节中我们已经介绍了随机变量 X 的数学期望的求法。但有很多实际问题需要求关于随机变量 X 的函数 $g(X)$ 的数学期望(例如 $g(X)$ 为 X^3, e^X, $2X+1$ 等)。由前面所学,我们可以通过 X 的分布求出 $g(X)$ 的分布,再由数学期望的定义求 $E[g(X)]$,但这种方法一般比较麻烦,我们更愿意推荐下面的定理。

定理 1 设 X 是一个随机变量,$Y=g(X)$(g 为连续函数)。

(1) 设离散型随机变量 X 的分布律为 $P(X=x_k)=p_k(k=1,2,\cdots)$,若 $\sum_{k=1}^{\infty} g(x_k)p_k$ 绝对收敛,则有

$$E(Y) = E[g(X)] = \sum_{k=1}^{\infty} g(x_k)p_k 。 \tag{4.5}$$

(2) 设连续型随机变量 X 的概率密度函数为 $f(x)$,若 $\int_{-\infty}^{+\infty} g(x)f(x)\mathrm{d}x$ 绝对收敛,则有

$$E(Y) = E[g(X)] = \int_{-\infty}^{+\infty} g(x)f(x)\mathrm{d}x 。 \tag{4.6}$$

证明略。

注 本定理告诉我们,在求函数 $g(X)$ 的数学期望时,并不需要求出 $g(X)$ 的分布,而只需把随机变量数学期望定义中的取值 x_k(或 x)换成相应的函数值 $g(x_k)$(或 $g(x)$)即可。

上述定理还可推广到二维及二维以上随机变量函数的数学期望的情形。

定理 2 设 (X,Y) 是一个二维随机变量,$Z=g(X,Y)$,且 $E(Z)$ 存在,于是

(1) 若二维离散型随机变量 (X,Y) 的分布律为

$$P(X=x_i, Y=y_j) = p_{ij}, \quad i,j=1,2,\cdots,$$

则 Z 的数学期望为

$$E(Z) = E[g(X,Y)] = \sum_{j=1}^{\infty}\sum_{i=1}^{\infty} g(x_i,y_j)p_{ij} 。 \tag{4.7}$$

(2) 若二维连续型随机变量 (X,Y) 的概率密度函数为 $f(x,y)$,则 Z 的数学期望为

$$E(Z) = E[g(X,Y)] = \int_{-\infty}^{+\infty}\int_{-\infty}^{+\infty} g(x,y)f(x,y)\mathrm{d}x\mathrm{d}y 。 \tag{4.8}$$

【例 1】 设离散型随机变量 X 的分布律为

X	-1	0	2	3
p_k	$\frac{1}{8}$	$\frac{1}{4}$	$\frac{3}{8}$	$\frac{1}{4}$

试计算：$E(X), E(X^2), E(-2X+1)$。

解 $E(X) = (-1) \times \dfrac{1}{8} + 0 \times \dfrac{1}{4} + 2 \times \dfrac{3}{8} + 3 \times \dfrac{1}{4} = \dfrac{11}{8}$，

$$E(X^2) = (-1)^2 \times \dfrac{1}{8} + 0^2 \times \dfrac{1}{4} + 2^2 \times \dfrac{3}{8} + 3^2 \times \dfrac{1}{4} = \dfrac{31}{8},$$

$$E(-2X+1) = 3 \times \dfrac{1}{8} + 1 \times \dfrac{1}{4} + (-3) \times \dfrac{3}{8} + (-5) \times \dfrac{1}{4} = -\dfrac{7}{4}.$$

【**例 2**】 若随机变量 X 服从 $[0,\pi]$ 上的均匀分布，试求：(1) $E(\sin X)$；(2) $E(X^2)$。

解 依题意有

$$f(x) = \begin{cases} \dfrac{1}{\pi}, & x \in [0,\pi], \\ 0, & \text{其他。} \end{cases}$$

(1) $E(\sin X) = \displaystyle\int_{-\infty}^{+\infty} \sin x f(x) \mathrm{d}x = \int_0^{\pi} \dfrac{1}{\pi} \sin x \mathrm{d}x = \dfrac{2}{\pi}$。

(2) $E(X^2) = \displaystyle\int_{-\infty}^{+\infty} x^2 f(x) \mathrm{d}x = \int_0^{\pi} \dfrac{1}{\pi} x^2 \mathrm{d}x = \dfrac{\pi^2}{3}$。

【**例 3**】 设随机变量 (X,Y) 的概率密度函数为

$$f(x,y) = \begin{cases} 6xy, & 0 < x < 1, 0 < y < 2(1-x), \\ 0, & \text{其他，} \end{cases}$$

试计算 $E(X)$ 和 $E(XY)$。

解 $E(X) = \displaystyle\int_{-\infty}^{+\infty}\int_{-\infty}^{+\infty} x f(x,y) \mathrm{d}x\mathrm{d}y = \int_0^1 \left[\int_0^{2(1-x)} 6x^2 y \mathrm{d}y\right] \mathrm{d}x$

$= 12 \displaystyle\int_0^1 (x^2 - 2x^3 + x^4) \mathrm{d}x = \dfrac{2}{5}$，

$E(XY) = \displaystyle\int_{-\infty}^{+\infty}\int_{-\infty}^{+\infty} xy f(x,y) \mathrm{d}x\mathrm{d}y = \int_0^1 \left[\int_0^{2(1-x)} 6x^2 y^2 \mathrm{d}y\right] \mathrm{d}x$

$= 16 \displaystyle\int_0^1 (x^2 - 3x^3 + 3x^4 - x^5) \mathrm{d}x = \dfrac{4}{15}$。

4.2.2 数学期望的性质

下面介绍数学期望的几个性质，假定涉及的随机变量的数学期望都存在。

(1) $E(C) = C$（C 是常数）；

(2) $E(CX) = CE(X)$（C 是常数）；

(3) $E(X+Y) = E(X) + E(Y)$；

(4) 如果 X 与 Y 相互独立，则 $E(XY) = E(X)E(Y)$。

证明 这里仅证明性质(4)，其他留给读者自己证明。

以连续型随机变量为例进行证明。设 (X,Y) 是连续型随机变量，概率密度函数为 $f(x,y)$，则由 X 与 Y 的独立性可得 $f(x,y) = f_X(x) f_Y(y)$，其中 $f_X(x), f_Y(y)$ 分别为 X 与 Y 的边缘概率密度函数。从而

$$E(XY) = \int_{-\infty}^{+\infty}\int_{-\infty}^{+\infty} xyf(x,y)\mathrm{d}x\mathrm{d}y = \int_{-\infty}^{+\infty}\int_{-\infty}^{+\infty} xyf_X(x)f_Y(y)\mathrm{d}x\mathrm{d}y$$
$$= \int_{-\infty}^{+\infty} xf_X(x)\mathrm{d}x \cdot \int_{-\infty}^{+\infty} yf_Y(y)\mathrm{d}y = E(X)E(Y)。$$

注 性质(3)、性质(4)可推广到任意有限个随机变量的情形。

【例 4】 设 (X,Y) 的分布律如下：

X \ Y	0	1
1	0	0.2
2	0.4	0.4

求 $E(X), E(Y), E(3X+2Y), E(XY)$。

解 容易求得 X, Y 的边缘分布律分别为

X	1	2
P	0.2	0.8

Y	0	1
P	0.4	0.6

$E(X) = 1 \times 0.2 + 2 \times 0.8 = 1.8,$
$E(Y) = 0 \times 0.4 + 1 \times 0.6 = 0.6,$
$E(3X+2Y) = 3E(X) + 2E(Y) = 3 \times 1.8 + 2 \times 0.6 = 6.6,$
$E(XY) = 1 \times 0 \times 0 + 1 \times 1 \times 0.2 + 2 \times 0 \times 0.4 + 2 \times 1 \times 0.4 = 1。$

注 本题的 $E(XY)$ 不能用性质(4)计算，因为 X, Y 不相互独立。

【例 5】 设随机变量 X 与 Y 相互独立，且 $X \sim N(2,4), Y \sim \mathrm{Exp}(5)$，求 $E(2X-3Y+2)$ 和 $E(-2XY)$。

解 因为 $X \sim N(2,4), Y \sim \mathrm{Exp}(5)$，所以 $E(X) = 2, E(Y) = \dfrac{1}{5} = 0.2$，从而
$$E(2X-3Y+2) = 2E(X) - 3E(Y) + 2 = 5.4。$$
又 X 与 Y 相互独立，所以 $E(-2XY) = -2E(X)E(Y) = -0.8$。

【例 6】 一民航送客车载有 20 位旅客自机场开出，旅客有 10 个车站可以下车。设每位旅客在各个车站下车是等可能的，且各旅客是否下车相互独立。如到达一个车站没有旅客下车就不停车，以 X 表示停车的次数，求 $E(X)$。

解 引入随机变量
$$X_i = \begin{cases} 0, & \text{在第 } i \text{ 站没人下车}, \\ 1, & \text{在第 } i \text{ 站有人下车}, \end{cases} \quad i = 1, 2, \cdots, 10。$$

易知 $X = X_1 + X_2 + \cdots + X_{10}$。现在来求 $E(X)$。

按题意，任意旅客在第 i 站不下车的概率为 $\dfrac{9}{10}$，因此 20 位旅客都不在第 i 站下车的概率为 $\left(\dfrac{9}{10}\right)^{20}$，在第 i 站有人下车的概率为 $1 - \left(\dfrac{9}{10}\right)^{20}$，也就是

$$P(X_i=0)=\left(\frac{9}{10}\right)^{20}, \quad P(X_i=1)=1-\left(\frac{9}{10}\right)^{20}, \quad i=1,2,\cdots,10。$$

所以 $E(X_i)=1-\left(\frac{9}{10}\right)^{20}(i=1,2,\cdots,10)$。于是

$$E(X)=E(X_1+X_2+\cdots+X_{10})=E(X_1)+E(X_2)+\cdots+E(X_{10})$$
$$=10\left[1-\left(\frac{9}{10}\right)^{20}\right]=8.784(次)。$$

注 本题所用的方法称为**随机变量分解法**，即将 X 分解成数个随机变量之和，然后利用随机变量和的数学期望等于随机变量数学期望之和来求数学期望。这种处理方法具有一定的普遍意义。

习题 4.2

基础题

1. 已知离散型随机变量 X 服从参数为 2 的泊松分布，设 $Z=3X-2$，求 $E(Z)$。

2. 设随机变量 X 的分布律为

X	-2	0	2
P	0.4	0.3	0.3

求：$E(X), E(X^2), E(3X^2+5)$。

3. 设随机变量 X 的概率密度函数为

$$f(x)=\begin{cases} e^{-x}, & x>0, \\ 0, & x\leqslant 0。\end{cases}$$

试求下列函数的数学期望：(1) $Y=2X$；(2) $Y=e^{-2X}$。

4. 某车间对生产的球体进行测试，其直径在区间 $[a,b]$ 上服从均匀分布，计算球体积的数学期望。

5. 设 (X,Y) 的分布律如下：

X \ Y	0	1	2
0	0.1	0.2	a
1	0.1	b	0.2

已知 $E(X^2+Y^2)=2.4$，求 a,b 的值。

6. 设二维随机变量 (X,Y) 的概率密度函数为

$$f(x,y)=\begin{cases} \dfrac{1}{8}, & 1\leqslant x\leqslant 5, 1\leqslant y\leqslant x, \\ 0, & \text{其他}。\end{cases}$$

试求 $E(XY^2), E(X), E(Y)$。

提高题

1. 设随机变量 X 的分布函数为
$$F(x) = \begin{cases} 0, & x < -1, \\ 0.2, & -1 \leqslant x < 0, \\ 0.8, & 0 \leqslant x < 1, \\ 1, & x \geqslant 1. \end{cases}$$
试求：$E(X), E(2X+5), E(X^2)$。

2. 设随机变量 X 的概率分布为 $P(X=k) = \dfrac{C}{k!} (k=0,1,2,\cdots)$，求 $E(X^2)$。

3. 设随机变量 X 的概率密度函数为
$$f(x) = \begin{cases} 2^{-x}\ln 2, & x > 0, \\ 0, & \text{其他}. \end{cases}$$
对 X 进行独立重复的观测，直到第 2 个大于 3 的观测值出现时停止，记 Y 为观测次数。求：(1) Y 的概率分布；(2) $E(Y)$。

4. 连续型随机变量 X 的概率密度函数为
$$f(x) = \frac{1}{\pi(1+x^2)}, \quad -\infty < x < +\infty。$$
求 $E(\min\{|X|, 1\})$。

5. 设国际市场每年对我国某种出口商品的需求量 $X(t)$ 服从 $[2000, 4000]$ 上的均匀分布。若销售这种商品 1t，可挣得外汇 3 万元，若积压 1t，则亏损 1 万元。问应组织多少货源，才能使国家的收益最大？

4.3 方差

4.3.1 方差的定义

前面我们学习了随机变量的数学期望，知道随机变量的数学期望是描述随机变量取值的平均情况的，它是随机变量的重要数字特征。但在许多实际问题中，只知道随机变量的数学期望是不够的。例如，甲、乙两人进行打靶比赛，所得分数分别记为 X, Y，它们的分布律分别为

X	0	1	2
P	0.3	0.6	0.1

Y	0	1	2
P	0.5	0.2	0.3

那么甲、乙两人谁的成绩更好呢？单从两人所得分数的平均值是无法评定成绩好坏的，因为 $E(X) = E(Y) = 0.8$。但从数据来看感觉甲的成绩要好些，因为乙脱靶的概率很大，即偏离

平均值的概率很大。

为了衡量一个随机变量偏离平均值的程度，当然要考虑随机变量与其数学期望差的均值，即 $E[X-E(X)]$，但是我们还不能直接用它来表示随机变量偏离平均值的程度，原因在于计算 $E[X-E(X)]$ 的过程中"正、负"可能抵消，从而不能真实反映随机变量偏离平均值的程度。为了避免这个问题，自然想到用 $|X-E(X)|$ 的平均值 $E(|X-E(X)|)$ 来表示，然而由于绝对值的运算很麻烦，为消除绝对值对运算带来的不便，所以一般采用 $[X-E(X)]^2$ 的均值来表示 X 的离散程度。为此我们引入随机变量的另一个重要数字特征——**方差**。

定义 1 设 X 是一个随机变量，若 $E\{[X-E(X)]^2\}$ 存在，则称其为 X 的**方差**(deviation)，记为 $D(X)$，即

$$D(X) = E\{[X-E(X)]^2\}. \tag{4.9}$$

称其算术平方根 $\sqrt{D(X)}$ 为 X 的**标准差**(standard deviation)或**均方差**。

根据随机变量函数数学期望的求法和方差的定义，有：

(1) 设离散型随机变量 X 的分布律为 $P(X=x_k)=p_k(k=1,2,\cdots)$，则

$$D(X) = \sum_{k=1}^{\infty} [x_k - E(X)]^2 p_k; \tag{4.10}$$

(2) 设连续型随机变量 X 的概率密度函数为 $f(x)$，则

$$D(X) = \int_{-\infty}^{+\infty} [x - E(X)]^2 f(x) dx. \tag{4.11}$$

由方差的定义和数学期望的性质，易推导出计算方差的一个**简化公式**

$$D(X) = E(X^2) - [E(X)]^2. \tag{4.12}$$

证明 $D(X) = E\{[X-E(X)]^2\} = E\{X^2 - 2XE(X) + [E(X)]^2\}$
$= E(X^2) - 2E[XE(X)] + [E(X)]^2$
$= E(X^2) - 2E(X) \cdot E(X) + [E(X)]^2$
$= E(X^2) - [E(X)]^2.$

【**例 1**】 设随机变量 X 的概率密度函数为

$$f(x) = \begin{cases} 12x^2 + ax + b, & 0 < x < 1, \\ 0, & \text{其他}, \end{cases}$$

并已知 $E(X) = 0.5$，求系数 a,b 及 $D(X)$。

解 由 $\int_{-\infty}^{+\infty} f(x)dx = 1$ 和 $E(X) = \int_{-\infty}^{+\infty} xf(x)dx$ 得

$$\begin{cases} \int_0^1 (12x^2 + ax + b)dx = 1, \\ \int_0^1 x(12x^2 + ax + b)dx = 0.5, \end{cases} \quad 即 \quad \begin{cases} 4 + \frac{1}{2}a + b = 1, \\ 3 + \frac{1}{3}a + \frac{b}{2} = 0.5, \end{cases} \quad 解得 \begin{cases} a = -12, \\ b = 3. \end{cases}$$

又 $E(X^2) = \int_{-\infty}^{+\infty} x^2 f(x)dx = \int_0^1 x^2(12x^2 - 12x + 3)dx = 0.4$，所以

$$D(X) = E(X^2) - [E(X)]^2 = 0.4 - 0.5^2 = 0.15.$$

4.3.2 常用分布的方差

1. 0-1 分布

设 X 服从 0-1 分布,由 4.1 节知 $E(X)=p$。又因为
$$E(X^2) = 1^2 \times p + 0^2 \times (1-p) = p,$$
所以 $D(X)=E(X^2)-[E(X)]^2=p-p^2=p(1-p)$。

2. 二项分布

设 X 服从参数为 n 和 p 的二项分布,即 $X \sim B(n,p)$。由 4.1 节知 $E(X)=np$,于是
$$E(X^2) = n(n-1)p^2 + np,$$
$$D(X) = E(X^2) - [E(X)]^2 = n(n-1)p^2 + np - n^2p^2 = np(1-p)。$$

3. 泊松分布

设 X 服从参数为 λ 泊松分布,即 $X \sim P(\lambda)$,其分布律为
$$P(X=k) = \frac{\lambda^k}{k!}e^{-\lambda}, \quad k=0,1,2,\cdots;\lambda>0。$$
由 4.1 节知 $E(X)=\lambda$。又
$$E(X^2) = \sum_{k=0}^{\infty} k^2 \frac{\lambda^k}{k!} e^{-\lambda} = \sum_{k=1}^{\infty} k \frac{\lambda^k}{(k-1)!} e^{-\lambda} = \lambda e^{-\lambda} \sum_{k=1}^{\infty} \frac{(k-1)+1}{(k-1)!} \lambda^{k-1}$$
$$= \lambda e^{-\lambda} \left[\lambda \sum_{k=2}^{\infty} \frac{1}{(k-2)!} \lambda^{k-2} + \sum_{k=1}^{\infty} \frac{1}{(k-1)!} \lambda^{k-1} \right] = \lambda e^{-\lambda} [\lambda e^{\lambda} + e^{\lambda}] = \lambda^2 + \lambda,$$
所以 $D(X)=E(X^2)-[E(X)]^2=\lambda^2+\lambda-\lambda^2=\lambda$。

4. 均匀分布

设随机变量 X 服从 $[a,b]$ 上的均匀分布,即 $X \sim U(a,b)$,其概率密度函数为
$$f(x) = \begin{cases} \dfrac{1}{b-a}, & x \in [a,b], \\ 0, & \text{其他。} \end{cases}$$
由 4.1 节知 $E(X)=\dfrac{a+b}{2}$。又因为
$$E(X^2) = \int_{-\infty}^{+\infty} x^2 f(x)\,\mathrm{d}x = \int_a^b x^2 \frac{1}{b-a}\,\mathrm{d}x = \frac{1}{3}(a^2+ab+b^2),$$
从而 $D(X)=E(X^2)-[E(X)]^2=\dfrac{1}{3}(a^2+ab+b^2)-\left(\dfrac{a+b}{2}\right)^2=\dfrac{(b-a)^2}{12}$。

5. 指数分布

设随机变量 X 服从参数为 λ 的指数分布,即 $X \sim \mathrm{Exp}(\lambda)$,其概率密度函数为
$$f(x) = \begin{cases} \lambda e^{-\lambda x}, & x > 0, \\ 0, & x \leqslant 0, \end{cases} \quad \lambda > 0。$$
由 4.1 节知 $E(X)=\dfrac{1}{\lambda}$。又因为
$$E(X^2) = \int_{-\infty}^{+\infty} x^2 f(x)\,\mathrm{d}x = \int_0^{+\infty} x^2 \cdot \lambda e^{-\lambda x}\,\mathrm{d}x = -x^2 e^{-\lambda x} \Big|_0^{+\infty} + \int_0^{+\infty} 2x e^{-\lambda x}\,\mathrm{d}x = \frac{2}{\lambda^2},$$

所以 $D(X)=E(X^2)-[E(X)]^2=\dfrac{1}{\lambda^2}$。

6. 正态分布

设连续型随机变量 X 服从正态分布,即 $X\sim N(\mu,\sigma^2)$,其中 $\mu,\sigma(\sigma>0)$ 为常数。其概率密度函数为

$$f(x)=\dfrac{1}{\sqrt{2\pi}\sigma}e^{-\dfrac{(x-\mu)^2}{2\sigma^2}},\quad -\infty<x<+\infty。$$

由 4.1 节知 $E(X)=\mu$。又根据方差的定义

$$D(X)=\int_{-\infty}^{+\infty}[x-E(X)]^2 f(x)dx=\int_{-\infty}^{+\infty}(x-\mu)^2\dfrac{1}{\sqrt{2\pi}\sigma}e^{-\dfrac{(x-\mu)^2}{2\sigma^2}}dx。$$

设 $t=\dfrac{x-\mu}{\sigma}$,则 $x=\sigma t+\mu, dx=\sigma dt$,从而

$$D(X)=\dfrac{\sigma^2}{\sqrt{2\pi}}\int_{-\infty}^{+\infty}t^2 e^{-\dfrac{t^2}{2}}dt=\dfrac{\sigma^2}{\sqrt{2\pi}}\left(-te^{-\dfrac{t^2}{2}}\bigg|_{-\infty}^{+\infty}+\int_{-\infty}^{+\infty}e^{-\dfrac{t^2}{2}}dt\right)$$

$$=\dfrac{\sigma^2}{\sqrt{2\pi}}(0+\sqrt{2\pi})=\sigma^2。$$

为了便于读者集中记忆几种重要分布的期望和方差,现将上面的计算结果列成表 4-1。

表 4-1

分 布	分布律或概率密度函数	期 望	方 差
0-1 分布	$P(X=k)=p^k(1-p)^{1-k}$ $k=0,1,0<p<1$	p	$p(1-p)$
二项分布 $X\sim B(n,p)$	$P(X=k)=C_n^k p^k(1-p)^{n-k}$ $k=0,1,2,\cdots,n,0<p<1$	np	$np(1-p)$
泊松分布 $X\sim P(\lambda)$	$P(X=k)=\dfrac{\lambda^k}{k!}e^{-\lambda}$ $\lambda>0,k=0,1,2,\cdots$	λ	λ
均匀分布 $X\sim U(a,b)$	$f(x)=\begin{cases}\dfrac{1}{b-a}, & x\in[a,b]\\ 0, & 其他\end{cases}$	$\dfrac{a+b}{2}$	$\dfrac{(b-a)^2}{12}$
指数分布 $X\sim \text{Exp}(\lambda)$	$f(x)=\begin{cases}\lambda e^{-\lambda x}, & x>0\\ 0, & x\leqslant 0\end{cases}\ (\lambda>0)$	$\dfrac{1}{\lambda}$	$\dfrac{1}{\lambda^2}$
正态分布 $X\sim N(\mu,\sigma^2)$	$f(x)=\dfrac{1}{\sqrt{2\pi}\sigma}e^{-\dfrac{(x-\mu)^2}{2\sigma^2}}\ (\sigma>0)$ $-\infty<x<+\infty$	μ	σ^2

4.3.3 方差的性质

下面介绍方差的几个性质,假定涉及的随机变量的方差都存在。

(1) $D(C)=0$ (C 是常数);

(2) $D(X+C)=D(X)$ (C 是常数);

(3) $D(CX)=C^2D(X)$ (C 是常数);

(4) 如果 X 与 Y 相互独立,则
$$D(X\pm Y) = D(X)+D(Y); \qquad (4.13)$$

(5) $D(X)=0$ 的充分必要条件是 X 以概率 1 取常数 C,即
$$P(X=C)=1。$$

证明 由方差的定义容易证得性质(1)(2)(3),现在只证明性质(4)。

若 X 与 Y 相互独立,则 $E(XY)=E(X)E(Y)$,从而
$$\begin{aligned}D(X+Y) &= E[(X+Y)^2] - [E(X+Y)]^2 \\ &= E(X^2+2XY+Y^2) - [E(X)+E(Y)]^2 \\ &= E(X^2)+2E(XY)+E(Y^2)-[E(X)]^2-2E(X)E(Y)-[E(Y)]^2 \\ &= D(X)+D(Y)。\end{aligned}$$

同理可证 $D(X-Y)=D(X)+D(Y)$。

性质(4)可以推广到多个相互独立的随机变量的情形。

因性质(5)要用到一些复杂的数学知识,略去证明过程。

【例2】 已知 X 与 Y 相互独立, $D(X)=4, D(Y)=2$,求 $D(3X-2Y+5)$。

解 由方差性质可得
$$D(3X-2Y+5) = 3^2 D(X)+2^2 D(Y) = 3^2 \times 4 + 2^2 \times 2 = 44。$$

习题 4.3

基础题

1. 学校文娱队共有 6 人,其中每位队员唱歌、跳舞至少会一项,已知会唱歌的有 4 人,会跳舞的有 5 人,现从中选 2 人,设 X 为选出人中既会唱歌又会跳舞的人数,求 $E(X), D(X)$。

2. 设 X 服从二项分布 $B(n,p)$,若已知 $E(X)=12, D(X)=8$,求 n 和 p。

3. 设随机变量 X 服从参数为 1 的泊松分布,求 $P(X=E(X^2))$。

4. 设随机变量 X 的概率密度函数为
$$f(x)=\begin{cases}\dfrac{2}{x^2}, & 1\leqslant x\leqslant 2, \\ 0, & \text{其他},\end{cases}$$
求 $E(X)$ 和 $D(X)$。

5. 设随机变量 X 的概率密度函数为
$$f(x)=\begin{cases}ax, & 0<x<2, \\ bx+1, & 2\leqslant x\leqslant 4, \\ 0, & \text{其他},\end{cases}$$
并已知 $P(1<X<3)=\dfrac{3}{4}$,求系数 $a, b, E(X)$ 和 $D(X)$。

6. 设随机变量 X 和 Y 相互独立,且 $X\sim N(1,2), Y\sim N(2,3)$,求 $E(4X-3Y)$ 和 $D(4X-3Y)$。

提高题

1. 设随机变量 X 的概率分布为 $P(X=-2)=\dfrac{1}{2}, P(X=1)=a, P(X=3)=b$,若

$E(X)=0$,求 $D(X)$。

2. 投掷 10 枚骰子,假定每枚骰子出现 1～6 点都是等可能的,求 10 枚骰子的点数和的数学期望和方差。

3. 设 $f(x)=E(X-x)^2$,$x\in\mathbb{R}$,证明:当 $x=E(X)$ 时,$f(x)$ 达到最小值。

4. 设随机变量 X 的概率密度函数为

$$f(x)=\begin{cases} 0, & x\leqslant 0, \\ \dfrac{1}{2}, & 0<x<1, \\ \dfrac{1}{2x^2}, & x\geqslant 1。\end{cases}$$

求随机变量

$$Y=\begin{cases} 0, & X<\dfrac{1}{2}, \\ 1, & \dfrac{1}{2}\leqslant X<2, \\ 2, & X\geqslant 2 \end{cases}$$

的方差。

4.4 协方差、相关系数与矩

对于二维随机变量 (X,Y),我们除了要讨论 X 与 Y 的数学期望及方差外,还需要研究描述两个变量 X 与 Y 之间的相互关系的数字特征:协方差及相关系数。

4.4.1 协方差与相关系数

1. 协方差与相关系数的定义

定义 1 设 X,Y 是两个随机变量,如果 $E(X),E(Y),E\{[X-E(X)][Y-E(Y)]\}$ 都存在,则称 $E\{[X-E(X)][Y-E(Y)]\}$ 为 X 与 Y 的**协方差**(covariance),记为 $\mathrm{Cov}(X,Y)$,即

$$\mathrm{Cov}(X,Y)=E\{[X-E(X)][Y-E(Y)]\}。 \tag{4.14}$$

若 $D(X)>0,D(Y)>0$,则称 $\dfrac{\mathrm{Cov}(X,Y)}{\sqrt{D(X)}\cdot\sqrt{D(Y)}}$ 为 X 与 Y 的**相关系数**(correlation coefficient),记为 ρ_{XY},即 $\rho_{XY}=\dfrac{\mathrm{Cov}(X,Y)}{\sqrt{D(X)}\cdot\sqrt{D(Y)}}$。

注 协方差在一定程度上揭示了两个随机变量间的相互关系,但其变化将受到随机变量本身度量单位的影响。而相关系数是不受所用的度量单位的影响,描述两个随机变量相互关系的量。

由协方差的定义和数学期望的性质,易推导出计算协方差的一个非常重要的**简化公式**。

$$\begin{aligned}\mathrm{Cov}(X,Y)&=E\{[X-E(X)][Y-E(Y)]\}\\&=E[XY-XE(Y)-YE(X)+E(X)E(Y)]\\&=E(XY)-E(X)E(Y)-E(Y)E(X)+E(X)E(Y)\end{aligned}$$

$$= E(XY) - E(X)E(Y),$$

即
$$\text{Cov}(X,Y) = E(XY) - E(X)E(Y)。 \tag{4.15}$$

如果 X 与 Y 相互独立,则 $E(XY)=E(X)E(Y)$,从而 $\text{Cov}(X,Y)=0$;但反过来不一定成立,即如果协方差为 0, X 与 Y 不一定相互独立。

【例 1】 设二维随机变量 (X,Y) 的分布律为

X \ Y	-2	-1	1	2
-1	0	$\frac{3}{8}$	$\frac{3}{8}$	0
1	$\frac{1}{8}$	0	0	$\frac{1}{8}$

求 $\text{Cov}(X,Y)$ 和 ρ_{XY}。

解 (X,Y) 关于 X 与 Y 的边缘分布律分别为

X	-1	1
P	$\frac{3}{4}$	$\frac{1}{4}$

Y	-2	-1	1	2
P	$\frac{1}{8}$	$\frac{3}{8}$	$\frac{3}{8}$	$\frac{1}{8}$

则有 $E(X)=-\frac{1}{2}, E(Y)=0, E(XY)=0$,于是

$$\text{Cov}(X,Y) = E(XY) - E(X)E(Y) = 0, \quad \rho_{XY} = \frac{\text{Cov}(X,Y)}{\sqrt{D(X)} \cdot \sqrt{D(Y)}} = 0。$$

2. 协方差的性质

根据协方差定义,可得协方差的如下性质:

(1) $\text{Cov}(X,X) = D(X)$;

(2) $\text{Cov}(X,Y) = \text{Cov}(Y,X)$;

(3) $\text{Cov}(aX,bY) = ab\text{Cov}(X,Y)$ (a,b 为常数);

(4) $\text{Cov}(X,C) = 0$ (C 为任常数);

(5) $\text{Cov}(X,Y_1+Y_2) = \text{Cov}(X,Y_1) + \text{Cov}(X,Y_2)$。

证明 此处仅对性质(3)进行证明,其余请读者思考。

$$\text{Cov}(aX,bY) = E(aX \cdot bY) - E(aX)E(bY)$$
$$= abE(XY) - abE(X)E(Y) = ab[E(XY) - E(X)E(Y)] = ab\text{Cov}(X,Y)。$$

由协方差定义与方差性质可以得到计算两个随机变量和的方差的一个**重要公式**。

$$D(X+Y) = E\{[(X+Y) - E(X+Y)]^2\} = E\{[(X-E(X)) + (Y-E(Y))]^2\}$$
$$= E\{[X-E(X)]^2\} + E\{[Y-E(Y)]^2\} + 2E\{[X-E(X)][Y-E(Y)]\}$$
$$= D(X) + D(Y) + 2\text{Cov}(X,Y),$$

即
$$D(X+Y) = D(X) + D(Y) + 2\text{Cov}(X,Y)。 \tag{4.16}$$

同理可证
$$D(X-Y) = D(X) + D(Y) - 2\text{Cov}(X,Y)。 \tag{4.17}$$

【例2】 设二维随机变量(X,Y)在以点$(0,1),(1,0),(1,1)$为顶点的三角形区域D上服从均匀分布,求$\text{Cov}(X,Y),\rho_{XY}$及$D(X+Y)$。

解 (X,Y)的概率密度函数为

$$f(x,y) = \begin{cases} 2, & (x,y) \in D, \\ 0, & \text{其他}。 \end{cases}$$

$$E(X) = \int_{-\infty}^{+\infty}\int_{-\infty}^{+\infty} xf(x,y)\mathrm{d}x\mathrm{d}y = \int_0^1 \mathrm{d}x \int_{1-x}^1 2x\mathrm{d}y = 2\int_0^1 x^2 \mathrm{d}x = \frac{2}{3},$$

$$E(X^2) = \int_{-\infty}^{+\infty}\int_{-\infty}^{+\infty} x^2 f(x,y)\mathrm{d}x\mathrm{d}y = \int_0^1 \mathrm{d}x \int_{1-x}^1 2x^2 \mathrm{d}y = 2\int_0^1 x^3 \mathrm{d}x = \frac{1}{2},$$

$$D(X) = E(X^2) - [E(X)]^2 = \frac{1}{2} - \left(\frac{2}{3}\right)^2 = \frac{1}{18}。$$

由对称性可得

$$E(X) = E(Y) = \frac{2}{3}, \quad D(X) = D(Y) = \frac{1}{18},$$

$$E(XY) = \int_{-\infty}^{+\infty}\int_{-\infty}^{+\infty} xyf(x,y)\mathrm{d}x\mathrm{d}y = \int_0^1 \mathrm{d}x \int_{1-x}^1 2xy\mathrm{d}y = \frac{5}{12},$$

$$\text{Cov}(X,Y) = E(XY) - E(X)E(Y) = \frac{5}{12} - \frac{2}{3} \times \frac{2}{3} = -\frac{1}{36},$$

$$\rho_{XY} = \frac{\text{Cov}(X,Y)}{\sqrt{D(X)} \cdot \sqrt{D(Y)}} = \frac{-1/36}{\sqrt{1/18} \times \sqrt{1/18}} = -\frac{1}{2},$$

$$D(X+Y) = D(X) + D(Y) + 2\text{Cov}(X,Y) = \frac{1}{18} + \frac{1}{18} + 2 \times \left(-\frac{1}{36}\right) = \frac{1}{18}。$$

3. 相关系数的性质

(1) $|\rho_{XY}| \leqslant 1$;

(2) $|\rho_{XY}| = 1$的充分必要条件是存在常数a,b,使$P(Y=aX+b)=1$。

证明 (1) 对任意实数$\lambda, D(\lambda X + Y) = \lambda^2 D(X) + 2\lambda\text{Cov}(X,Y) + D(Y) \geqslant 0$。

由于一元二次不等式恒大于等于0,所以其判别式小于或等于0,即

$$4\text{Cov}^2(X,Y) - 4D(X)D(Y) \leqslant 0,$$

于是$\dfrac{\text{Cov}^2(X,Y)}{D(X)D(Y)} \leqslant 1$,即$|\rho_{XY}| \leqslant 1$。

(2) 充分性 设$Y = aX + b (a \neq 0, a,b$为常数$)$,则

$$\begin{aligned}\text{Cov}(X,Y) &= E\{[X-E(X)][Y-E(Y)]\} \\ &= E\{[X-E(X)][aX+b-aE(X)-b]\} \\ &= a\{E[X-E(X)]^2\} = aD(X),\end{aligned}$$

$$D(Y) = D(aX+b) = a^2 D(X),$$

所以

$$\rho_{XY} = \frac{\text{Cov}(X,Y)}{\sqrt{D(X)}\sqrt{D(Y)}} = \frac{aD(X)}{|a|D(X)} = \begin{cases} 1, & a > 0, \\ -1, & a < 0, \end{cases} \quad \text{即} \quad |\rho_{XY}| = 1。$$

必要性 若 $\rho_{XY}=1$,则 $\operatorname{Cov}(X,Y)=\sqrt{D(X)}\cdot\sqrt{D(Y)}$ 且 $D(X)>0,D(Y)>0$,于是

$$D[\sqrt{D(X)}Y-\sqrt{D(Y)}X]$$
$$=D(X)D(Y)+D(Y)D(X)-2\sqrt{D(X)}\sqrt{D(Y)}\operatorname{Cov}(X,Y)$$
$$=2D(X)D(Y)-2D(X)D(Y)=0。$$

根据 4.3 节方差的性质(5),可以认为 $\sqrt{D(X)}Y-\sqrt{D(Y)}X$ 为一常数,而常数的数学期望为常数。所以有

$$\sqrt{D(X)}Y-\sqrt{D(Y)}X=E[\sqrt{D(X)}Y-\sqrt{D(Y)}X]$$
$$=\sqrt{D(X)}E(Y)-\sqrt{D(Y)}E(X),$$

即

$$Y=\frac{\sqrt{D(Y)}}{\sqrt{D(X)}}X+E(Y)-\frac{\sqrt{D(Y)}}{\sqrt{D(X)}}E(X)。$$

令 $a=\dfrac{\sqrt{D(Y)}}{\sqrt{D(X)}}>0,b=E(Y)-\dfrac{\sqrt{D(Y)}}{\sqrt{D(X)}}E(X)$,则有

$$Y=aX+b。$$

同理可证,当 $\rho_{XY}=-1$ 时,存在 $a<0$ 与实数 b,使

$$Y=aX+b。$$

由性质(1)(2)可以看出,相关系数 ρ_{XY} 是随机变量 X 与 Y 之间线性关系的一种度量,当 $|\rho_{XY}|=1$ 时,表明 X 与 Y 之间以概率 1 存在线性关系,即 $Y=aX+b$;当 $\rho_{XY}=0$ 时,X 与 Y 之间不存在线性关系。当 $0<|\rho_{XY}|<1$ 时,意味着 X 与 Y 之间具有一定的线性关系,而且 $|\rho_{XY}|$ 越接近于 1,X 与 Y 的线性近似程度就越高。反之,$|\rho_{XY}|$ 越接近于 0,X 与 Y 的线性近似程度就越低。

定义 2 如果随机变量 X 与 Y 的相关系数 $\rho_{XY}=0$,则称 X 与 Y 不相关。

当 X,Y 相互独立时,X 与 Y 不相关;但反过来不一定成立。

【例 3】 判断本节例 1 中,随机变量 X 与 Y 的相关性与独立性,并说明理由。

解 由本节例 1 知 $\rho_{XY}=0$,所以 X 与 Y 不相关。又因为

$$P(X=1,Y=1)=0\neq P(X=1)P(Y=1)=3/32,$$

所以 X 与 Y 不相互独立。

【例 4】 设 (X,Y) 服从二维正态分布,即 $(X,Y)\sim N(\mu_1,\sigma_1^2;\mu_2,\sigma_2^2;\rho)$,求 ρ_{XY}。

解 由 3.3 节例 4 知

$$X\sim N(\mu_1,\sigma_1^2),\quad Y\sim(\mu_2,\sigma_2^2),$$

即有 $E(X)=\mu_1, D(X)=\sigma_1^2, E(Y)=\mu_2, D(X)=\sigma_2^2$。而

$$\operatorname{Cov}(X,Y)=\int_{-\infty}^{+\infty}\int_{-\infty}^{+\infty}(x-\mu_1)(y-\mu_2)f(x,y)\mathrm{d}x\mathrm{d}y$$

$$=\frac{1}{2\pi\sigma_1\sigma_2\sqrt{1-\rho^2}}\int_{-\infty}^{+\infty}\int_{-\infty}^{+\infty}(x-\mu_1)(y-\mu_2)\mathrm{e}^{-\frac{1}{2(1-\rho^2)}\left[\frac{(x-\mu_1)^2}{\sigma_1^2}-2\rho\frac{(x-\mu_1)(y-\mu_2)}{\sigma_1\sigma_2}+\frac{(y-\mu_2)^2}{\sigma_2^2}\right]}\mathrm{d}x\mathrm{d}y$$

$$=\frac{1}{2\pi\sigma_1\sigma_2\sqrt{1-\rho^2}}\int_{-\infty}^{+\infty}(x-\mu_1)\mathrm{e}^{-\frac{(x-\mu_1)^2}{2\sigma_1^2}}\mathrm{d}x\cdot\int_{-\infty}^{+\infty}(y-\mu_2)\mathrm{e}^{-\frac{1}{2(1-\rho^2)}\left(\frac{y-\mu_2}{\sigma_2}-\rho\frac{x-\mu_1}{\sigma_1}\right)^2}\mathrm{d}y。$$

令 $t=\dfrac{1}{\sqrt{1-\rho^2}}\left(\dfrac{y-\mu_2}{\sigma_2}-\rho\dfrac{x-\mu_1}{\sigma_1}\right),u=\dfrac{x-\mu_1}{\sigma_1}$,则有

$$\text{Cov}(X,Y) = \frac{1}{2\pi}\int_{-\infty}^{+\infty}\int_{-\infty}^{+\infty}(\sigma_1\sigma_2\sqrt{1-\rho^2}\,tu+\rho\sigma_1\sigma_2 u^2)\mathrm{e}^{-\frac{u^2}{2}-\frac{t^2}{2}}\mathrm{d}t\mathrm{d}u$$

$$= \frac{\rho\sigma_1\sigma_2}{2\pi}\Big(\int_{-\infty}^{+\infty}u^2\mathrm{e}^{-\frac{u^2}{2}}\mathrm{d}u\Big)\Big(\int_{-\infty}^{+\infty}\mathrm{e}^{-\frac{t^2}{2}}\mathrm{d}t\Big)+\frac{\sigma_1\sigma_2\sqrt{1-\rho^2}}{2\pi}\Big(\int_{-\infty}^{+\infty}u\mathrm{e}^{-\frac{u^2}{2}}\mathrm{d}u\Big)\Big(\int_{-\infty}^{+\infty}t\mathrm{e}^{-\frac{t^2}{2}}\mathrm{d}t\Big)$$

$$= \frac{\rho\sigma_1\sigma_2}{2\pi}\sqrt{2\pi}\cdot\sqrt{2\pi} = \rho\sigma_1\sigma_2,$$

于是 $\rho_{XY} = \dfrac{\text{Cov}(X,Y)}{\sqrt{D(X)}\sqrt{D(Y)}} = \rho$。

可见二维正态随机变量 (X,Y) 的概率密度函数中的参数 ρ 就是 X 与 Y 的相关系数,因此,二维正态随机变量的分布完全可由每个变量的数学期望 μ_1,μ_2,方差 σ_1^2,σ_2^2 及相关系数 ρ 确定。

由 3.3 节例 7 知,对二维正态随机变量 (X,Y) 来说,X 与 Y 相互独立的充要条件是 $\rho=0$,现在又知 $\rho_{XY}=\rho$,故对二维正态随机变量 (X,Y) 来说,X 与 Y 不相关和 X 与 Y 相互独立是等价的。

*4.4.2 矩与协方差矩阵

定义 3 设 X,Y 均为随机变量,若 $E(X^k)$ $(k=1,2,\cdots)$ 存在,称为 X 的 k **阶原点矩**,简称 k **阶矩**。若 $E\{[X-E(X)]^k\}$ $(k=2,3,\cdots)$ 存在,称为 X 的 k **阶中心矩**。若 $E(X^kY^l)$ $(k,l=1,2,\cdots)$ 存在,称为 X 与 Y 的 $k+l$ **阶混合原点矩**。若

$$E\{[X-E(X)]^k[Y-E(Y)]^l\}\ (k,l=1,2,\cdots)$$

存在,称为 X 与 Y 的 $k+l$ **阶混合中心矩**。

显然,X 的数学期望 $E(X)$ 是 X 的一阶原点矩,方差 $D(X)$ 是 X 的二阶中心矩,协方差 $\text{Cov}(X,Y)$ 是 X 与 Y 的二阶混合中心矩。

定义 4 对于二维随机变量 (X,Y),二阶中心矩共有 4 个,分别记为

$$C_{11}=E\{[X-E(X)]^2\},\quad C_{22}=E\{[Y-E(Y)]^2\},$$
$$C_{12}=E\{[X-E(X)][Y-E(Y)]\}=\text{Cov}(X,Y),$$
$$C_{21}=E\{[Y-E(Y)][X-E(X)]\}=\text{Cov}(Y,X)。$$

称矩阵 $\begin{pmatrix} C_{11} & C_{12} \\ C_{21} & C_{22} \end{pmatrix}$ 为 (X,Y) 的**协方差矩阵**。

类似地,可建立多维随机变量协方差矩阵的概念。

定义 5 对 n 维随机变量 $(X_1,X_2,\cdots,X_n)$,记

$$C_{ij}=E\{[X_i-E(X_i)][X_j-E(X_j)]\}=\text{Cov}(X_i,X_j),\quad i,j=1,2,\cdots,n,$$

称矩阵

$$\boldsymbol{C}=(C_{ij})_{n\times n}=\begin{pmatrix} C_{11} & C_{12} & \cdots & C_{1n} \\ C_{21} & C_{22} & \cdots & C_{2n} \\ \vdots & \vdots & & \vdots \\ C_{n1} & C_{n2} & \cdots & C_{nn} \end{pmatrix}$$

为 $(X_1,X_2,\cdots,X_n)$ 的**协方差矩阵**。

协方差矩阵给出了 n 维随机变量的全部方差及协方差,因此在研究 n 维随机变量的统计规律时,协方差矩阵就显得非常重要。

习题 4.4

基础题

1. 设随机变量 X,Y 的期望和方差都存在,且 $D(X-Y)=D(X)+D(Y)$,则下列说法不正确的是( )。

  A. $D(X+Y)=D(X)+D(Y)$ B. $E(XY)=E(X)E(Y)$
  C. X 与 Y 不相关   D. X 与 Y 独立

2. 设 (X,Y) 的分布律如下:

X \ Y	1	2
1	0	1/3
2	1/3	1/3

求 $\text{Cov}(X,Y), \rho_{XY}$。

3. 设两个随机变量 X 和 Y 的方差分别为 25 和 16,相关系数为 0.4,求 $D(2X+Y)$ 和 $D(X-2Y)$。

4. 设 X,Y 是两个随机变量,已知 $E(X)=2, E(X^2)=20, E(Y)=3, E(Y^2)=34, \rho_{XY}=0.5$,求:$E(3X+2Y), E(X-Y), D(3X+2Y), D(X-Y)$。

5. 设 (X,Y) 的概率密度函数为

$$f(x,y)= \begin{cases} \mathrm{e}^{-(x+y)}, & x>0, y>0, \\ 0, & \text{其他}。 \end{cases}$$

求:(1) $D(X)$;(2) $\text{Cov}(X,Y)$;(3) ρ_{XY};(4) 讨论随机变量 X 与 Y 的相关性。

6. 设二维随机变量 (X,Y) 的概率密度函数为

$$f(x,y)= \begin{cases} x+y, & 0 \leqslant x \leqslant 1, 0 \leqslant y \leqslant 1, \\ 0, & \text{其他}。 \end{cases}$$

试求 $D(X), D(Y), \text{Cov}(X,Y), \rho_{XY}$。

提高题

1. 设随机变量 $X \sim N(0,1), Y \sim N(1,4)$,且相关系数 $\rho_{XY}=1$,则( )。

  A. $P(Y=-2X-1)=1$ B. $P(Y=2X-1)=1$
  C. $P(Y=-2X+1)=1$ D. $P(Y=2X+1)=1$

2. 随机变量 X,Y 的分布律如下:

X	0	1
P	$\frac{1}{4}$	$\frac{3}{4}$

Y	0	1
P	$\frac{1}{2}$	$\frac{1}{2}$

且 $\mathrm{Cov}(X,Y)=\frac{1}{8}$,求 (X,Y) 的分布律。

3. 设随机变量 X 和 Y 的联合概率分布为

X \ Y	0	1	2
0	$\frac{1}{4}$	0	$\frac{1}{4}$
1	0	$\frac{1}{3}$	0
2	$\frac{1}{12}$	0	$\frac{1}{12}$

求：(1) $P(X=2Y)$；(2) $\mathrm{Cov}(X-Y,Y)$。

4. 设 $W=(aX+3Y)^2$，$E(X)=E(Y)=0$，$D(X)=4$，$D(Y)=16$，$\rho_{XY}=-0.5$，求常数 a，使 $E(W)$ 为最小，并求 $E(W)$ 的最小值。

5. 随机试验 E 有三种两两互不相容的结果 A_1,A_2,A_3 且三种结果发生的概率均为 $\frac{1}{3}$。将试验 E 独立重复做两次，X 表示两次试验中结果 A_1 发生的次数，Y 表示两次试验中结果 A_2 发生的次数，求 X 与 Y 的相关系数。

总复习题 4

1. 设 X 表示 10 次独立重复射击中命中目标的次数,每次射中目标的概率为 0.4,求 $E(X^2)$。

2. 某同学参加科普知识竞赛,需要回答三个问题,竞赛规则规定：每题回答正确得 100 分,回答不正确扣 100 分,假设这名同学回答每题正确的概率为 $\frac{4}{5}$,且各题回答正确与否相互间没有影响,求这名同学回答这三个问题的平均得分。

3. 某医院门诊室有外科医生 3 名,内科医生 2 名,急诊室有内外科医生各 2 名,春节期间决定从门诊室抽 2 名医生到急诊室工作,春节后由急诊室抽 1 名医生到门诊室工作。用 X 表示抽调后门诊室外科医生人数。求：(1) X 的分布律；(2) $E(X)$；(3) $D(X)$。

4. 假定每人生日在各个月份的机会是相等的,求 4 个人中生日在第二季度的平均人数。

5. 某商店对某种家用电器的销售采用先使用后付款的方式,记使用寿命为 X(单位：年),规定：

$X\leqslant 1$，　一台付款 1500 元；　$1<X\leqslant 2$，　一台付款 2000 元；
$2<X\leqslant 3$，　一台付款 2500 元；　$X>3$，　　一台付款 3000 元。

设寿命 X 服从指数分布,其概率密度函数为

$$f(x) = \begin{cases} \dfrac{1}{10}e^{-\frac{x}{10}}, & x > 0, \\ 0, & x \leqslant 0, \end{cases}$$

试求该类家电一台收费 Y 的数学期望。

6. 进行重复独立试验，设每次试验成功的概率为 p，失败的概率为 $q=1-p(0<p<1)$。将试验进行到出现一次成功为止，以 X 表示所需的试验次数(此时称 X 服从以 p 为参数的**几何分布**)，求 $E(X), D(X)$。

7. 设随机变量 X 的概率密度函数为

$$f(x) = \begin{cases} \dfrac{1}{2}\cos\dfrac{x}{2}, & 0 \leqslant x \leqslant \pi, \\ 0, & 其他, \end{cases}$$

对 X 独立重复地观察 4 次，用 Y 表示观察值大于 $\dfrac{\pi}{3}$ 的次数，求 Y^2 的数学期望。

8. 设随机变量 X 的概率密度函数为

$$f(x) = \begin{cases} \dfrac{3}{8}x^2, & 0 < x < 2, \\ 0, & 其他, \end{cases}$$

求 $\dfrac{1}{X^2}$ 的数学期望。

9. 设随机变量 X_1, X_2 的概率密度函数分别为

$$f_1(x) = \begin{cases} 2e^{-2x}, & x > 0, \\ 0, & x \leqslant 0, \end{cases} \quad f_2(x) = \begin{cases} 4e^{-4x}, & x > 0, \\ 0, & x \leqslant 0。 \end{cases}$$

(1) 求 $E(X_1+X_2)$；(2) $E(2X_1-3X_2^2)$；(3) 又设 X_1, X_2 相互独立，求 $E(X_1 X_2)$。

10. 游客乘电梯从底层到电视塔顶层观光。电梯于每个整点的第 5 分钟，第 25 分钟和第 55 分钟从底层起行，假设一游客在早八点的第 X 分钟到达底层候梯处，且 X 在 $[0,60]$ 上均匀分布，求该游客等候时间的数学期望。

11. 已知 (X,Y) 的分布律为

X \ Y	−1	0	1
1	0.2	0.3	0
2	0.1	0	0.4

(1) 求 $E(X), E(Y)$；(2) 设 $Z_1 = \dfrac{Y}{X}$，求 $E(Z_1)$；(3) 设 $Z_2 = (X-Y)^2$，求 $E(Z_2)$。

12. 设随机变量 X_1, X_2, X_3 相互独立，其中 X_1 在 $[0,6]$ 上服从均匀分布，X_2 服从正态分布 $N(0,2^2)$，X_3 服从参数为 3 的泊松分布，记 $Y = X_1 - 2X_2 + 3X_3$，求 $E(Y), D(Y)$。

13. 设二维随机变量 (X,Y) 在区域 $D = \{(x,y) | 0 \leqslant x \leqslant 1, 0 \leqslant y \leqslant 1\}$ 上服从均匀分布，求 $E(|X-Y|), D(|X-Y|)$。

14. 设随机变量 (X,Y) 服从二维正态分布，其概率密度函数为 $f(x,y) = \dfrac{1}{2\pi}e^{-\frac{x^2+y^2}{2}}$，求

$Z=\sqrt{X^2+Y^2}$ 的数学期望和方差。

15. 设 A 和 B 是两个随机事件,且 $P(A)>0, P(B)>0$,并定义随机变量 X, Y 如下:

$$X=\begin{cases}1, & \text{若 } A \text{ 发生},\\ 0, & \text{若 } A \text{ 不发生},\end{cases} \qquad Y=\begin{cases}1, & \text{若 } B \text{ 发生},\\ 0, & \text{若 } B \text{ 不发生}.\end{cases}$$

证明:若 $\rho_{XY}=0$,则 X 和 Y 必定相互独立。

16. 设 (X,Y) 的概率密度函数为

$$f(x,y)=\begin{cases}kx, & 0<y<x<1,\\ 0, & \text{其他},\end{cases}$$

试求:

(1)系数 k;(2)$E(3X^3+1)$;(3)$E(X), D(X)$;(4)协方差 $\text{Cov}(X,Y)$;(5)ρ_{XY}。

17. 设二维随机变量 (X,Y) 的概率密度函数为

$$f(x,y)=\begin{cases}A\sin(x+y), & (x,y)\in G,\\ 0, & \text{其他},\end{cases} \qquad \text{其中} \quad G: 0\leqslant x\leqslant \frac{\pi}{2}, 0\leqslant y\leqslant \frac{\pi}{2}.$$

求:(1)系数 A;(2)数学期望 $E(X)$ 及 $E(Y)$;(3)方差 $D(X)$ 及 $D(Y)$;(4)相关系数 ρ_{XY}。

18. 已知随机变量 X 服从 $[0,2]$ 上的均匀分布,$Y\sim N(2,3^2), \rho_{XY}=\dfrac{1}{3}, Z=3X-2Y$,试求:(1)$E(Z), D(Z)$;(2)说明 X, Z 是否相关;(3)若 $X\sim N(0,4)$,说明 X, Z 是否相互独立。

19. 设随机变量 X 的概率密度函数为 $f(x)=\dfrac{1}{2}e^{-|x|}(-\infty<x<+\infty)$。

(1) 求 $E(X), D(X)$;

(2) 求 X 与 $|X|$ 的协方差,并问 X 与 $|X|$ 是否相关?

(3) 问 X 与 $|X|$ 是否相互独立?为什么?

第 5 章 大数定律与中心极限定理

大数定律与中心极限定理是概率论的基本理论,它们在概率论与数理统计的理论研究和实际应用中起着十分重要的作用。大数定律从理论上阐述了随机变量的稳定性,而中心极限定理则论证了大量随机变量之和的极限分布。

5.1 大数定律

在第 1 章中我们知道,随机事件虽然在一次试验中可能发生,也可能不发生,但在大量重复试验中却呈现出明显的规律性,即一个随机事件出现的频率在某个固定的数值附近摆动,这就是所谓的"频率稳定性"。

在大量的随机现象中,我们不仅发现随机事件的频率具有稳定性,而且还发现大量随机现象的平均结果也具有稳定性。概率论中用来阐述大量随机现象的平均结果稳定性的一系列定理,称为**大数定律**(large number law)。大数定律以确切的数学形式表达了这种稳定性。本节介绍几个重要的定理。为了证明这些定理,首先给出切比雪夫不等式。

5.1.1 切比雪夫不等式

在第 4 章中我们知道方差是描述随机变量的取值与其数学期望的偏离程度的。方差越大,表明随机变量的取值偏离数学期望的程度越大,即偏离其均值越远;方差越小,表明随机变量的取值越集中在数学期望的附近。下面的定理就表明了随机变量的数学期望与方差的这种关系。

定理 1 设随机变量 X 的数学期望 $E(X)$ 和方差 $D(X)$ 都存在,则对于任意正数 ε,都有不等式

$$P(|X - E(X)| \geqslant \varepsilon) \leqslant \frac{D(X)}{\varepsilon^2} \tag{5.1}$$

成立,称这一不等式为**切比雪夫**(Chebyshev)**不等式**。

证明 我们只就连续型随机变量的情况来证明。设 X 的概率密度

函数为 $f(x)$,则有

$$P(|X-E(X)|\geqslant\varepsilon)=\int_{|x-E(X)|\geqslant\varepsilon}f(x)\mathrm{d}x\leqslant\int_{|x-E(X)|\geqslant\varepsilon}\frac{|x-E(X)|^2}{\varepsilon^2}f(x)\mathrm{d}x$$

$$\leqslant\int_{-\infty}^{+\infty}\frac{|x-E(X)|^2}{\varepsilon^2}f(x)\mathrm{d}x=\frac{1}{\varepsilon^2}\int_{-\infty}^{+\infty}[x-E(X)]^2f(x)\mathrm{d}x$$

$$=\frac{D(X)}{\varepsilon^2}。$$

切比雪夫不等式也可以写成如下的形式：

$$P(|X-E(X)|<\varepsilon)\geqslant 1-\frac{D(X)}{\varepsilon^2}。 \tag{5.2}$$

切比雪夫不等式不仅为切比雪夫大数定律的证明提供了依据,同时也给出了一种在分布未知的情况下,对事件"$|X-E(X)|\geqslant\varepsilon$"发生的概率进行粗略估计的方法。

【例 1】 已知正常男性成人血液中,每毫升白细胞数平均是 7300,均方差是 700。利用切比雪夫不等式估计每毫升白细胞数在 5200～9400 之间的概率。

解 设每毫升白细胞数为 X,依题意,$E(X)=7300, D(X)=700^2$,所求为

$$P(5200\leqslant X\leqslant 9400)=P(5200-7300\leqslant X-7300\leqslant 9400-7300)$$
$$=P(-2100\leqslant X-7300\leqslant 2100)=P(|X-7300|\leqslant 2100)。$$

由切比雪夫不等式得

$$P(|X-7300|\leqslant 2100)\geqslant 1-\frac{D(X)}{2100^2}=1-\frac{700^2}{2100^2}=\frac{8}{9},$$

于是有 $P(5200\leqslant X\leqslant 9400)\geqslant\frac{8}{9}$,即估计正常男性成人血液中每毫升白细胞数在 5200～9400 之间的概率不小于 $\frac{8}{9}$。

5.1.2 大数定律

定义 1 设 $X_1,X_2,\cdots,X_n,\cdots$ 为一随机变量序列,a 为一常数,如果对任意的 $\varepsilon>0$,都有 $\lim\limits_{n\to\infty}P(|X_n-a|<\varepsilon)=1$,则称随机变量序列 $\{X_n\}$ **依概率收敛于** a,记为 $X_n\xrightarrow{P}a$。

定理 2（切比雪夫大数定律） 设随机变量 $X_1,X_2,\cdots,X_n,\cdots$ 相互独立,且分别有数学期望 $E(X_1),E(X_2),\cdots,E(X_n),\cdots$ 及方差 $D(X_1),D(X_2),\cdots,D(X_n),\cdots$,并且对于所有的 $k=1,2,\cdots$,都有 $D(X_k)\leqslant l$,其中 l 与 k 无关,则对任意的 $\varepsilon>0$,有

$$\lim_{n\to\infty}P\left(\left|\frac{1}{n}\sum_{k=1}^{n}X_k-\frac{1}{n}\sum_{k=1}^{n}E(X_k)\right|<\varepsilon\right)=1, \tag{5.3}$$

或

$$\lim_{n\to\infty}P\left(\left|\frac{1}{n}\sum_{k=1}^{n}X_k-\frac{1}{n}\sum_{k=1}^{n}E(X_k)\right|\geqslant\varepsilon\right)=0。 \tag{5.4}$$

证明 因为随机变量 $X_1,X_2,\cdots,X_n,\cdots$ 相互独立,所以

$$D\left(\frac{1}{n}\sum_{k=1}^{n}X_k\right)=\frac{1}{n^2}\sum_{k=1}^{n}D(X_k)<\frac{nl}{n^2}=\frac{l}{n}。$$

由切比雪夫不等式，对任意的 $\varepsilon>0$，有

$$P\left(\left|\frac{1}{n}\sum_{k=1}^{n}X_k-\frac{1}{n}\sum_{k=1}^{n}E(X_k)\right|<\varepsilon\right)\geqslant 1-\frac{1}{\varepsilon^2}D\left(\frac{1}{n}\sum_{k=1}^{n}X_k\right)\geqslant 1-\frac{l}{n\varepsilon^2},$$

即 $1\geqslant P\left(\left|\dfrac{1}{n}\sum\limits_{k=1}^{n}X_k-\dfrac{1}{n}\sum\limits_{k=1}^{n}E(X_k)\right|<\varepsilon\right)\geqslant 1-\dfrac{l}{n\varepsilon^2}$。

于是有 $\lim\limits_{n\to\infty}P\left(\left|\dfrac{1}{n}\sum\limits_{k=1}^{n}X_k-\dfrac{1}{n}\sum\limits_{k=1}^{n}E(X_k)\right|<\varepsilon\right)=1$，从而

$$\lim_{n\to\infty}P\left(\left|\frac{1}{n}\sum_{k=1}^{n}X_k-\frac{1}{n}\sum_{k=1}^{n}E(X_k)\right|\geqslant\varepsilon\right)=0。$$

注 切比雪夫大数定律表明，在定理 2 的条件下，当 n 充分大时，n 个独立随机变量的平均数 $\dfrac{1}{n}\sum\limits_{k=1}^{n}X_k$ 的离散程度很小，它比较密集地聚集在其数学期望 $\dfrac{1}{n}\sum\limits_{k=1}^{n}E(X_k)$ 附近，且当 $n\to\infty$ 时，$\dfrac{1}{n}\sum\limits_{k=1}^{n}X_k$ 依概率收敛于 $\dfrac{1}{n}\sum\limits_{k=1}^{n}E(X_k)$。

定理 3（切比雪夫大数定律的特殊形式） 设随机变量 $X_1,X_2,\cdots,X_n,\cdots$ 相互独立，且具有相同的数学期望及方差，$E(X_k)=\mu$，$D(X_k)=\sigma^2(k=1,2,\cdots)$，则对任意的 $\varepsilon>0$，有

$$\lim_{n\to\infty}P\left(\left|\frac{1}{n}\sum_{k=1}^{n}X_k-\mu\right|<\varepsilon\right)=1, \tag{5.5}$$

或

$$\lim_{n\to\infty}P\left(\left|\frac{1}{n}\sum_{k=1}^{n}X_k-\mu\right|\geqslant\varepsilon\right)=0。 \tag{5.6}$$

证明 由于随机变量 $X_1,X_2,\cdots,X_n,\cdots$ 满足定理 2 的条件，且有 $\dfrac{1}{n}\sum\limits_{k=1}^{n}E(X_k)=\dfrac{1}{n}\cdot n\mu=\mu$，所以由 (5.3) 式或 (5.4) 式得

$$\lim_{n\to\infty}P\left(\left|\frac{1}{n}\sum_{k=1}^{n}X_k-\frac{1}{n}\sum_{k=1}^{n}E(X_k)\right|<\varepsilon\right)=\lim_{n\to\infty}P\left(\left|\frac{1}{n}\sum_{k=1}^{n}X_k-\mu\right|<\varepsilon\right)=1,$$

或

$$\lim_{n\to\infty}P\left(\left|\frac{1}{n}\sum_{k=1}^{n}X_k-\mu\right|\geqslant\varepsilon\right)=0。$$

定理 4（伯努利大数定律） 设 n_A 是 n 次独立重复试验中事件 A 发生的次数，p 是事件 A 在每次试验中发生的概率，则对任意的 $\varepsilon>0$，有

$$\lim_{n\to\infty}P\left(\left|\frac{n_A}{n}-p\right|<\varepsilon\right)=1, \tag{5.7}$$

或

$$\lim_{n\to\infty}P\left(\left|\frac{n_A}{n}-p\right|\geqslant\varepsilon\right)=0。 \tag{5.8}$$

证明 令随机变量

$$X_k=\begin{cases}0, & \text{第 }k\text{ 次试验中 }A\text{ 不发生},\\ 1, & \text{第 }k\text{ 次试验中 }A\text{ 发生},\end{cases} \quad k=1,2,\cdots,n,$$

则 $n_A = \sum_{k=1}^{n} X_k$，$X_1, X_2, \cdots, X_n$ 是相互独立且服从同一 0-1 分布的随机变量，故 $E(X_k) = p$，$D(X_k) = p(1-p)(k=1,2,\cdots,n)$。由定理 3 有

$$\lim_{n\to\infty} P\left(\left|\frac{1}{n}\sum_{k=1}^{n}X_k - p\right| < \varepsilon\right) = 1, \quad 即 \quad \lim_{n\to\infty} P\left(\left|\frac{n_A}{n} - p\right| < \varepsilon\right) = 1.$$

$$\lim_{n\to\infty} P\left(\left|\frac{1}{n}\sum_{k=1}^{n}X_k - p\right| \geq \varepsilon\right) = 1 - \lim_{n\to\infty} P\left(\left|\frac{1}{n}\sum_{k=1}^{n}X_k - p\right| < \varepsilon\right) = 0.$$

注 伯努利大数定律表明，事件 A 发生的频率 $\frac{n_A}{n}$ 依概率收敛于事件 A 发生的概率 p，它以严格的数学形式表达了频率的稳定性，也说明在 n 次独立重复试验中，当 n 充分大时，事件 A 发生的频率 $\frac{n_A}{n}$ 与事件 A 发生的概率 p 有较大偏差的可能性很小，从而我们可以通过做试验确定某事件发生的频率，并把它作为相应概率的估计值。

我们已经知道，前面的三个大数定律都要求 $X_k(k=1,2,\cdots,n,\cdots)$ 的方差存在，但有些随机变量的方差未必存在。下面给出的是去掉方差存在这一假设的定理。

定理 5（辛钦大数定律） 设 $X_1, X_2, \cdots, X_n, \cdots$ 是相互独立服从同一分布，且具有有限数学期望同分布，只加一个条件即可 $E(X_1) = \mu$ 的随机变量序列，则对任意的 $\varepsilon > 0$，有

$$\lim_{n\to\infty} P\left(\left|\frac{1}{n}\sum_{i=1}^{n}X_i - \mu\right| < \varepsilon\right) = 1.$$

证明略。

显然伯努利大数定律是辛钦大数定律的特殊情况。辛钦大数定律提供了求随机变量数学期望 $E(X)$ 近似值的方法，因此其在应用中是很重要的。

习题 5.1

基础题

1. 设随机变量 X 的方差为 25，则根据切比雪夫不等式，有
$$P(|X - E(X)| < 10) \underline{\qquad}。$$

2. 设随机变量 $X_1, X_2, \cdots, X_n$ 独立同分布，$E(X_k) = \mu$，$D(X_k) = 8(k=1,2,\cdots,n)$，令 $\overline{X} = \frac{1}{n}\sum_{k=1}^{n}X_k$，利用切比雪夫不等式估计 $P(|\overline{X} - \mu| < 4)$。

3. 掷六枚骰子，利用切比雪夫不等式估计六枚骰子出现的点数和在 15～27 之间的概率。

4. 在每次试验中，事件 A 发生的概率为 0.75，利用切比雪夫不等式求 n 至少多大时，才能使得在 n 次独立重复试验中，事件 A 出现的频率在 0.74～0.76 之间的概率至少为 0.90？

5. 设随机变量 $X_k(k=1,2,\cdots)$ 独立同分布，且 $E(X_k) = 0$，$D(X_k) = a^2$，$E(X_k^4)$ 存在。证明：对任意 $\varepsilon > 0$，有

$$\lim_{n\to\infty}P\Big(\Big|\frac{1}{n}\sum_{k=1}^{n}X_k^2-a^2\Big|<\varepsilon\Big)=1。$$

提高题

1. 设随机变量 X 的方差为 2,则根据切比雪夫不等式有估计 $P(|X-E(X)|\geqslant 2)\leqslant$ _____。

2. 设 $X\sim U(-1,b)$,若由切比雪夫不等式有 $P(|X-1|<\varepsilon)\geqslant\dfrac{2}{3}$,求 b 和 ε。

3. 设随机变量 X,Y 的数学期望都是 2,方差分别是 1 和 4,而相关系数为 0.5,则根据切比雪夫不等式有 $P(|X-Y|\geqslant 6)\leqslant$ _____。

4. 某单位设置一电话总机,共有 200 个电话分机,设每个电话分机有 5% 的时间要使用外线通话,假设每个分机是否使用外线通话是相互独立的。问总机要多少外线才能以 90% 的概率保证每个分机要使用外线时都可以使用?

5.2 中心极限定理

正态分布是概率论与数理统计中一种很重要的分布。在自然界与生产中,一些现象受到许多相互独立的随机因素的影响,当每个因素所产生的影响都很微小时,总的影响可以看作是服从正态分布的。中心极限定理就是从数学上证明了这一现象。在概率论中,把研究在一定条件下大量相互独立随机变量之和以正态分布为极限分布的一类定理称为**中心极限定理**(central limit theorem)。

定理 1(独立同分布的中心极限定理) 设 $X_1,X_2,\cdots,X_n,\cdots$ 是独立同分布的随机变量序列,且 $E(X_1)=\mu,D(X_1)=\sigma^2\neq 0$ 因同分布条件可减少,则对于任意的实数 x,总有

$$\lim_{n\to\infty}P\left(\frac{\sum_{k=1}^{n}X_k-n\mu}{\sqrt{n}\sigma}\leqslant x\right)=\frac{1}{\sqrt{2\pi}}\int_{-\infty}^{x}e^{-\frac{t^2}{2}}dt=\Phi(x),$$

其中 $\Phi(x)$ 是标准正态分布的分布函数。

证明略。

此定理也称为**林德伯格-列维**(Lindeberg-Levy)**定理**。此定理说明,对于满足条件的任意的随机变量 $X_1,X_2,\cdots,X_n,\cdots$,当 n 很大时,其和 $\sum_{k=1}^{n}X_k$ 近似地服从正态分布 $N(n\mu,n\sigma^2)$,将其标准化为

$$\frac{\sum_{k=1}^{n}X_k-n\mu}{\sqrt{n}\sigma}\overset{近似}{\sim}N(0,1)。$$

一般情况下,我们很难求出 $\sum_{k=1}^{n}X_k$ 分布的确切形式。而上述定理表明:当 n 很大时,可以利用正态分布对 $\sum_{k=1}^{n}X_k$ 作理论研究或实际计算。

【例1】 用机器包装味精,每袋净重为随机变量,期望值为 50g,标准差为 5g,一箱内装 100 袋味精,求一箱味精净重大于 5100g 的概率。

解 设一箱味精净重为 X g,箱中第 k 袋味精的净重为 X_k g($k=1,2,\cdots,100$)。则 $X = \sum_{k=1}^{100} X_k$,其中 $X_1, X_2, \cdots, X_{100}$ 是 100 个相互独立的随机变量,且 $E(X_k) = 50$,$D(X_k) = 25$,$E(X) = 5000$,$D(X) = 2500$,$\sqrt{D(X)} = 50$,因而有

$$P(X > 5100) = 1 - P(X \leqslant 5100)$$
$$= 1 - P\left(\frac{X - 5000}{50} \leqslant \frac{5100 - 5000}{50}\right)$$
$$\approx 1 - \Phi(2) = 1 - 0.9772 = 0.0228。$$

【例2】 某餐厅每天接待 400 名顾客,设每位顾客的消费额(元)服从 [20,100] 上的均匀分布,且顾客的消费额是相互独立的,求:

(1) 该餐厅每天的平均营业额;

(2) 该餐厅每天的营业额在平均营业额 ±760 元内的概率。

解 设 X_k 表示第 k 位顾客的消费额,则餐厅每天的营业额 $X = \sum_{k=1}^{400} X_k$,其中,$X_1, X_2, \cdots, X_{400}$ 是 400 个相互独立的随机变量,且 $E(X_k) = 60$,$D(X_k) = \frac{1600}{3}$。

(1) 该餐厅每天的平均营业额为 $E(Y) = \sum_{k=1}^{400} E(X_k) = 24000$(元)。

(2) 利用独立同分布的中心极限定理知

$$P(-760 < X - 24000 < 760) = P\left(\frac{-760}{\sqrt{400 \times \frac{1600}{3}}} < \frac{X - 24000}{\sqrt{400 \times \frac{1600}{3}}} < \frac{760}{\sqrt{400 \times \frac{1600}{3}}}\right)$$

$$\approx 2\Phi\left(\frac{760}{\sqrt{400 \times \frac{1600}{3}}}\right) - 1$$

$$= 2\Phi(1.645) - 1 = 0.90,$$

即该餐厅每天的营业额在 23240~24760 元之间的概率近似为 0.90。

定理 2(德莫佛-拉普拉斯(De Moivre-Laplace)定理) 设随机变量 X_n($n=1,2,\cdots$)服从参数为 n, p($0 < p < 1$)的二项分布,即 $X_n \sim B(n, p)$,则对于任意 x,恒有

$$\lim_{n \to \infty} P\left(\frac{X_n - np}{\sqrt{np(1-p)}} \leqslant x\right) = \frac{1}{\sqrt{2\pi}} \int_{-\infty}^{x} e^{-\frac{t^2}{2}} dt = \Phi(x)。$$

证明略。

此定理说明,当 n 充分大时,二项分布 X_n 近似地服从正态分布 $N(np, np(1-p))$,将其标准化为 $\frac{X_n - np}{\sqrt{np(1-p)}} \overset{近似}{\sim} N(0,1)$。同时也说明正态分布是二项分布的极限形式。

【例3】 某保险公司多年的统计资料表明,在索赔户中被盗索赔占 20%,以 X 表示在随意抽查的 100 个索赔户中因被盗向保险公司索赔的户数。求被盗索赔户不少于 14 户且

不多于 30 户的概率的近似值。

解 设 X 为 100 个索赔户中被盗索赔户数,则 $X \sim B(100, 0.2)$,于是

$$P(14 \leqslant X \leqslant 30) = P\left(\frac{14-20}{\sqrt{100 \times 0.2 \times 0.8}} \leqslant \frac{X-20}{\sqrt{100 \times 0.2 \times 0.8}} \leqslant \frac{30-20}{\sqrt{100 \times 0.2 \times 0.8}}\right)$$
$$\approx \Phi(2.5) - \Phi(-1.5) = \Phi(2.5) + \Phi(1.5) - 1$$
$$= 0.9938 + 0.9332 - 1 = 0.9270。$$

【例 4】 某公司有 400 名员工参加一种资格证书考试。按往年经验,该考试通过率为 0.9,求 400 名员工中至少有 354 人考试通过的概率。

解 设 X 是 400 名员工中考试通过的人数,则 $X \sim B(400, 0.9)$,于是有

$$P(X \geqslant 354) = P\left(\frac{X - 400 \times 0.9}{\sqrt{400 \times 0.9 \times 0.1}} \geqslant \frac{354 - 400 \times 0.9}{\sqrt{400 \times 0.9 \times 0.1}}\right)$$
$$\approx 1 - \Phi\left(\frac{354 - 400 \times 0.9}{\sqrt{400 \times 0.9 \times 0.1}}\right) = 1 - \Phi(-1)$$
$$= \Phi(1) = 0.8413。$$

【例 5】 某证券营业部开有 1000 个资金账号,每户资金 10 万元,设每日每个资金账号到营业部提取 20% 现金的概率为 0.006,且每个客户是否需提取现金是相互独立的,问该营业部每日至少要准备多少现金,才能保证以 95% 以上的概率满足客户的要求。

解 设每日提取现金的账号数为 X,则 $X \sim B(1000, 0.006)$,而每日提取的现金为 $2X$ 万元。又设该营业部准备的现金数为 a(万元),则需要求最小的 a,使

$$P(2X \leqslant a) = P\left(X \leqslant \frac{a}{2}\right) \geqslant 0.95。$$

由于

$$P\left(X \leqslant \frac{a}{2}\right) = P\left(\frac{X - 1000 \times 0.006}{\sqrt{1000 \times 0.006 \times 0.994}} \leqslant \frac{\frac{a}{2} - 1000 \times 0.006}{\sqrt{1000 \times 0.006 \times 0.994}}\right)$$
$$\approx \Phi\left(\frac{\frac{a}{2} - 6}{\sqrt{6 \times 0.994}}\right) \geqslant 0.95,$$

查附表 2 得 $\Phi(1.645) = 0.95$,于是 $\dfrac{\frac{a}{2} - 6}{\sqrt{6 \times 0.994}} \geqslant 1.645$,即

$$a \geqslant 12 + 2 \times 1.645 \times \sqrt{6 \times 0.994} \approx 20,$$

故营业部每日至少应准备 20 万元现金。

习题 5.2

基础题

1. 设随机变量 $X_1, X_2, \cdots, X_n$ 独立分布,$S_n = X_1 + X_2 + \cdots + X_n$,则根据列维-林德伯格中心极限定理,当 n 充分大时,S_n 近似服从正态分布,只要 $X_1, X_2, \cdots, X_n$( )。

A. 有相同的数学期望　　　　　　B. 有相同的方差
C. 服从同一指数分布　　　　　　D. 服从同一类型分布

2. 一个加法器同时收到 20 个噪声电压 $V_k(k=1,2,\cdots,20)$。设它们是相互独立的随机变量，且都在区间 $[0,10]$ 上服从均匀分布。V 为加法器上收到的总噪声电压，求 $P(V>105)$。

3. 设 $X_i(i=1,2,\cdots,50)$ 是相互独立的随机变量，且它们都服从参数为 0.03 的泊松分布。记 $X=X_1+X_2+\cdots+X_{50}$，试用中心极限定理计算 $P(X\geqslant 3)$。

4. 一部件包括 10 部分。每部分的长度是一个随机变量，它们相互独立且具有同一分布。其数学期望为 2mm，均方差为 0.05mm，规定总长度为 20 ± 0.1mm 时产品合格，试求产品合格的概率。

5. 一生产线生产的产品成箱包装，每箱的重量是随机的，假设每箱平均重 50kg，标准差为 5kg，若最大载重量为 5t 的汽车承运，试用中心极限定理说明每辆车最多可以装多少箱，才能保障不超载的概率大于 0.9770？

6. 设某电路供电网中有 10000 盏灯，夜间每一盏灯开着的概率为 0.7，假设各灯的开关彼此独立，计算同时开着的灯数在 6900 与 7100 之间的概率。

7. 保险公司有 3000 个同一年龄的人参加人寿保险，在一年中这些人的死亡率为 0.1%。参加保险的人在年初交付保险费 100 元，死亡时家属可从保险公司领取 10000 元。求：(1)保险公司一年获利不少于 200000 元的概率；(2)保险公司亏本的概率。

8. 有一批建筑房屋用的木柱，其中 80% 的长度不小于 3m，现从这批木柱中随机地取出 100 根，利用中心极限定理计算至少有 30 根短于 3m 的概率。

9. (1) 设一个复杂系统由 100 个相互独立起作用的部件组成。在整个运行期间，每部件的损坏率为 0.1。为了使整个系统正常工作，至少必须有 85 个部件正常工作，求整个系统正常工作的概率。

(2) 设一个复杂系统由 n 个相互独立起作用的部件组成。在整个运行期间，每部件的可靠性为 0.9，且必须至少有 80% 的部件工作才能使整个系统正常工作，问 n 至少取多大时才能使整个系统的可靠性不低于 0.95？

总复习题 5

1. 设随机变量 X 的数学期望 $E(X)=\mu$，方差 $D(X)=\sigma^2$，则由切比雪夫不等式，$P(|X-\mu|\geqslant 3\sigma)\leqslant$ _____，$P(\mu-4\sigma<X<\mu+4\sigma)\geqslant$ _____。

2. 设随机变量 X 和 Y 的数学期望分别是 -2 和 2，方差分别为 1 和 4，而相关系数为 -0.5，则根据切比雪夫不等式，$P(|X+Y|\geqslant 6)\leqslant$ _____。

3. 设 X,Y 是两个独立的随机变量，则下列说法正确的是（　　）。
A. 当已知 X 与 Y 的分布时，对于随机变量 $X+Y$ 可使用切比雪夫不等式进行概率估计

B. 当 X 与 Y 的期望与方差都存在时,可用切比雪夫不等式估计 $X+Y$ 落在任意区间 (a,b) 内的概率

C. 当 X 与 Y 的期望与方差都存在时,可用切比雪夫不等式估计 $X+Y$ 落在对称区间 $(-a,a)$ 内的概率(a 为大于零的常数)

D. 当 X 与 Y 的期望与方差都存在时,可用切比雪夫不等式估计 $X+Y$ 落在区间 $(E(X)+E(Y)-a, E(X)+E(Y)+a)$ 的概率(a 为大于零的常数)

4. 设 $X_1, X_2, \cdots, X_n$ 都服从参数为 2 的指数分布,且相互独立,则当 $n \to \infty$ 时,$Y_n = \frac{1}{n}\sum_{i=1}^{n} X_i^2$ 依概率收敛于_____。

5. 设随机变量 $X_1, X_2, \cdots, X_k, \cdots$ 相互独立,且有分布律

X_k	-1	0	1
P	$\frac{1}{2^{k+1}}$	$1-\frac{1}{2^k}$	$\frac{1}{2^{k+1}}$

证明:$\lim_{n\to\infty} P\left(\left|\frac{1}{n}\sum_{k=1}^{n} X_k\right| > \varepsilon\right) = 0$。

6. 设 $X_1, X_2, \cdots, X_n, \cdots$ 为独立同分布的随机变量序列,且均服从参数为 $\lambda(\lambda>1)$ 的指数分布,记 $\Phi(x)$ 为标准正态分布函数,则( )。

A. $\lim_{n\to\infty} P\left(\frac{\sum_{i=1}^{n} X_i - n\lambda}{\lambda\sqrt{n}} \leqslant x\right) = \Phi(x)$ B. $\lim_{n\to\infty} P\left(\frac{\sum_{i=1}^{n} X_i - n\lambda}{\sqrt{n\lambda}} \leqslant x\right) = \Phi(x)$

C. $\lim_{n\to\infty} P\left(\frac{\lambda\sum_{i=1}^{n} X_i - n}{\sqrt{n}} \leqslant x\right) = \Phi(x)$ D. $\lim_{n\to\infty} P\left(\frac{\sum_{i=1}^{n} X_i - \lambda}{\lambda\sqrt{n}} \leqslant x\right) = \Phi(x)$

7. 设随机变量 X 的概率密度函数为
$$f(x) = \frac{x^n}{n} e^{-x}, \quad x \geqslant 0。$$

试证:$P(0 < X < 2(n+1)) \geqslant \frac{n}{n+1}$。

8. 一个螺丝钉的重量是一个随机变量,期望值是 50g,标准差是 5g。利用中心极限定理求一盒(100 个)同型号螺丝钉的重量超过 5100g 的概率。

9. 计算机在进行加法运算时,对每个加数取整(取为最接近它的整数),设所有的取整误差是相互独立的,且它们都在 $[-0.5, 0.5]$ 上服从均匀分布。

(1) 若将 1500 个数相加,问误差总和的绝对值超过 15 的概率是多少?

(2) 问多少个数加在一起可使得误差总和的绝对值小于 10 的概率为 0.90?

10. 将一枚硬币连掷 100 次,求出现正面的次数大于 60 的概率。

11. 设船舶在某海区航行,已知每遭受一次波浪的冲击,纵摇角度大于 6° 的概率为 $p = \frac{1}{3}$。若船舶遭受了 90000 次波浪冲击,问其中有 29500 到 30500 次纵摇角度大于 6° 的概率为多少?

12. 甲、乙两个戏院竞争 1000 名观众，假定每个观众完全随意地选择一个戏院，且观众之间选择戏院是彼此独立的，问每个戏院应该设有多少个座位才能保证因缺少座位而使观众离去的概率小于 1‰？

13. 某车间有 200 台机床独立地工作，每台机床开动时需耗电 5kW。因检修等原因每台机床的开工率仅为 0.6，如果只供给该车间 700kW 的电力，问能以多大的概率保证不因缺电而停工？

第6章 数理统计的基础知识

前 5 章我们论述了概率论的基本知识,从本章开始转入课程的第二部分——数理统计。

数理统计学是一门应用性很强的学科,它是研究怎样以有效的方式收集、整理和分析带有随机性的数据,以概率论作为理论基础,根据这些数据,对所考查的问题做出推断和预测,从而对决策和行动提供依据和建议。

计算机的诞生与发展,为数据处理提供了强有力的技术支持。由于目前国内外著名的统计软件包 SAS,SPSS,STAT 等都可以让你快速、简便地进行数据处理和分析,因此学习数理统计无须把过多的时间花在计算上,可以更有效地把时间用在对基本概念、方法原理的正确理解及培养实际应用能力上。

6.1 总体、样本及统计量

6.1.1 总体和样本

在数理统计中,把研究对象的全体称为**总体**(population),总体中每个成员称为**个体**(unit)。例如,研究某批灯泡的质量,该批灯泡的全体就是总体,其中的每个灯泡为个体;研究某大学全校男生的身高情况,该校全体男生为总体,该校的每名男生为个体。

在实际问题中,我们研究总体并不是笼统地对它本身进行研究,而是研究它的某一个或几个数量指标,因此,也可以把研究对象的某项数量指标的全体看作总体,一般用 X 表示,把每个数值作为个体。为了推断总体分布及其各种特征,一般采用抽样调查的方法,即从总体中随机抽取部分个体,这部分个体称为**样本**(sample),样本中包含个体的数目 n 称为**样本容量**(sample size)。在抽取样本之前,由于获得的个体是随机的,其相应的数量指标也是随机的,因此我们用 n 个随机变量 $X_1, X_2, \cdots, X_n$ 表示容量为 n 的样本,对样本中每个个体进行观察(或试验)的观察值是一实数,于是对 $X_1, X_2, \cdots, X_n$ 观察可得的一组值 $x_1, x_2, \cdots, x_n$,称其为**样本观察值**(或**样本观测值**),简称**样本值**。

事实上,从总体中抽取样本可以有不同的方法。但要利用样本信息推断总体信息,自然希望样本能很好地反映总体的特性。为此要求抽取的样本 $X_1,X_2,\cdots,X_n$ 满足下面两点:

(1) **代表性**:$X_1,X_2,\cdots,X_n$ 中每一个样本与所考查的**总体 X** 同分布;

(2) **独立性**:$X_1,X_2,\cdots,X_n$ 是**相互独立**的随机变量。

以上抽样方法称为"简单随机抽样",由简单随机抽样得到的样本称为**简单随机样本**(simple random sample)。

注 本书以后提到的样本都是简单随机样本。

设总体 X 的分布函数为 $F(x)$,由样本的独立性,则简单随机样本 $X_1,X_2,\cdots,X_n$ 的联合分布函数为

$$F(x_1,x_2,\cdots,x_n) = \prod_{i=1}^{n} F(x_i)。$$

特别地,若总体 X 为离散型随机变量,其分布律为 $P(X=x)=p(x)$,则样本 $X_1,X_2,\cdots,X_n$ 的联合分布律为

$$p(x_1,x_2,\cdots,x_n) = P(X_1=x_1,X_2=x_2,\cdots,X_n=x_n) = \prod_{i=1}^{n} p(x_i)。$$

若总体 X 为连续型随机变量,其概率密度函数为 $f(x)$,则样本 $X_1,X_2,\cdots,X_n$ 的联合概率密度函数为

$$f(x_1,x_2,\cdots,x_n) = \prod_{i=1}^{n} f(x_i)。$$

【**例 1**】 设总体 X 服从两点分布,即 $P(X=1)=p, P(X=0)=1-p$,其中 p 是未知参数,$(X_1,X_2,\cdots,X_5)$ 是来自 X 的简单随机样本。试写出 $(X_1,X_2,\cdots,X_5)$ 的联合概率分布。

解 因 X 的分布律为 $P(X=x)=p^x(1-p)^{1-x}(x=1,0)$,故 $(X_1,X_2,\cdots,X_5)$ 的联合分布律为

$$p(x_1,x_2,\cdots,x_5) = \prod_{i=1}^{5} P(X=x_i) = \prod_{i=1}^{5} p^{x_i}(1-p)^{1-x_i} = p^{\sum_{i=1}^{5} x_i}(1-p)^{5-\sum_{i=1}^{5} x_i}。$$

6.1.2 统计量

定义 1 不含任何未知参数的样本的函数 $g(X_1,X_2,\cdots,X_n)$ 称为**统计量**(statistic),它是完全由样本决定的量。

统计量是在对总体进行分析、估计、推断时,以从总体抽取的样本构造的关于样本的函数。

【**例 2**】 设总体 X 服从正态分布 $N(\mu,\sigma^2)$,其中 μ 已知,σ^2 未知,$X_1,X_2,\cdots,X_n$ 是取自总体 X 的一个样本,试判断下列样本函数中哪些是统计量,哪些不是统计量。

(1) $Y_1 = \frac{1}{n}\sum_{i=1}^{n}(X_i-\mu)^2$; (2) $Y_2 = \frac{1}{\sigma^2}\sum_{i=1}^{n}X_i^2$; (3) $Y_3 = \min\{X_1,X_2,\cdots,X_n\}$。

解 Y_1,Y_3 是统计量;Y_2 中含有未知参数 σ^2,所以 Y_2 不是统计量。

6.1.3 常用的统计量

设 $X_1,X_2,\cdots,X_n$ 是来自总体 X 的一个样本,$x_1,x_2,\cdots,x_n$ 是该样本的观察值,则常用

的统计量有：

样本均值(sample average)　　$\bar{X} = \dfrac{1}{n}\sum\limits_{i=1}^{n} X_i$；

样本方差(sample variance)　　$S^2 = \dfrac{1}{n-1}\sum\limits_{i=1}^{n} (X_i - \bar{X})^2 = \dfrac{1}{n-1}\left(\sum\limits_{i=1}^{n} X_i^2 - n\bar{X}^2\right)$；

样本标准差或**样本均方差**　　$S = \sqrt{\dfrac{1}{n-1}\sum\limits_{i=1}^{n} (X_i - \bar{X})^2}$；

样本 k 阶原点矩　　$A_k = \dfrac{1}{n}\sum\limits_{i=1}^{n} X_i^k \quad (k = 1, 2, \cdots)$；

样本 k 阶中心矩　　$B_k = \dfrac{1}{n}\sum\limits_{i=1}^{n} (X_i - \bar{X})^k \quad (k = 2, 3, \cdots)$。

它们相应的观察值是：

$$\bar{x} = \dfrac{1}{n}\sum_{i=1}^{n} x_i; \quad s^2 = \dfrac{1}{n-1}\sum_{i=1}^{n}(x_i - \bar{x})^2; \quad s = \sqrt{\dfrac{1}{n-1}\sum_{i=1}^{n}(x_i - \bar{x})^2};$$

$$a_k = \dfrac{1}{n}\sum_{i=1}^{n} x_i^k; \quad b_k = \dfrac{1}{n}\sum_{i=1}^{n}(x_i - \bar{x})^2。$$

【例3】 某大学收集 10 名 90 后大学生的某月娱乐支出费用数据（单位：元）如下：
　　　　350,400,410,256,450,120,95,370,365,390。
求该月这 10 名大学生的平均娱乐支出及样本方差和样本标准差。

解　该月这 10 名大学生的平均娱乐支出为

$$\bar{x} = \dfrac{1}{10}\sum_{i=1}^{10} x_i = \dfrac{1}{10}(350 + 400 + 410 + \cdots + 390) = 321.5;$$

样本方差为

$$s^2 = \dfrac{1}{10-1}\sum_{i=1}^{10}(x_i - \bar{x})^2$$

$$= \dfrac{1}{9}[(350 - 321.5)^2 + (400 - 321.5)^2 + \cdots + (390 - 321.5)^2] = 15039.17;$$

样本标准差为 $s = \sqrt{15039.17} \approx 122.63$。

习题 6.1

基础题

1. 设 $X_1, X_2, \cdots, X_n$ 是来自总体 X 的简单随机样本，则 $X_1, X_2, \cdots, X_n$ 必然满足(　　)。

　　A. 独立但不同分布　　　　　　　　B. 同分布但不互相独立
　　C. 独立且同分布　　　　　　　　　D. 既不独立又不同分布

2. 设 $X_1, X_2, \cdots, X_n$ 是总体 X 的样本，X 的期望为 $E(X)$，且 $\bar{X} = \dfrac{1}{n}\sum\limits_{i=1}^{n} X_i$，则有(　　)。

　　A. $\bar{X} = E(\bar{X})$　　　　B. $E(\bar{X}) = E(X)$　　　　C. $\bar{X} = \dfrac{1}{n}E(X)$　　　　D. $\bar{X} \approx E(X)$

3. 设总体 X 服从正态分布 $N(\mu,\sigma^2)$，其中 μ 已知，σ^2 未知，$X_1,X_2,\cdots,X_n$ 是取自总体 X 的一个样本，其中 $\bar{X},S^2$ 分别是样本均值和样本方差。试判断下列样本函数中哪些是统计量，哪些不是统计量。

(1) $\dfrac{X_1-X_2+X_3}{\sqrt{X_4^2+X_5^2+X_6^2}}$；

(2) $\dfrac{\bar{X}-\mu}{S/n}$；

(3) $\dfrac{1}{\sigma^2}\sum\limits_{i=1}^{n}(X_i-\mu)$；

(4) $X_1^2+X_2^2+\cdots+X_n^2$。

4. 随机地从某专业学生中，抽取 10 名学生的数学期末考试成绩（单位：分）如下：
$$91,85,53,60,78,90,82,67,78,80。$$
求 10 名学生数学成绩的样本均值和样本方差的观察值。

5. 设 $X_1,X_2,\cdots,X_n$ 是来自总体 X 的样本，而 $Y_i=\dfrac{X_i-a}{b}(i=1,2,\cdots,n)$，证明：

(1) $\bar{Y}=\dfrac{\bar{X}-a}{b}$，其中 $\bar{Y}$ 是 $Y_1,Y_2,\cdots,Y_n$ 的样本均值；

(2) $S_1^2=b^2 S_2^2$，其中 S_1^2 和 S_2^2 分别是 $X_1,X_2,\cdots,X_n$ 和 $Y_1,Y_2,\cdots,Y_n$ 的样本方差。

提高题

1. 设 $X_1,X_2,\cdots,X_n$ 为来自总体 $N(\mu,\sigma^2)(\sigma<0)$ 的简单随机样本，统计量 $T=\dfrac{1}{n}\sum\limits_{i=1}^{n}X_i^2$，则 $E(T)=$ _____。

2. 设总体 X 服从参数为 $\lambda(\lambda>0)$ 的泊松分布，$X_1,X_2,\cdots,X_n(n\geqslant 2)$ 为来自总体的简单随机样本，则对应的统计量 $T_1=\dfrac{1}{n}\sum\limits_{i=1}^{n}X_i$，$T_2=\dfrac{1}{n-1}\sum\limits_{i=1}^{n-1}X_i+\dfrac{1}{n}x_n$ 有（　　）。

A. $E(T_1)>E(T_2),D(T_1)>D(T_2)$ 　　 B. $E(T_1)>E(T_2),D(T_1)<D(T_2)$

C. $E(T_1)<E(T_2),D(T_1)>D(T_2)$ 　　 D. $E(T_1)<E(T_2),D(T_1)<D(T_2)$

3. 设总体 X 服从参数为 λ 的指数分布，即 $X\sim\text{Exp}(\lambda)$。$X_1,X_2,\cdots,X_n$ 为来自 X 的样本。

(1) 求 $(X_1,X_2,\cdots,X_n)$ 的概率密度函数；

(2) 当 λ 未知时，$\bar{X}+2\lambda,\max\{X_1,X_2,\cdots,X_n\}$ 哪个是统计量？

4. 设 $X_1,X_2,\cdots,X_n$ 是取自总体 X 的样本，且 $E(X)=\mu,D(X)=\sigma^2$，求 $E(\bar{X}),D(\bar{X}),E(S^2)$。

6.2 常用分布与分位点

6.2.1 常用分布

标准正态分布是数理统计中常用的分布之一，除此之外，还有三大重要分布。

1. χ^2 分布

定义 1 设 $X_1, X_2, \cdots, X_n$ 相互独立,且均服从标准正态分布 $N(0,1)$,则称 $\chi^2 = X_1^2 + X_2^2 + \cdots + X_n^2$ 服从自由度为 n 的 χ^2 分布,记为 $\chi^2 \sim \chi^2(n)$。

其概率密度函数为

$$f(x) = \begin{cases} \dfrac{1}{2^{\frac{n}{2}} \Gamma\left(\dfrac{n}{2}\right)} e^{-\frac{x}{2}} x^{\frac{n}{2}-1}, & x > 0, \\ 0, & x \leqslant 0, \end{cases}$$

其中 $\Gamma\left(\dfrac{n}{2}\right)$ 为 Γ 函数,其定义为

$$\Gamma(\alpha) = \int_0^{+\infty} x^{\alpha-1} e^{-x} dx。$$

自由度分别是 $1, 4, 10, 20$ 时对应的 $f(x)$ 图形如图 6-1 所示。

χ^2 分布的性质

(1)(可加性)若 $X \sim \chi^2(n), Y \sim \chi^2(m)$,且 X 与 Y 相互独立,则

$$X + Y \sim \chi^2(n+m)。$$

证明 由 $X \sim \chi^2(n), Y \sim \chi^2(m)$,设 $X = X_1^2 + X_2^2 + \cdots + X_n^2, Y = Y_1^2 + Y_2^2 + \cdots + Y_m^2$,其中 $X_1, X_2, \cdots, X_n$ 和 $Y_1, Y_2, \cdots, Y_m$ 都服从标准正态分布 $N(0,1)$,且相互独立,

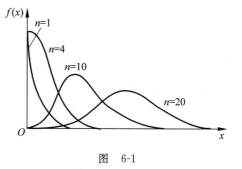

图 6-1

而 X 与 Y 相互独立,因此 $X_1, X_2, \cdots, X_n, Y_1, Y_2, \cdots, Y_m$ 均服从标准正态分布 $N(0,1)$,且相互独立,所以由 χ^2 分布的定义知

$$X + Y = X_1^2 + X_2^2 + \cdots + X_n^2 + Y_1^2 + Y_2^2 + \cdots + Y_m^2 \sim \chi^2(n+m)。$$

(2)若 $X \sim \chi^2(n)$,则 $E(X) = n, D(X) = 2n$。

证明 由 $X \sim \chi^2(n)$ 及 χ^2 分布的定义知 $X = \sum_{i=1}^{n} X_i^2$,其中 $X_1, X_2, \cdots, X_n$ 相互独立,且均服从标准正态分布 $N(0,1)$,所以

$$E(X_i^2) = D(X_i) + [E(X_i)]^2 = 1。$$

从而

$$E(X_i^4) = \int_{-\infty}^{+\infty} x^4 \frac{1}{\sqrt{2\pi}} e^{-\frac{x^2}{2}} dx = -\int_{-\infty}^{+\infty} x^3 \frac{1}{\sqrt{2\pi}} de^{-\frac{x^2}{2}}$$

$$= -\frac{1}{\sqrt{2\pi}} x^3 e^{-\frac{x^2}{2}} \Big|_{-\infty}^{+\infty} + 3\int_{-\infty}^{+\infty} x^2 \frac{1}{\sqrt{2\pi}} e^{-\frac{x^2}{2}} dx = 3E(X_i^2) = 3,$$

$$D(X_i^2) = E(X_i^4) - [E(X_i^2)]^2 = 3 - 1 = 2。$$

于是 $E(X) = \sum_{i=1}^{n} E(X_i^2) = n, D(X) = \sum_{i=1}^{n} D(X_i^2) = \sum_{i=1}^{n} 2 = 2n$。

【例 1】 设总体 X 服从正态分布 $N(0, 2^2)$,而 $X_1, X_2, \cdots, X_n$ 是来自总体 X 的简单随

机样本,试问:随机变量 $Y=\frac{1}{4}(X_1^2+X_2^2+\cdots+X_{10}^2)$ 服从什么分布?

解 因为总体 $X\sim N(0,2^2)$,所以 $X_i\sim N(0,2^2)$,从而 $\frac{X_i}{2}\sim N(0,1)$。

由 χ^2 分布的定义得 $Y=\frac{1}{4}(X_1^2+X_2^2+\cdots+X_{10}^2)=\sum_{i=1}^{10}\left(\frac{X_i}{2}\right)^2\sim\chi^2(10)$。

2. t 分布

定义 2 设 $X\sim N(0,1),Y\sim\chi^2(n)$,且 X 与 Y 相互独立,则称 $t=\dfrac{X}{\sqrt{Y/n}}$ 服从自由度为 n 的 t 分布(或学生氏分布),记为 $t\sim t(n)$,其概率密度函数为

$$f(x)=\frac{\Gamma\left(\frac{n+1}{2}\right)}{\sqrt{n\pi}\,\Gamma\left(\frac{n}{2}\right)}\left(1+\frac{x^2}{n}\right)^{-\frac{n+1}{2}}\quad(-\infty<x<+\infty)。$$

图 6-2 是自由度分别是 $1,2,5,\infty$ 时对应的 $f(x)$ 图形。

从 t 分布和标准正态分布的形态上看,其概率密度函数曲线的形状很相像,都是偶函数,且当 $n\to\infty$ 时 $t(n)\to N(0,1)$。

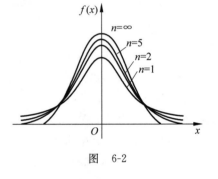

图 6-2

【例 2】 设总体 $X\sim N(0,1),X_1,X_2,\cdots,X_n$ 是简单随机样本,试问:统计量 $\dfrac{X_1-X_2+X_3}{\sqrt{X_4^2+X_5^2+X_6^2}}$ 服从什么分布?

解 由 $X\sim N(0,1)$ 得 $X_1-X_2+X_3\sim N(0,3)$,即 $\dfrac{X_1-X_2+X_3}{\sqrt{3}}\sim N(0,1)$。

由 χ^2 分布的定义知 $X_4^2+X_5^2+X_6^2\sim\chi^2(3)$。

又因为 $X_1-X_2+X_3$ 与 $X_4^2+X_5^2+X_6^2$ 相互独立,所以由 t 分布的定义得

$$\frac{X_1-X_2+X_3}{\sqrt{X_4^2+X_5^2+X_6^2}}=\frac{(X_1-X_2+X_3)/\sqrt{3}}{\sqrt{(X_4^2+X_5^2+X_6^2)/3}}\sim t(3)。$$

3. F 分布

定义 3 设 $X\sim\chi^2(n_1),Y\sim\chi^2(n_2)$,且 X 与 Y 相互独立,则称

$$F=\frac{X/n_1}{Y/n_2}$$

服从自由度为 n_1,n_2 的 F 分布,记为 $F\sim F(n_1,n_2)$,其概率密度函数为

$$f(x)=\begin{cases}\dfrac{\Gamma\left(\frac{n_1+n_2}{2}\right)}{\Gamma\left(\frac{n_1}{2}\right)\Gamma\left(\frac{n_2}{2}\right)}\left(\dfrac{n_1}{n_2}\right)^{\frac{n_1}{2}}x^{\frac{n_1}{2}-1}\left(1+\dfrac{n_1}{n_2}x\right)^{-\frac{n_1+n_2}{2}},&x>0\\0,&x\leqslant 0\end{cases}$$

图 6-3 是不同自由度对应的 $f(x)$ 的图形。

F 分布的性质

(1) 若 $X \sim F(n_1, n_2)$,则 $\frac{1}{X} \sim F(n_2, n_1)$;

(2) 若 $t \sim t(n)$,则 $t^2 \sim F(1, n)$。

证明留给读者。

【**例 3**】 设总体 $X \sim N(0, 9)$,$X_1, X_2, \cdots, X_n$ 是简单随机样本,试问当 a 取何值时,统计量 $\frac{a(X_1^2 + X_2^2 + X_3^2)}{X_4^2 + X_5^2}$ 服从 F 分布。

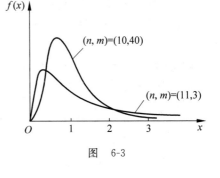

图 6-3

解 因为 $X \sim N(0, 9)$,所以 $X_i \sim N(0, 9)$,即 $\frac{X_i}{3} \sim N(0, 1)$。于是有

$$\frac{1}{9}(X_1^2 + X_2^2 + X_3^2) \sim \chi^2(3), \quad \frac{1}{9}(X_4^2 + X_5^2) \sim \chi^2(2),$$

且二者相互独立。

由 F 分布的定义得

$$\frac{\frac{1}{9}(X_1^2 + X_2^2 + X_3^2)/3}{\frac{1}{9}(X_4^2 + X_5^2)/2} = \frac{2(X_1^2 + X_2^2 + X_3^2)}{3(X_4^2 + X_5^2)} \sim F(3, 2)。$$

所以,当 $a = \frac{2}{3}$ 时,统计量 $\frac{a(X_1^2 + X_2^2 + X_3^2)}{X_4^2 + X_5^2}$ 服从 $F(3, 2)$ 分布。

从 F 分布和 χ^2 分布的形态上看,其概率密度函数曲线的形状很相像。

6.2.2 四种常见分布的上 α 分位点

分位点是数理统计中的一个重要概念,在假设检验、区间估计及方差分析和回归分析等统计推断中有重要的作用。

下面给出四种常见分布的上 α 分位点的表达形式。

1. 标准正态分布的上 α 分位点

设 $X \sim N(0, 1)$,对于给定的 $\alpha(0 < \alpha < 1)$,若满足 $P(X > u_\alpha) = \alpha$,则称 u_α 为标准正态分布的上 α 分位点,如图 6-4 所示。由于标准正态分布的概率密度函数为偶函数,所以 $u_{1-\alpha} = -u_\alpha$。

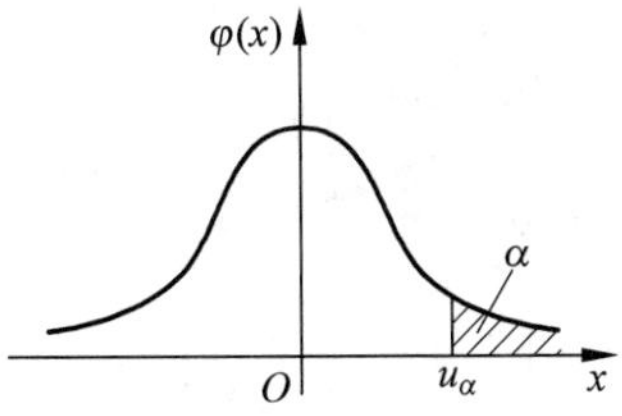

图 6-4

【**例 4**】 给定 $\alpha = 0.05$ 和 $\alpha = 0.025$,分别查表求 u_α,$u_{1-\alpha}$。

解 由 $P(X > u_{0.05}) = 0.05$ 得 $P(X \leq u_{0.05}) = \Phi(u_{0.05}) = 0.95$。

反查附表 2 得 $u_{0.05} = 1.645$。又由 $u_{1-\alpha} = -u_\alpha$ 得 $u_{0.95} = -1.645$。

同理可查得 $u_{0.025} = 1.96$,$u_{0.975} = -1.96$。

2. χ^2 分布的上 α 分位点

设 $\chi^2 \sim \chi^2(n)$，对于给定的 $\alpha(0<\alpha<1)$，若满足 $P(\chi^2 > \chi_\alpha^2(n)) = \alpha$，则称 $\chi_\alpha^2(n)$ 为 χ^2 分布的上 α 分位点，如图 6-5 所示。

【例 5】 给定 $\alpha = 0.05$ 和 $\alpha = 0.025$，分别查表求 $\chi_\alpha^2(15), \chi_{1-\alpha}^2(15)$。

解 对 $\alpha=0.05$，自由度 $n=15$，查附表 3，得 $\chi_{0.05}^2(15) = 24.996, \chi_{0.95}^2(15) = 7.261$。

对 $\alpha=0.025$，自由度 $n=15$，查附表 3，得 $\chi_{0.025}^2(15) = 27.488, \chi_{0.975}^2(15) = 6.262$。

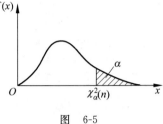

图 6-5

注 (1) 当 $n \leqslant 45$ 时，可查附表 3 求得 $\chi_\alpha^2(n)$；

(2) 当 $n > 45$ 时，$\chi_\alpha^2(n) \approx \frac{1}{2}(u_\alpha + \sqrt{2n-1})^2$，其中 u_α 为标准正态分布的上 α 分位点。

3. t 分布的上 α 分位点

设 $t \sim t(n)$，对于给定的 α，若满足 $P(t > t_\alpha(n)) = \alpha$，则称 $t_\alpha(n)$ 为 t 分布的上 α 分位点，如图 6-6 所示。由于 t 分布的概率密度函数为偶函数，所以 $t_{1-\alpha}(n) = -t_\alpha(n)$。

【例 6】 给定 $\alpha = 0.05$ 和 $\alpha = 0.025$，分别查表求 $t_\alpha(10), t_{1-\alpha}(10)$。

解 对 $\alpha = 0.05$，自由度 $n=10$，查附表 4，得 $t_{0.05}(10) = 1.8125, t_{1-0.05}(10) = -t_{0.05}(10) = -1.8125$。

同理可直接查表得 $t_{0.025}(10) = 2.2281, t_{0.975}(10) = -2.2281$。

注 当 $n > 45$ 时，$t_\alpha(n) \approx u_\alpha$，其中 u_α 为标准正态分布的上 α 分位点。

4. F 分布的上 α 分位点

设 $F \sim F(n_1, n_2)$，对于给定的 $\alpha(0<\alpha<1)$，若满足 $P(F > F_\alpha(n_1, n_2)) = \alpha$，则称 $F_\alpha(n_1, n_2)$ 为随机变量 F 的上 α 分位点，如图 6-7 所示。

可以证明 $F_\alpha(n_1, n_2) = \dfrac{1}{F_{1-\alpha}(n_2, n_1)}$。此式常用来求 F 分布表中没有列出的某些上 α 分位点。

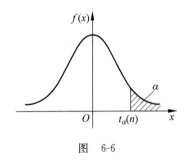

图 6-6

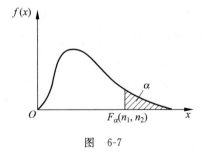

图 6-7

【例 7】 给定 $\alpha = 0.05$ 和 $\alpha = 0.025$，分别查表求 $F_\alpha(10, 20), F_{1-\alpha}(10, 20)$。

解 对 $\alpha = 0.05$，自由度 $n_1=10, n_2=20$，查附表 5，得 $F_{0.05}(10, 20) = 2.35$。

由 $F_\alpha(n_1, n_2) = \dfrac{1}{F_{1-\alpha}(n_2, n_1)}$ 得 $F_{0.95}(10, 20) = \dfrac{1}{F_{0.05}(20, 10)} = \dfrac{1}{2.77} = 0.3610$。

同理可得 $F_{0.025}(10,20)=2.77, F_{0.975}(10,20)=\dfrac{1}{F_{0.025}(20,10)}=\dfrac{1}{3.42}=0.2924$。

习题 6.2

基础题

1. 设随机变量 X 和 Y 都服从标准正态分布，则( )。

   A. $X+Y$ 服从正态分布 　　　　　B. X^2+Y^2 服从 χ^2 分布

   C. X^2 和 Y^2 都服从 χ^2 分布 　　D. X^2/Y^2 服从 F 分布

2. 设随机变量 T 服从 $t(n)$，则 T^2 的分布是( )。

   A. $\chi^2(n)$ 　　　B. $t^2(n)$ 　　　C. $F(1,n)$ 　　　D. $\chi(n)$

3. 设随机变量 $X\sim N(0,1), Y\sim N(0,2)$，并且相互独立，则( )。

   A. $\dfrac{1}{3}X^2+\dfrac{2}{3}Y^2$ 服从 χ^2 分布 　　B. $\dfrac{1}{2}X^2+\dfrac{1}{2}Y^2$ 服从 χ^2 分布

   C. $\dfrac{1}{3}(X+Y)^2$ 服从 χ^2 分布 　　D. $\dfrac{1}{2}(X+Y)^2$ 服从 χ^2 分布

4. 设总体 $X\sim N(0,1), X_1,X_2,\cdots,X_6$ 为来自 X 的样本。令 $Y=(X_1+X_2+X_3)^2+(X_4+X_5+X_6)^2$，试确定常数 c，使 cY 服从 χ^2 分布。

5. 设 $X_1,X_2,\cdots,X_8$ 是总体 $X\sim N(0,0.3^2)$ 的简单随机样本，求 $P\left(\sum_{i=1}^{8}X_i^2\geqslant 1.80\right)$。

6. 设随机变量 X 和 Y 相互独立且都服从正态分布 $N(0,3^2)$，而 $X_1,X_2,\cdots,X_9$ 和 $Y_1,Y_2,\cdots,Y_9$ 是分别来自总体 X 和 Y 的简单随机样本，则统计量 $U=\dfrac{X_1+X_2+\cdots+X_9}{\sqrt{Y_1^2+Y_2^2+\cdots+Y_9^2}}$ 服从 _____ 分布，参数为 _____。

7. 设总体 X 服从正态分布 $N(0,2^2)$，而 $X_1,X_2,\cdots,X_{15}$ 是来自总体 X 的简单随机样本，则随机变量 $Y=\dfrac{X_1^2+X_2^2+\cdots+X_{10}^2}{2(X_{11}^2+X_{12}^2+\cdots+X_{15}^2)}$ 服从 _____ 分布，参数为 _____。

8. 查表求值：(1) $\chi^2_{0.01}(10), \chi^2_{0.9}(15)$；(2) $t_{0.01}(10), t_{0.1}(15)$；(3) $F_{0.01}(10,9), F_{0.9}(12,8)$。

提高题

1. 设总体 $X\sim N(0,2^2), X_1,X_2,\cdots,X_9$ 为来自 X 的样本。令
$$Y=a(X_1+X_2)^2+b(X_3+X_4+X_5)^2+c(X_6+X_7+X_8+X_9)^2,$$
求系数 a,b,c 使 Y 服从 χ^2 分布，并求其自由度。

2. 设 X_1,X_2,X_3,X_4 为来自总体 $N(1,\sigma^2)(\sigma>0)$ 的简单随机样本，则统计量 $\dfrac{X_1-X_2}{|X_3+X_4-2|}$ 的分布为( )。

3. 设 $X_1,X_2,\cdots,X_n(n\geqslant 2)$ 是来自总体 $N(\mu,1)$ 的简单随机样本，记 $\overline{X}=\dfrac{1}{n}\sum_{i=1}^{n}X_i$，则下列结论中不正确的是( )。

A. $\sum_{i=1}^{n}(X_i-\mu)^2$ 服从 χ^2 分布   B. $2(X_n-X_1)^2$ 服从 χ^2 分布

C. $\sum_{i=1}^{n}(X_i-\overline{X})^2$ 服从 χ^2 分布   D. $n(\overline{X}-\mu)^2$ 服从 χ^2 分布

4. 设随机变量 X 服从正态分布 $N(0,1)$,对给定的 $\alpha\in(0,1)$,数 u_α 满足 $P(X>u_\alpha)=\alpha$,若 $P(|X|<x)=\alpha$,则 x 等于(　　)。

　　A. $u_{\alpha/2}$　　　　B. $u_{1-\alpha/2}$　　　　C. $u_{(1-\alpha)/2}$　　　　D. $u_{1-\alpha}$

5. 设随机变量 X 服从 $F(n,n)$,求证 $P(X\leqslant 1)=P(X\geqslant 1)=0.5$。

6.3　正态总体的抽样分布

在实际问题中,用正态随机变量描述随机现象是比较普遍的,因此,正态分布是概率论中最常见的也是最重要的一种分布。若总体 X 服从正态分布,则称之为正态总体。来自正态总体的样本统计量的分布称为抽样分布。正态总体的抽样分布是研究最多同时也是应用最广泛的一部分,是数理统计中进行统计分析推断的最重要工具之一。

本节我们将给出数理统计中非常有用的正态总体的抽样分布。

定理1(单个正态总体的抽样分布)　设 $X_1,X_2,\cdots,X_n$ 是取自正态总体 $X\sim N(\mu,\sigma^2)$ 的样本,$\overline{X}$ 和 S^2 分别为样本均值和样本方差,则有:

(1) $\dfrac{\overline{X}-\mu}{\sigma/\sqrt{n}}\sim N(0,1)$;　　　　　　　　　　　　　　　　　　　　　　　　　　(6.1)

(2) $\dfrac{(n-1)S^2}{\sigma^2}\sim\chi^2(n-1)$,且 $\overline{X}$ 和 S^2 相互独立;　　　　　　　　　　　(6.2)

(3) $\dfrac{\overline{X}-\mu}{S/\sqrt{n}}\sim t(n-1)$。　　　　　　　　　　　　　　　　　　　　　　　　　　(6.3)

证明　只证(1)和(3)。(2)的证明超出本书的范围,略去。

(1) 因为 $X_1,X_2,\cdots,X_n$ 是取自正态总体 $X\sim N(\mu,\sigma^2)$ 的样本,所以 $X_1,X_2,\cdots,X_n$ 相互独立且都服从正态分布 $N(\mu,\sigma^2)$。

又由正态总体的可加性有 $\overline{X}=\dfrac{1}{n}\sum_{i=1}^{n}X_i$ 也服从正态分布,且

$$E(\overline{X})=E\left(\dfrac{1}{n}\sum_{i=1}^{n}X_i\right)=\mu,\quad D(\overline{X})=D\left(\dfrac{1}{n}\sum_{i=1}^{n}X_i\right)=\dfrac{\sigma^2}{n}。$$

于是 $\overline{X}\sim N\left(\mu,\dfrac{\sigma^2}{n}\right)$,利用正态分布的标准化即得 $\dfrac{\overline{X}-\mu}{\sigma/\sqrt{n}}\sim N(0,1)$。

(3) 由(2)知 $\overline{X}$ 和 S^2 相互独立,得 $\dfrac{\overline{X}-\mu}{\sigma/\sqrt{n}}$ 与 $\dfrac{(n-1)S^2}{\sigma^2}$ 也相互独立。再由 t 分布的定义

得 $\dfrac{\dfrac{\overline{X}-\mu}{\sigma/\sqrt{n}}}{\sqrt{\dfrac{(n-1)S^2}{\sigma^2}\Big/(n-1)}}=\dfrac{\overline{X}-\mu}{S/\sqrt{n}}\sim t(n-1)$。

【例 1】 设 $X_1, X_2, \cdots, X_{16}$ 是取自正态总体 $N(\mu, \sigma^2)$ 的样本,经计算得 $s^2 = 20.8$。
(1)当 $\sigma^2 = 9$ 时,求 $P(|\overline{X} - \mu| < 2)$;(2)当 σ^2 未知时,求 $P(|\overline{X} - \mu| < 2)$。

解 (1) 当 $\sigma^2 = 9$ 时,因为 $X \sim N(\mu, \sigma^2)$,所以 $\dfrac{\overline{X} - \mu}{\sigma/\sqrt{n}} \sim N(0, 1)$,于是

$$P(|\overline{X} - \mu| < 2) = P\left(\dfrac{|\overline{X} - \mu|}{3/4} < \dfrac{2}{3/4}\right) \approx 2\Phi(2.67) - 1 = 2 \times 0.9962 - 1 = 0.9924。$$

(2) 当 σ^2 未知时,$\dfrac{\overline{X} - \mu}{S/\sqrt{n}} \sim t(n-1)$,于是

$$P(|\overline{X} - \mu| < 2) = P\left(\dfrac{|\overline{X} - \mu|}{\sqrt{20.8}/4} < \dfrac{2}{\sqrt{20.8}/4}\right) \approx P\left(\dfrac{|\overline{X} - \mu|}{\sqrt{20.8}/4} < 1.754\right)。$$

查附表 4 得 $t_{0.05}(15) = 1.753$,即 $P(t > 1.753) = 0.05$,由此可得

$$P(|\overline{X} - \mu| < 2) \approx 1 - 2 \times 0.05 = 0.90。$$

定理 2(两个正态总体的抽样分布) 设 $X \sim N(\mu_1, \sigma_1^2)$,$Y \sim N(\mu_2, \sigma_2^2)$,且 X 与 Y 独立,$X_1, X_2, \cdots, X_{n_1}$ 是取自 X 的样本,$Y_1, Y_2, \cdots, Y_{n_2}$ 是取自 Y 的样本,$\overline{X}$ 和 $\overline{Y}$ 分别是这两个样本的样本均值,S_1^2 和 S_2^2 分别是这两个样本的样本方差,则有

(1) 当 σ_1^2, σ_2^2 已知时

$$\dfrac{\overline{X} - \overline{Y} - (\mu_1 - \mu_2)}{\sqrt{\dfrac{\sigma_1^2}{n_1} + \dfrac{\sigma_2^2}{n_2}}} \sim N(0, 1), \tag{6.4}$$

(2) 当 $\sigma_1^2 = \sigma_2^2 = \sigma^2$ 且未知时

$$\dfrac{(\overline{X} - \overline{Y}) - (\mu_1 - \mu_2)}{S_w \sqrt{\dfrac{1}{n_1} + \dfrac{1}{n_2}}} \sim t(n_1 + n_2 - 2), \tag{6.5}$$

其中 $S_w = \sqrt{\dfrac{(n_1 - 1)S_1^2 + (n_2 - 1)S_2^2}{n_1 + n_2 - 2}}$;

(3) $\dfrac{S_1^2/\sigma_1^2}{S_2^2/\sigma_2^2} \sim F(n_1 - 1, n_2 - 1)。 \tag{6.6}$

【例 2】 设总体 $X \sim N(20, 5^2)$,总体 $Y \sim N(10, 2^2)$,从总体 X 中抽取容量为 $n_1 = 10$ 的样本,样本均值为 $\overline{X}$,从总体 Y 中抽取容量为 $n_2 = 8$ 的样本,样本均值为 $\overline{Y}$,假设这两个样本是各自独立抽取的,求 $\overline{X} - \overline{Y}$ 大于 6 的概率。

解 根据(6.4)式得 $\dfrac{\overline{X} - \overline{Y} - (20 - 10)}{\sqrt{\dfrac{5^2}{10} + \dfrac{2^2}{8}}} = \dfrac{\overline{X} - \overline{Y} - 10}{\sqrt{3}} \sim N(0, 1)$,因此,所求概率为

$$P(\overline{X} - \overline{Y} > 6) = P\left(\dfrac{\overline{X} - \overline{Y} - 10}{\sqrt{3}} > \dfrac{6 - 10}{\sqrt{3}}\right) = P\left(\dfrac{\overline{X} - \overline{Y} - 10}{\sqrt{3}} > -2.31\right)$$
$$= 1 - \Phi(-2.31) = \Phi(2.31) = 0.9896。$$

习题 6.3

基础题

1. 在总体 $N(\mu, 20^2)$ 中,随机抽取容量为 100 的样本,求样本均值与总体均值差的绝对值大于 3 的概率。

2. 在总体 $N(52, 6.3^2)$ 中随机抽取一个容量为 36 的样本,求 $\overline{X}$ 落在 50.8 到 53.8 之间的概率。

3. 在天平上重复称量一重为 a 的物品,假设各次称量的结果相互独立且都服从正态分布 $N(a, 0.2^2)$。若以 $\overline{X}$ 表示 n 次称量结果的算术平均值,则为使 $P(|\overline{X}-a|<0.1) \geqslant 0.95$,应取最小的自然数 n 为多少?

4. 设有来自总体 $X \sim N(20, 3)$,容量分别为 10,15 的两个相互独立的样本,求两样本均值之差的绝对值大于 0.3 的概率。

5. 设 $X_1, X_2, \cdots, X_n, X_{n+1}$ 为来自总体 $N(\mu, \sigma^2)$ 的一个简单随机样本。记 $\overline{X} = \frac{1}{n}\sum_{i=1}^{n}X_i, S^2 = \frac{1}{n-1}\sum_{i=1}^{n}(X_i-\overline{X})^2$,问 $T = \sqrt{\frac{n}{n+1}}\frac{X_{n+1}-\overline{X}}{S}$ 服从什么分布。

提高题

1. 某公司瓶装洗洁精,规定每瓶装 500mL,但是在实际灌装的过程中,总会出现一定的误差,误差要求控制在一定范围内,假定灌装量的方差 $\sigma^2 = 1$,如果每箱装 25 瓶这样的洗洁精,(1)试问 25 瓶洗洁精的平均灌装量与标准值 500mL 相差不超过 0.3mL 的概率是多少;(2)就上述问题,如假设装 n 瓶洗洁精,若想要这 n 瓶洗洁精的平均灌装量与标准值相差不超过 0.3mL 的概率不低于 95%,试问 n 至少等于多少。

2. 设总体 $X \sim N(\mu_1, \sigma^2), Y \sim N(\mu_2, \sigma^2)$,从这两个总体中分别抽样,测得如下数据: $n_1=7, \bar{x}=54, s_1^2=116.7; n_2=7, \bar{y}=42, s_2^2=85.7$,求概率 $P(0.8<\mu_1-\mu_2<7.5)$。

总复习题 6

1. 样本 $(X_1, X_2, \cdots, X_n)$ 的函数 $f(X_1, X_2, \cdots, X_n)$ 称为_____,其中 $f(X_1, X_2, \cdots, X_n)$ 不含未知参数.

2. 设总体 X 服从正态分布 $N(\mu, \sigma^2)$,其中 μ 已知,σ^2 未知,X_1, X_2, X_3 是取自总体的一个样本,则下列不是统计量的是(   )。

    A. $\frac{1}{3}(X_1+X_2+X_3)$ B. $X_1+2\mu$

    C. $\frac{X_1}{\sqrt{X_2^2+X_3^2}}$ D. $\frac{1}{\sigma^2}(X_1^2+X_2^2+X_3^2)$

3. 设 $X_1, X_2, \cdots, X_k$ 都服从 $N(0, 4)$,$Y_1, Y_2, \cdots, Y_l$ 都服从 $N(0, 9)$,且 $X_1, X_2, \cdots, X_k, Y_1, Y_2, \cdots, Y_l$ 相互独立,要使统计量 $\frac{1}{a}\sum_{i=1}^{k}X_i^2$ 和 $\frac{1}{b}\sum_{i=1}^{l}Y_i^2$ 服从相同的 χ^2 分布,a, b, k, l 应满

足条件(　　)。

    A. $a=2, b=3, k=l$　　　　　　　　B. $a=2, b=3, 9k=4l$

    C. $a=4, b=9, k=l$　　　　　　　　D. $a=4, b=9, 9k=4l$

4. 设总体 $X \sim N(1,9)$, X_1, X_2, X_3 是来自 X 的容量为 3 的样本, 其中 S^2 为样本方差, 求:

    (1) $E(X_1^2 X_2^2 X_3^2)$;　　　　(2) $D(X_1 X_2 X_3)$;　　　　(3) $E(S^2)$。

5. 设 X_1, X_2, X_3, X_4 为来自总体 $N(0, 2^2)$ 的一个样本, $X = a(X_1 + 2X_2)^2 + b(3X_3 - 4X_4)^2$, 试问当 a, b 取何值时可使 X 服从 χ^2 分布, 并求其自由度。

6. 设 $X_1, X_2, \cdots, X_n$ 是取自正态总体 $X \sim N(\mu, \sigma^2)$ 的样本, $Y_1 = \frac{1}{6}(X_1 + X_2 + \cdots + X_6)$, $Y_2 = \frac{1}{3}(X_7 + X_8 + X_9)$, $S^2 = \frac{1}{2}\sum_{i=7}^{9}(X_i - Y_2)^2$, $Z = \frac{\sqrt{2}(Y_1 - Y_2)}{S}$, 证明: $Z \sim t(2)$。

7. 设 $X_1, X_2, \cdots, X_{20}$ 相互独立, 且具有相同分布 $N(0,1)$。指出 $X = \frac{2}{3} \cdot \frac{\sum_{i=1}^{12} X_i^2}{\sum_{i=13}^{20} X_i^2}$ 服从什么分布, 并求: (1) α, 使 $P(X > \alpha) = 0.10$; (2) β, 使 $P(X > 3.28) = \beta$。

8. 设总体 X 的概率密度函数为 $f(x) = \begin{cases} |x|, & |x| < 1, \\ 0, & 其他, \end{cases}$ $X_1, X_2, \cdots, X_{50}$ 为取自总体 X 的一个样本, 试求: (1) $\overline{X}$ 的数学期望和方差; (2) S^2 的数学期望; (3) $P(|\overline{X}| > 0.02)$。

9. 在总体 $X \sim N(7.6, 4)$ 中随机抽取容量为 n 的样本, 如果样本均值 $\overline{X}$ 落在 $(5.6, 9.6)$ 内的概率不小于 0.95, 则 n 至少为多少?

10. 设总体 X 服从正态分布 $N(12, 4)$, 今抽取一个容量为 5 的样本: $X_1, X_2, \cdots, X_5$。
(1) 求 $P(\min\{X_1, X_2, \cdots, X_5\} < 10)$; (2) 求 $P(\max\{X_1, X_2, \cdots, X_5\} > 15)$; (3) 如果要求 $P(11 < \overline{X} < 13) \geq 0.95$, 则样本容量 n 至少应取多少?

11. 设在总体 $N(\mu, \sigma^2)$ 中抽取一容量为 16 的样本。这里 μ, σ^2 均未知。求:

    (1) $P\left(\frac{S^2}{\sigma^2} \leq 2.041\right)$, 其中 S^2 为样本方差; 　　(2) $D(S^2)$。

12. 从同一正态总体中随机抽取两个样本, 第一个样本的容量为 36, 要使第二个样本平均值的标准差为第一个样本平均值的标准差的 $\frac{2}{3}$, 样本容量应取多大?

13. 设 $X_1, X_2, \cdots, X_n$ 和 $Y_1, Y_2, \cdots, Y_n$ 为正态总体 $N(\mu, \sigma^2)$ 的两个样本, 试确定 n 使 $P(|\overline{X} - \overline{Y}| > \sigma) = 0.01$, 这里 $\overline{X}, \overline{Y}$ 为两样本均值。

14. 设总体 X 服从 $N(\mu, 3)$, Y 服从 $N(\mu, 5)$, 从中分别抽取 $n_1 = 10, n_2 = 15$ 的两个独立样本, 求两个样本方差之比 $\frac{S_1^2}{S_2^2}$ 大于 1.272 的概率。

第 7 章 参数估计

在很多实际问题中,我们往往知道总体的分布类型,但不知道分布中某些参数,但可以根据样本,构造适当的关于样本的函数,即统计量来估计这些未知的参数。利用样本估计总体中未知参数的问题称为**参数估计**(parameter estimation)。本章讨论总体参数的点估计和区间估计。

7.1 点估计

设 θ 是总体 X 分布中的未知参数,$X_1,X_2,\cdots,X_n$ 是来自总体 X 的样本,根据样本所提供的信息,构造统计量 $\hat{\theta}(X_1,X_2,\cdots,X_n)$ 作为未知参数 θ 的估计量;当样本观测值为 $x_1,x_2,\cdots,x_n$ 时,用 $\hat{\theta}(x_1,x_2,\cdots,x_n)$ 作为总体分布中未知参数 θ 的估计值。上述方法称为参数的**点估计**(point estimation)。点估计有两种常用的方法:矩法估计和最大似然估计。

7.1.1 矩法估计

矩法估计(method of moment estimation)是由英国统计学家卡尔·皮尔逊(Karl. Pearson,1857—1936)于 1894 年提出的求参数点估计的方法。设 $X_1,X_2,\cdots,X_n$ 是来自总体 X 的样本,用样本 k 阶原点矩 $A_k = \frac{1}{n}\sum_{i=1}^{n}X_i^k$ 来估计总体的 k 阶原点矩 μ_k,即 $\mu_k = E(X^k) = A_k = \frac{1}{n}\sum_{i=1}^{n}X_i^k$,这就是矩法估计的基本原理,条件是总体 k 阶原点矩要存在。

设总体的分布中有 k 个未知参数 $\theta_1,\theta_2,\cdots,\theta_k$,根据矩法估计的基本原理,可建立如下的方程组

$$\begin{cases} \mu_1 = E(X) = A_1 = \dfrac{1}{n}\sum_{i=1}^{n} X_i, \\ \mu_2 = E(X^2) = A_2 = \dfrac{1}{n}\sum_{i=1}^{n} X_i^2, \\ \quad\vdots \\ \mu_k = E(X^k) = A_k = \dfrac{1}{n}\sum_{i=1}^{n} X_i^k \end{cases}$$

这是一个包含 k 个未知参数 $\theta_1,\theta_2,\cdots,\theta_k$ 的联立方程组,我们可从中解出 $\theta_1,\theta_2,\cdots,\theta_k$,所得表达式 $\hat{\theta}_i=\theta_i(X_1,X_2,\cdots,X_k)(i=1,2,\cdots,k)$ 分别作为 θ_i 的矩估计量,相应的估计值 $\hat{\theta}_i=\theta_i(x_1,x_2,\cdots,x_k)$ 称为 θ_i 的矩估计值。

注 方程的个数由未知参数的个数确定。

【例 1】 设总体 $X\sim P(\lambda)$,其中 λ 未知,$X_1,X_2,\cdots,X_n$ 是来自总体的样本,求 λ 的矩估计量。

解 由 $X\sim P(\lambda)$,得总体的一阶原点矩为 $\mu_1=E(X)=\lambda$,而样本的一阶原点矩为 $A_1=\overline{X}$,根据矩法估计的原理,令 $\mu_1=E(X)=\lambda=A_1=\overline{X}$,解得 $\hat{\lambda}=\overline{X}$,即 λ 的矩估计量为 $\overline{X}$。

【例 2】 设总体 X 的概率分布为

X	0	1	2	3
p_k	θ^2	$2\theta(1-\theta)$	θ^2	$1-2\theta$

其中 $\theta\left(0<\theta<\dfrac{1}{2}\right)$ 为未知参数,利用总体 X 的如下样本值:

$$3\quad 1\quad 3\quad 0\quad 3\quad 1\quad 2\quad 3$$

求未知参数 θ 的矩估计值。

解 总体的一阶原点矩为
$$\mu_1=E(X)=0\cdot\theta^2+1\cdot 2\theta(1-\theta)+2\cdot\theta^2+3\cdot(1-2\theta)=3-4\theta。$$
根据矩法估计的原理,令 $\mu_1=E(X)=A_1=\overline{X}$,即 $3-4\theta=\overline{X}$,解得参数 θ 的矩估计量 $\hat{\theta}=\dfrac{3-\overline{X}}{4}$。

因为 $\bar{x}=\dfrac{1}{8}\times(3+1+3+0+3+1+2+3)=2$,所以参数 θ 的矩估计值 $\hat{\theta}=\dfrac{3-\bar{x}}{4}=\dfrac{1}{4}$。

【例 3】 设总体 X 的概率密度函数为
$$f(x;\theta)=\begin{cases} \dfrac{2(\theta-x)}{\theta^2}, & 0<x<\theta, \\ 0, & \text{其他}, \end{cases}$$

其中 θ 是未知参数,而 $X_1,X_2,\cdots,X_n$ 是来自总体 X 的简单随机样本,求未知参数 θ 的矩估计量。

解 因为总体的一阶原点矩为
$$\mu_1=E(X)=\int_0^\theta x\,\dfrac{2(\theta-x)}{\theta^2}\mathrm{d}x=\dfrac{2}{\theta^2}\left[\int_0^\theta \theta x\,\mathrm{d}x-\int_0^\theta x^2\,\mathrm{d}x\right]=\dfrac{\theta}{3}。$$

令 $\mu_1 = E(X) = A_1 = \overline{X}$,即 $\dfrac{\theta}{3} = \overline{X}$,所以参数 θ 的矩估计量为 $\hat{\theta} = 3\overline{X}$。

【例 4】 设总体 X 的均值 μ 和方差 σ^2 都存在,但 μ 和 σ^2 均未知。又设 $X_1, X_2, \cdots, X_n$ 是来自总体的样本,求 μ 和 σ^2 的矩估计量。

解 总体的一阶和二阶原点矩分别为
$$\mu_1 = E(X) = \mu, \quad \mu_2 = E(X^2) = [E(X)]^2 + D(X) = \mu^2 + \sigma^2。$$

根据矩法估计的原理,令
$$\begin{cases} \mu_1 = A_1, \\ \mu_2 = A_2, \end{cases} \quad \text{即} \quad \begin{cases} \mu = \overline{X}, \\ \mu^2 + \sigma^2 = A_2, \end{cases}$$

解得 $\hat{\mu} = \overline{X}, \hat{\sigma}^2 = A_2 - \overline{X}^2 = \dfrac{1}{n}\sum_{i=1}^{n}X_i^2 - \overline{X}^2 = \dfrac{1}{n}\sum_{i=1}^{n}(X_i - \overline{X})^2$。

7.1.2 最大似然估计

最大似然估计(maximum likelihood estimation,MLE)首先是由德国数学家高斯(Gauss)于 1821 年提出的,英国统计学家费希尔(Fisher)在 1922 年重新发现并作了进一步的研究。其基本思想为:在没有其他信息的情况下,只能认为在一次随机试验中就发生的事件具有最大的概率,反过来,如果能够使事件发生的概率最大化,该事件也就最有可能在一次试验中发生,因此选择使概率最大化的参数值作为未知参数的估计值。下面分析一个例子。

【例 5】 设总体 $X \sim B(1, \theta)$,其中 $0 < \theta < 1$ 未知,$X_1, X_2, \cdots, X_n$ 是来自总体 X 的样本,$x_1, x_2, \cdots, x_n$ 是相应的样本观测值,求参数 θ 的最大似然估计量。

解 因为总体 $X \sim B(1, \theta)$,所以 X 的分布律为
$$P(X = x) = p(x; \theta) = \theta^x (1-\theta)^{1-x}, \quad x = 0, 1。$$
而事件 $\{X_1 = x_1, X_2 = x_2, \cdots, X_n = x_n\}$ 发生的概率
$$P(X_1 = x_1, X_2 = x_2, \cdots, X_n = x_n) = P(X_1 = x_1)P(X_2 = x_2)\cdots P(X_n = x_n)$$
$$= \prod_{i=1}^{n} p(x_i; \theta) = \prod_{i=1}^{n} \theta^{x_i}(1-\theta)^{1-x_i} = \theta^{\sum_{i=1}^{n} x_i}(1-\theta)^{n-\sum_{i=1}^{n} x_i}。$$

对于给定的样本观测值,上述概率是关于 θ 的函数,称为似然函数,记为 $L(\theta)$,即
$$L(\theta) = \theta^{\sum_{i=1}^{n} x_i}(1-\theta)^{n-\sum_{i=1}^{n} x_i}。$$

要使事件 $\{X_1 = x_1, X_2 = x_2, \cdots, X_n = x_n\}$ 发生的概率最大,应该选取使 $L(\theta)$ 达到最大的参数值(如果存在)$\hat{\theta}$,即选取的 $\hat{\theta}$ 应满足 $L(\hat{\theta}) = \max\limits_{0 < \theta < 1} L(\theta)$。

为了求使 $L(\theta)$ 达到最大的参数值 $\hat{\theta}$,可利用微分方法,将 $L(\theta)$ 对 θ 求导数。但是将 $L(\theta)$ 对 θ 直接求导很麻烦,为了计算上的方便,常对似然函数 $L(\theta)$ 取对数后再求导,易知,$L(\theta)$ 和 $\ln L(\theta)$ 具有相同的最大值点,于是对 $L(\theta)$ 表达式两边取对数得
$$\ln L(\theta) = \sum_{i=1}^{n} x_i \ln \theta + \left(n - \sum_{i=1}^{n} x_i\right)\ln(1-\theta)。$$

把上式两边对 θ 求导并令其为 0,即

$$\frac{\mathrm{d}}{\mathrm{d}\theta}\ln L(\theta) = \frac{\sum_{i=1}^{n} x_i}{\theta} - \frac{n - \sum_{i=1}^{n} x_i}{1-\theta} = 0。$$

解得 θ 的估计值为 $\hat{\theta} = \frac{1}{n}\sum_{i=1}^{n} x_i = \bar{x}$，即当 $\hat{\theta} = \frac{1}{n}\sum_{i=1}^{n} x_i = \bar{x}$ 时，$L(\theta)$ 达到最大，所以称此种求未知参数估计的方法为最大似然估计法。估计值 $\hat{\theta} = \bar{x}$ 称为 θ 的最大似然估计值，$\hat{\theta} = \bar{X}$ 称为 θ 的最大似然估计量。

根据上述分析可以抽象出一般的结果。

定义 1 如果 $X_1, X_2, \cdots, X_n$ 是来自总体 X 的样本，$x_1, x_2, \cdots, x_n$ 是相应的样本观测值。

(1) 设总体 X 是离散型随机变量，其分布律为 $P(X=x) = p(x;\theta)$，θ 为未知参数，则样本 $(X_1, X_2, \cdots, X_n)$ 的分布律 $P(X_1=x_1, X_2=x_2, \cdots, X_n=x_n) = \prod_{i=1}^{n} p(x_i;\theta)$ 称为**似然函数**(likelihood function)，记为 $L(\theta) = \prod_{i=1}^{n} p(x_i;\theta)$。

(2) 设总体 X 是连续型随机变量，其概率密度函数为 $f(x;\theta)$，则样本 $(X_1, X_2, \cdots, X_n)$ 的联合概率密度函数 $L(x_1, x_2, \cdots, x_n;\theta) = \prod_{i=1}^{n} f(x_i;\theta)$ 称为**似然函数**，记为 $L(\theta) = \prod_{i=1}^{n} f(x_i;\theta)$。

定义 2 求使似然函数 $L(\theta)$ 取得最大值的 $\hat{\theta}(x_1, x_2, \cdots, x_n)$，即 $L(\hat{\theta}) = \max L(\theta)$(当然 θ 要在其取值范围内)，则称 $\hat{\theta}(x_1, x_2, \cdots, x_n)$ 为参数 θ 的**最大似然估计值**，相应的统计量 $\hat{\theta}(X_1, X_2, \cdots, X_n)$ 称为参数 θ 的**最大似然估计量**。

归纳起来求最大似然估计的具体步骤为：

(1) 由总体 X 的分布律 $p(x;\theta)$ 或概率密度函数 $f(x;\theta)$，写出似然函数 $L(\theta)$；

(2) 对 $L(\theta)$ 取对数，写出 $\ln L(\theta)$；

(3) 把 $\ln L(\theta)$ 对 θ 求导数 $\frac{\mathrm{d}(\ln L(\theta))}{\mathrm{d}\theta}$，并令其为零，解出 $\hat{\theta}$。

如果总体中含有 k 个未知参数 $\theta_1, \theta_2, \cdots, \theta_k$，似然函数仍是这些参数的函数，记为 $L(\theta_1, \theta_2, \cdots, \theta_k) = L(x_1, x_2, \cdots, x_n; \theta_1, \theta_2, \cdots, \theta_k)$，要求未知参数 $\theta_1, \theta_2, \cdots, \theta_k$ 的最大似然估计，只要把 $\ln L(\theta_1, \theta_2, \cdots, \theta_k)$ 分别对 $\theta_1, \theta_2, \cdots, \theta_k$ 求偏导 $\frac{\partial}{\partial \theta_i}\mathrm{Ln}L$，并令 $\frac{\partial}{\partial \theta_i}\mathrm{Ln}L = 0 (i=1,2,\cdots,k)$，就可解出 $\hat{\theta}_i(x_1, x_2, \cdots, x_n)(i=1,2,\cdots,k)$，称 $\hat{\theta}_i(x_1, x_2, \cdots, x_n)$ 为参数 θ_i 的最大似然估计值，相应的统计量 $\hat{\theta}_i(X_1, X_2, \cdots, X_n)$ 为参数 θ_i 的最大似然估计量。

【例 6】 设 $X \sim \mathrm{Exp}(\lambda)$，$X_1, X_2, \cdots, X_n$ 是来自总体 X 的样本，$x_1, x_2, \cdots, x_n$ 是样本观测值，求未知参数 λ 的最大似然估计量。

解 总体 X 的概率密度函数为

$$f(x;\lambda) = \begin{cases} \lambda e^{-\lambda x}, & x > 0, \\ 0, & x \leqslant 0, \end{cases} \quad \lambda > 0,$$

似然函数 $L(\lambda) = \prod_{i=1}^{n} \lambda e^{-\lambda x_i} = \lambda^n e^{-\lambda \sum_{i=1}^{n} x_i}$ $(x_i > 0; i = 1, 2, \cdots, n)$。取对数得

$$\ln L(\lambda) = n\ln\lambda - \lambda \sum_{i=1}^{n} x_i。$$

令 $\dfrac{d}{d\lambda}\ln L(\lambda) = \dfrac{n}{\lambda} - \sum_{i=1}^{n} x_i = 0$，解得 λ 的最大似然估计值为 $\hat{\lambda} = \dfrac{n}{\sum_{i=1}^{n} x_i} = \dfrac{1}{\bar{x}}$，$\lambda$ 的最大似然估计量为 $\hat{\lambda} = \dfrac{n}{\sum_{i=1}^{n} X_i} = \dfrac{1}{\bar{X}}$。

【例7】 设总体 $X \sim N(\mu, \sigma^2)$，μ 和 σ^2 均未知，$x_1, x_2, \cdots, x_n$ 是来自总体的一组样本值，求 μ 和 σ^2 的最大似然估计量。

解 总体 X 的概率密度函数为 $f(x; \mu, \sigma^2) = \dfrac{1}{\sqrt{2\pi}\sigma} e^{-\frac{(x-\mu)^2}{2\sigma^2}}$ $(-\infty < x < +\infty)$，则

$$L(\mu, \sigma^2) = \prod_{i=1}^{n} \dfrac{1}{\sqrt{2\pi}\sigma} e^{-\frac{(x_i-\mu)^2}{2\sigma^2}} = (2\pi)^{-\frac{n}{2}} (\sigma^2)^{-\frac{n}{2}} e^{-\frac{\sum_{i=1}^{n}(x_i-\mu)^2}{2\sigma^2}}, \quad -\infty < x_i < +\infty; i = 1, 2, \cdots, n.$$

$$\ln L(\mu, \sigma^2) = -\dfrac{n}{2}\ln(2\pi) - \dfrac{n}{2}\ln(\sigma^2) - \dfrac{1}{2\sigma^2} \sum_{i=1}^{n} (x_i - \mu)^2。$$

令

$$\begin{cases} \dfrac{\partial}{\partial \mu} \ln L(\mu, \sigma^2) = \dfrac{1}{\sigma^2}\left[\sum_{i=1}^{n} x_i - n\mu\right] = 0, \\ \dfrac{\partial}{\partial \sigma^2} \ln L(\mu, \sigma^2) = -\dfrac{n}{2\sigma^2} + \dfrac{1}{2(\sigma^2)^2} \sum_{i=1}^{n} (x_i - \mu)^2 = 0, \end{cases}$$

解得 μ 和 σ^2 的最大似然估计量为

$$\hat{\mu} = A_1 = \bar{X}, \quad \hat{\sigma}^2 = \dfrac{1}{n} \sum_{i=1}^{n} (X_i - \bar{X})^2。$$

【例8】 设总体 X 在区间 $[a, b]$ 上服从均匀分布，其中 a, b 未知，$x_1, x_2, \cdots, x_n$ 是一组样本值，试求 a, b 的最大似然估计量。

解 记 $x_{(1)} = \min\{x_1, x_2, \cdots, x_n\}$，$x_{(n)} = \max\{x_1, x_2, \cdots, x_n\}$，$X$ 的概率密度函数为

$$f(x; a, b) = \begin{cases} \dfrac{1}{b-a}, & a \leqslant x \leqslant b, \\ 0, & 其他。 \end{cases}$$

由于 $a \leqslant x_1, x_2, \cdots, x_n \leqslant b$ 等价于 $a \leqslant x_{(1)}, x_{(n)} \leqslant b$，似然函数为

$$L(a, b) = \dfrac{1}{(b-a)^n}, \quad a \leqslant x_{(1)}, x_{(n)} \leqslant b。$$

从 $L(a, b)$ 的表达式中可以看出微分法失效。但从 $L(a, b)$ 的形式可知，当 a, b 距离越小时，$L(a, b)$ 越大。

于是对于满足条件 $a \leqslant x_{(1)}, x_{(n)} \leqslant b$ 的任意 a, b 有

$$L(a, b) = \dfrac{1}{(b-a)^n} \leqslant \dfrac{1}{(x_{(n)} - x_{(1)})^n},$$

即 $L(a,b)$ 在 $a=x_{(1)}, b=x_{(n)}$ 时取到最大值 $(x_{(n)}-x_{(1)})^{-n}$，所以

a,b 的最大似然估计值为 $\hat{a}=x_{(1)}, \hat{b}=x_{(n)}$，其中 $x_{(1)}=\min\limits_{1\leqslant i\leqslant n}\{x_i\}, x_{(n)}=\max\limits_{1\leqslant i\leqslant n}\{x_i\}$；

a,b 的最大似然估计量为 $\hat{a}=X_{(1)}, \hat{b}=X_{(n)}$，其中 $X_{(1)}=\min\limits_{1\leqslant i\leqslant n}\{X_i\}, X_{(n)}=\max\limits_{1\leqslant i\leqslant n}\{X_i\}$。

注 本题若用微分法求似然方程的解，则因方程无解而求不出最大似然估计，因此必须学会对一些特殊问题采取特殊的方法进行处理。

习题 7.1

基础题

1. 设总体 $X\sim U(a,b)$，其中 a,b 未知，$X_1,X_2,\cdots,X_n$ 是来自总体的样本，求 a,b 的矩估计量。

2. 设总体 $X\sim B(m,p)$，$X_1,X_2,\cdots,X_n$ 是来自总体的样本，其中 m 已知，p 未知，求参数 p 的矩估计量和最大似然估计量。

3. 设 $X_1,X_2,\cdots,X_n$ 是来自总体 X 的样本，$x_1,x_2,\cdots,x_n$ 是样本观测值，求下列总体 X 的概率密度中未知参数 θ 的矩估计量和最大似然估计量。

(1) $f(x;\theta)=\begin{cases}(\theta+1)x^\theta, & 0<x<1, \\ 0, & \text{其他},\end{cases} \theta>-1$；

(2) $f(x;\theta)=\begin{cases}\sqrt{\theta}x^{\sqrt{\theta}-1}, & 0<x<1, \\ 0, & \text{其他},\end{cases} \theta>0$。

4. 设总体 X 的概率密度函数为

$$f(x;\theta)=\begin{cases}\theta c^\theta x^{-(\theta+1)}, & x>c, \\ 0, & \text{其他},\end{cases}$$

其中 $c>0$ 为已知，$\theta>1$ 为未知参数。又设 $X_1,X_2,\cdots,X_n$ 是来自总体 X 的样本，$x_1,x_2,\cdots,x_n$ 是样本观测值，求未知参数 θ 的矩估计量和最大似然估计量。

5. 设总体 X 的概率密度函数为

$$f(x;\theta)=\begin{cases}2e^{-2(x-\theta)}, & x>\theta, \\ 0, & \text{其他},\end{cases}$$

其中 θ 为未知参数。又设 $X_1,X_2,\cdots,X_n$ 是来自总体 X 的样本，$x_1,x_2,\cdots,x_n$ 是样本观测值，求未知参数 θ 的矩估计量和最大似然估计量。

提高题

1. 设总体 X 的概率密度函数为

$$f(x)=\begin{cases}\lambda^2 x e^{-\lambda x}, & x>0, \\ 0, & \text{其他},\end{cases}$$

其中参数 $\lambda(\lambda>0)$ 未知，$X_1,X_2,\cdots,X_n$ 是来自总体 X 的简单随机样本。求：

(1) 参数 λ 的矩估计量；(2) 参数 λ 的最大似然估计量。

2. 在一袋内放有很多的白球和黑球，已知两种球数量之比为 1∶3，但不知道哪一种颜

色的球多。现从中有放回地抽取 3 次，试求黑球所占比例的极大似然估计。

3. 设随机变量 X 和 Y 相互独立且分别服从正态分布 $N(\mu,\sigma^2)$ 与 $N(\mu,2\sigma^2)$，其中 σ 是未知参数且 $\sigma>0$，设 $Z=X-Y$。

(1) 求 Z 的概率密度函数 $f(z,\sigma^2)$；(2) 设 $Z_1,Z_2,\cdots,Z_n$ 为来自总体 Z 的简单随机样本，求 σ^2 的最大似然估计。

4. 某工程师为了解一台天平的精度，用该天平对一物体的质量做 n 次测量，该物体的质量 μ 是已知的，设 n 次测量结果 $X_1,X_2,\cdots,X_n$ 相互独立，且均服从正态分布 $N(\mu,\sigma^2)$，该工程师记录的是 n 次测量的绝对误差 $Z_i=|X_i-\mu|(i=1,2,\cdots,n)$，利用 $Z_1,Z_2,\cdots,Z_n$ 估计 σ。

(1) 求 Z_i 的概率密度函数；
(2) 利用一阶矩求 σ 的矩估计量；
(3) 求 σ 的最大似然估计量。

7.2 估计量的评选标准

由于总体参数 θ 的值未知，且无法知道真值 θ，人们自然希望估计量 $\hat{\theta}$ 的估计值与未知参数 θ 的近似程度越高越好，即希望估计量 $\hat{\theta}$ 的数学期望等于未知参数 θ，而且估计量 $\hat{\theta}$ 的方差越小越好，为此，提出估计量的三个评选标准。

7.2.1 无偏性

定义 1 如果 $\hat{\theta}(X_1,X_2,\cdots,X_n)$ 为总体中未知参数 θ 的一个估计量，且满足 $E(\hat{\theta})=\theta$，称 $\hat{\theta}$ 为参数 θ 的**无偏估计量**(unbiased estimation)。否则，称为有偏估计量，且称 $E(\hat{\theta})-\theta$ 为估计量 $\hat{\theta}$ 的偏差。

无偏估计的实际意义在于：当一个估计量被大量重复使用时，其估计值在未知参数的真实值附近波动，并且若这些估计值的理论平均值等于被估参数，说明无系统偏差，即用 $\hat{\theta}$ 估计 θ 不会偏大或偏小，无偏性是评价估计量好坏的重要标准。

【**例 1**】 设总体 X 服从任意分布，且 $E(X)=\mu$，$D(X)=\sigma^2$，$X_1,X_2,\cdots,X_n$ 是来自总体的样本。证明：(1) 样本均值 $\overline{X}$ 是总体均值 μ 的无偏估计量；(2) 样本方差 $S^2=\dfrac{1}{n-1}\sum_{i=1}^{n}(X_i-\overline{X})^2$ 是总体方差 σ^2 的无偏估计量。

证明 (1) 由 $\overline{X}=\dfrac{1}{n}\sum_{i=1}^{n}X_i$ 得

$$E(\overline{X})=E\left(\frac{1}{n}\sum_{i=1}^{n}X_i\right)=\frac{1}{n}\sum_{i=1}^{n}E(X_i)=\mu,$$

即样本均值 $\overline{X}$ 是总体均值 μ 的无偏估计量。

(2) $D(\overline{X}) = D\left(\dfrac{1}{n}\sum\limits_{i=1}^{n} X_i\right) = \dfrac{1}{n^2}\sum\limits_{i=1}^{n} D(X_i) = \dfrac{\sigma^2}{n}$。

根据 $D(X) = E(X^2) - [E(X)]^2$ 可得

$$E(\overline{X}^2) = D(\overline{X}) + [E(\overline{X})]^2 = \dfrac{\sigma^2}{n} + \mu^2,$$

$$E(X_i^2) = D(X_i) + [E(X_i)]^2 = \sigma^2 + \mu^2,$$

于是

$$\begin{aligned}E(S^2) &= E\left[\dfrac{1}{n-1}\sum_{i=1}^{n}(X_i - \overline{X})^2\right] = \dfrac{1}{n-1}E\left(\sum_{i=1}^{n} X_i^2 - n\overline{X}^2\right)\\ &= \dfrac{1}{n-1}\left[\sum_{i=1}^{n} E(X_i^2) - nE(\overline{X}^2)\right] = \dfrac{1}{n-1}\left[\sum_{i=1}^{n}(\sigma^2 + \mu^2) - n\left(\dfrac{\sigma^2}{n} + \mu^2\right)\right]\\ &= \sigma^2,\end{aligned}$$

即样本方差 $S^2 = \dfrac{1}{n-1}\sum\limits_{i=1}^{n}(X_i - \overline{X})^2$ 是总体方差 σ^2 的无偏估计量。

注 由于

$$\begin{aligned}E\left[\dfrac{1}{n}\sum_{i=1}^{n}(X_i - \overline{X})^2\right] &= E\left[\dfrac{n-1}{n}\dfrac{1}{n-1}\sum_{i=1}^{n}(X_i - \overline{X})^2\right]\\ &= \dfrac{n-1}{n}E\left[\dfrac{1}{n-1}\sum_{i=1}^{n}(X_i - \overline{X})^2\right] = \dfrac{n-1}{n}\sigma^2 \neq \sigma^2,\end{aligned}$$

所以 $\dfrac{1}{n}\sum\limits_{i=1}^{n}(X_i - \overline{X})^2$ 是总体方差 σ^2 的有偏估计量。

正因为 $\dfrac{1}{n-1}\sum\limits_{i=1}^{n}(X_i - \overline{X})^2$ 是总体方差 σ^2 的无偏估计量，所以通常情况下把样本方差 S^2 定义为 $\dfrac{1}{n-1}\sum\limits_{i=1}^{n}(X_i - \overline{X})^2$。

【例 2】 已知 $X_1, X_2, \cdots, X_n$ 是来自总体 X 的样本，$\overline{X}$ 是样本均值，S^2 是样本方差，且 $E(X) = \mu, D(X) = \sigma^2$。确定常数 c，使得 $\overline{X}^2 - cS^2$ 是 μ^2 的无偏估计量。

解 因为要使 $\overline{X}^2 - cS^2$ 是 μ^2 的无偏估计量，即 $E(\overline{X}^2 - cS^2) = \mu^2$。而

$$E(\overline{X}^2) = D(\overline{X}) + [E(\overline{X})]^2 = \dfrac{\sigma^2}{n} + \mu^2, \quad E(S^2) = \sigma^2,$$

于是有

$$E(\overline{X}^2 - cS^2) = E(\overline{X}^2) - cE(S^2) = \dfrac{\sigma^2}{n} + \mu^2 - c\sigma^2 = \mu^2,$$

解得 $c = \dfrac{1}{n}$，所以当 $c = \dfrac{1}{n}$ 时，$\overline{X}^2 - cS^2$ 是 μ^2 的无偏估计量。

7.2.2 有效性

定义 2 设 $\hat{\theta}_1(X_1, X_2, \cdots, X_n)$ 和 $\hat{\theta}_2(X_1, X_2, \cdots, X_n)$ 都是参数 θ 的无偏估计量，如果 $D(\hat{\theta}_1) < D(\hat{\theta}_2)$，则称 $\hat{\theta}_1$ 比 $\hat{\theta}_2$ **有效**。

有效性的意义在于：比较两个无系统误差的估计量的好坏时，就是看哪一个取值更集中于待估参数真值的附近，即哪一个估计量的方差更小。

【例3】 设 $X_1, X_2, \cdots, X_n$ 是来自总体 X 的样本，且总体 X 的数学期望为 μ，方差为 σ^2，其中 μ 未知，试评价 μ 的两个估计量

$$\hat{\mu}_1 = \bar{X} = \frac{1}{n}\sum_{i=1}^{n} X_i (n>2) \text{ 与 } \hat{\mu}_2 = \frac{X_1 + X_2}{2} \text{ 哪一个比较好。}$$

解 由于

$$E(\hat{\mu}_1) = E(\bar{X}) = \mu, \quad E(\hat{\mu}_2) = E\left(\frac{X_1 + X_2}{2}\right) = \frac{E(X_1) + E(X_2)}{2} = \mu,$$

所以，$\hat{\mu}_1$ 与 $\hat{\mu}_2$ 都是 μ 的无偏估计量。又因为

$$D(\hat{\mu}_1) = D(\bar{X}) = \frac{\sigma^2}{n}, \quad D(\hat{\mu}_2) = D\left(\frac{X_1 + X_2}{2}\right) = \frac{D(X_1) + D(X_2)}{4} = \frac{\sigma^2}{2},$$

所以，当 $n>2$ 时，$D(\hat{\mu}_1) < D(\hat{\mu}_2)$，则 $\hat{\mu}_1$ 比 $\hat{\mu}_2$ 有效，即 $\bar{X} = \frac{1}{n}\sum_{i=1}^{n} X_i$ 更好些。

7.2.3 一致（相合）性

估计量的无偏性和有效性是在样本容量 n 确定的情况下来讨论的，一个估计量即使是无偏的且方差较小，有时在应用上或理论上还嫌不够，还希望样本容量增加时，估计量会在某种意义下越来越接近被估参数，越来越准确地估计未知参数，因此提出评判估计量优劣的第三个标准，即一致（相合）性。

设 $\hat{\theta}(X_1, X_2, \cdots, X_n)$ 为未知参数 θ 的估计量，显然 $\hat{\theta}(X_1, X_2, \cdots, X_n)$ 与样本容量 n 有关，记为 $\hat{\theta}_n$。对于未知参数 θ 的估计量 $\hat{\theta}_n$，当然我们希望 $n \to \infty$ 时，$\hat{\theta}_n$ 的取值与 θ 的误差充分小，即估计量 $\hat{\theta}_n$ 的取值在参数 θ 的附近，于是得到一致性的标准。

定义3 设 $\hat{\theta}_n(X_1, X_2, \cdots, X_n)$ 是未知参数 θ 的一个估计量，若 $\hat{\theta}_n$ 依概率收敛于 θ，即对任意的 $\varepsilon > 0$，有 $\lim_{n \to \infty} P(|\hat{\theta}_n - \theta| < \varepsilon) = 1$，则称 $\hat{\theta}_n(X_1, X_2, \cdots, X_n)$ 为未知参数 θ 的**一致（相合）估计量**。

一致估计量的意义在于：只要样本容量足够大，就可以使一致估计量与参数真实值之间的差异大于 ε 的概率足够小，估计量与被估参数的真值之间任意接近的可能性越来越大。

【例4】 设总体 X 服从任意分布，且 $E(X) = \mu, D(X) = \sigma^2$，$X_1, X_2, \cdots, X_n$ 是来自总体的样本。证明：样本均值 $\bar{X}$ 是总体均值 μ 的一致估计量。

证明 因为 $X_1, X_2, \cdots, X_n$ 是来自总体的样本，所以随机变量 $X_1, X_2, \cdots, X_n$ 相互独立，且具有相同的数学期望及方差，即 $E(X_k) = \mu, D(X_k) = \sigma^2 (k=1, 2, \cdots, n)$，于是根据 (5.5) 式，对任意的 $\varepsilon > 0$，有 $\lim_{n \to \infty} P\left(\left|\frac{1}{n}\sum_{k=1}^{n} X_k - \mu\right| < \varepsilon\right) = 1$。所以 $\bar{X} = \frac{1}{n}\sum_{k=1}^{n} X_k$ 依概率收敛于 μ，即样本均值 $\bar{X}$ 是总体均值 μ 的一致估计量。

命题1 设 β_n 为 θ 的一致估计量，若函数 $g(\theta)$ 连续，则 $g(\beta_n)$ 为 $g(\theta)$ 的一致估计量。

注 上述性质常称为一致估计量具有不变性。但无偏估计量不具有不变性。

习题 7.2

基础题

1. 设 $X_1, X_2, \cdots, X_n$ 是来自总体 X 的样本,且 $E(X)=\mu$。$a_1, a_2, \cdots, a_n$ 是任意一组常数,当 $\sum_{i=1}^{n} a_i = 1$ 时,证明 $\sum_{i=1}^{n} a_i X_i$ 是 μ 的无偏估计量。

2. 设 X_1, X_2, X_3, X_4 是取自正态总体 $N(\mu, \sigma^2)$ 的样本,试证下列统计量都是总体均值 μ 的无偏估计量,并指出在总体方差存在的情况下哪一个估计的有效性最差。

(1) $\hat{\mu}_1 = \frac{1}{3}X_1 + \frac{1}{3}X_2 + \frac{1}{6}X_3 + \frac{1}{6}X_4$; (2) $\hat{\mu}_2 = \frac{1}{4}X_1 + \frac{1}{4}X_2 + \frac{1}{4}X_3 + \frac{1}{4}X_4$;

(3) $\hat{\mu}_3 = \frac{1}{5}X_1 + \frac{1}{5}X_2 + \frac{1}{5}X_3 + \frac{2}{5}X_4$。

3. 设总体服从参数为 λ 的泊松分布,其中 λ 未知,$X_1, X_2, \cdots, X_n$ 是来自总体的样本,求 λ 的最大似然估计量 $\hat{\lambda}$,并验证 $\hat{\lambda}$ 是 λ 的无偏估计量。

4. 设 $\hat{\theta}$ 是参数 θ 的无偏估计量,且有 $D(\hat{\theta}) > 0$,试证 $\hat{\theta}^2$ 不是 θ^2 的无偏估计量。

提高题

1. 设 $X_1, X_2, \cdots, X_m$ 为来自二项分布总体 $B(n, p)$ 的简单随机样本,$\overline{X}$ 和 S^2 分别为样本均值和样本方差。若 $\overline{X} + kS^2$ 为 np^2 的无偏估计量,则 $k = \underline{\qquad}$。

2. 设 $X_1, X_2, \cdots, X_n$ 是总体 $X \sim N(\mu, \sigma^2)$ 的简单随机样本,记

$$\overline{X} = \frac{1}{n}\sum_{i=1}^{n} X_i, \quad S^2 = \frac{1}{n-1}\sum_{i=1}^{n}(X_i - \overline{X})^2, \quad T = \overline{X}^2 - \frac{1}{n}S^2。$$

(1) 证明 T 是 μ^2 的无偏估计量;(2) 当 $\mu=0, \sigma=1$ 时,求 $D(T)$。

3. 设 β_1, β_2 是参数 θ 的两个相互独立的无偏估计量,且 $D(\beta_1) = 2D(\beta_2)$。试求出常数 k_1, k_2 使 $k_1\beta_1 + k_2\beta_2$ 也是 θ 的无偏估计量,且使它在所有这种形式的估计量中方差最小。

7.3 区间估计

前面我们学习了总体中未知参数的点估计及估计量的评价标准,但是因为估计量是一个随机变量,随样本的不同而不同,很难与未知参数完全一样,总免不了与待估参数真值之间存在着差异。为此,可由样本构造一个以较大概率包含未知参数的一个范围或区间,这种带有概率的区间,称为**置信区间**(confident interval)。通过构造一个置信区间对未知参数进行估计的方法称为**区间估计**。

定义 1 设 θ 为总体分布的一个未知参数,$X_1, X_2, \cdots, X_n$ 是来自总体的样本,如果对于给定的参数 $\alpha(0 < \alpha < 1)$,存在两个统计量 $\hat{\theta}_1(X_1, X_2, \cdots, X_n), \hat{\theta}_2(X_1, X_2, \cdots, X_n)$,满足

$$P(\hat{\theta}_1 < \theta < \hat{\theta}_2) = 1 - \alpha,$$

则称 $(\hat{\theta}_1, \hat{\theta}_2)$ 为参数 θ 的置信水平为 $1-\alpha$ 的**置信区间**,称 $\hat{\theta}_1, \hat{\theta}_2$ 分别为置信区间的**置信下限**

和**置信上限**,称 $1-\alpha$ 为**置信水平**(**置信度**)。

区间估计的意义在于,每次抽取一组容量为 n 的样本,相应的样本观测值确定一个区间 $(\hat{\theta}_1,\hat{\theta}_2)$,这个区间可能包含未知参数 θ,也可能不包含未知参数 θ,反复抽样 100 次,相应得到 100 个区间,在其中,包含未知参数 θ 的区间约占 $100(1-\alpha)\%$,不包含未知参数 θ 的区间约占 $100\alpha\%$。如果 $\alpha=0.05$,则意味着在这 100 个区间中,包含未知参数 θ 的区间约占 95%,不包含未知参数 θ 的区间约占 5%。

下面我们结合例题总结求未知参数 θ 的置信区间的步骤。

【例 1】 设总体 $X \sim N(\mu,\sigma^2)$,$X_1,X_2,\cdots,X_n$ 是来自总体 X 的样本,其中 σ^2 已知,μ 未知,试求 μ 的置信水平为 $1-\alpha$ 的置信区间。

解 由 6.3 节定理 1 知,$\dfrac{\overline{X}-\mu}{\sigma/\sqrt{n}} \sim N(0,1)$,所以选用样本函数

$$U=\frac{\overline{X}-\mu}{\sigma/\sqrt{n}}\text{。}$$

对于给定的 α,查附表 2 得 $u_{\alpha/2}$,使得 $P(|U|<u_{\alpha/2})=1-\alpha$,即由 $P\left(-u_{\alpha/2}<\dfrac{\overline{X}-\mu}{\sigma/\sqrt{n}}<u_{\alpha/2}\right)=1-\alpha$ 解出均值 μ 的置信水平为 $1-\alpha$ 的置信区间为

$$\left(\overline{X}-\frac{\sigma}{\sqrt{n}}u_{\alpha/2},\overline{X}+\frac{\sigma}{\sqrt{n}}u_{\alpha/2}\right)\text{。}$$

根据本节例 1 可以总结出求置信区间的步骤如下:

(1) 寻求一个关于样本 $X_1,X_2,\cdots,X_n$ 的函数 $W=W(X_1,X_2,\cdots,X_n;\theta)$,它要满足两个条件:第一,$W$ 中包含待估参数 θ,而不含其他的未知参数;第二,W 的分布完全确定。

(2) 对于给定的置信水平 $1-\alpha$,根据 W 的分布定出两个分位点 a,b,使得

$$P(a<W(X_1,X_2,\cdots,X_n;\theta)<b)=1-\alpha\text{。}$$

(3) 若能从 $a<W<b$ 得到等价的不等式 $\hat{\theta}_1<\theta<\hat{\theta}_2$,其中 $\hat{\theta}_1(X_1,X_2,\cdots,X_n)$,$\hat{\theta}_2(X_1,X_2,\cdots,X_n)$ 都是统计量,那么 $(\hat{\theta}_1,\hat{\theta}_2)$ 即为参数 θ 的置信水平为 $1-\alpha$ 的置信区间。

下面分别讨论正态总体均值与方差的区间估计。

7.3.1 单个正态总体参数的区间估计

设总体 $X \sim N(\mu,\sigma^2)$,$X_1,X_2,\cdots,X_n$ 是 X 的样本,$\overline{X},S^2$ 分别为样本均值和样本方差。

1. 均值 μ 的区间估计

对总体均值进行估计,分两种情况,一种是 σ^2 已知,另一种是 σ^2 未知。

(1) 当方差 σ^2 已知时,总体均值 μ 的区间估计

根据本节例 1 得均值 μ 的置信水平为 $1-\alpha$ 的置信区间为

$$\left(\overline{X}-\frac{\sigma}{\sqrt{n}}u_{\alpha/2},\overline{X}+\frac{\sigma}{\sqrt{n}}u_{\alpha/2}\right)\text{。} \tag{7.1}$$

(7.1)式也可记为 $\left(\overline{X}\pm\dfrac{\sigma}{\sqrt{n}}u_{\alpha/2}\right)$。

【例 2】 由过去的经验知道,60 日龄的雄鼠体重服从正态分布,且标准差 $\sigma=2.1\text{g}$,今从 60 日龄雄鼠中随机抽取 16 只测其体重,得数据(单位:g)如下:

    20.3   21.5   22.0   19.8   22.5   23.7   25.4   24.3
    23.2   26.8   18.7   21.9   24.4   22.8   26.2   21.4

求 60 日龄的雄鼠的体重均值 μ 的置信水平为 95% 的置信区间。

解 因为 $1-\alpha=0.95$,所以 α 为 0.05,查附表 2 得 $u_{0.025}=1.96$。

又根据已知求得 $\bar{x}=22.806$,所以均值 μ 的置信水平为 95% 的置信区间为

$$\left(22.806-1.96\times\frac{2.1}{\sqrt{16}},22.806+1.96\times\frac{2.1}{\sqrt{16}}\right),\quad 即 \quad (21.78,23.84)。$$

(2) 当方差 σ^2 未知时,求均值 μ 的区间估计。

由 6.3 节定理 1 知 $t=\dfrac{\bar{X}-\mu}{S/\sqrt{n}}\sim t(n-1)$,故选用样本函数 $t=\dfrac{\bar{X}-\mu}{S/\sqrt{n}}$。

对于给定的 α,可查附表 4 得 $t_{\alpha/2}(n-1)$,使得 $P(|t|<t_{\alpha/2}(n-1))=1-\alpha$,即由

$$P\left(-t_{\alpha/2}(n-1)<\frac{\bar{X}-\mu}{S/\sqrt{n}}<t_{\alpha/2}(n-1)\right)=1-\alpha$$

解出当方差 σ^2 未知时,均值 μ 的置信水平为 $1-\alpha$ 的置信区间为

$$\left(\bar{X}-\frac{S}{\sqrt{n}}t_{\alpha/2}(n-1),\bar{X}+\frac{S}{\sqrt{n}}t_{\alpha/2}(n-1)\right)。 \tag{7.2}$$

(7.2)式也可记为 $\left(\bar{X}\pm\dfrac{S}{\sqrt{n}}t_{\alpha/2}(n-1)\right)$。

【例 3】 某厂生产的零件质量 $X\sim N(\mu,\sigma^2)$,今从这批零件中随机抽取 9 个,测得其质量(单位:g)为

    21.1   21.3   21.4   21.5   21.3   21.7   21.4   21.3   21.6

试在置信水平为 95% 的情况下,求参数 μ 的置信区间。

解 因为 $1-\alpha=0.95$,所以 α 为 0.05,查附表 4 可得 $t_{0.025}(8)=2.306$。

又由已知可求得 $\bar{x}=21.4$,$s=0.1803$,所以均值 μ 的置信水平为 95% 的置信区间为

$$\left(21.4-2.306\times\frac{0.1803}{\sqrt{9}},21.4+2.306\times\frac{0.1803}{\sqrt{9}}\right),\quad 即 \quad (21.2614,21.5386)。$$

2. 方差 σ^2 的区间估计

在此只讨论均值 μ 未知的情况。

由 6.3 节定理 1 知 $\chi^2=\dfrac{(n-1)S^2}{\sigma^2}\sim\chi^2(n-1)$,故选用样本函数 $\chi^2=\dfrac{(n-1)S^2}{\sigma^2}$。

对于给定的 α,可查附表 3 得 $b=\chi^2_{\alpha/2}(n-1)$ 和 $a=\chi^2_{1-\alpha/2}(n-1)$,使得

$$P(a<\chi^2<b)=1-\alpha,$$

即由 $P\left(\chi^2_{1-\alpha/2}(n-1)<\dfrac{(n-1)S^2}{\sigma^2}<\chi^2_{\alpha/2}(n-1)\right)=1-\alpha$ 解得方差 σ^2 的置信水平为 $1-\alpha$ 的置信区间为

$$\left(\frac{(n-1)S^2}{\chi^2_{\alpha/2}(n-1)},\frac{(n-1)S^2}{\chi^2_{1-\alpha/2}(n-1)}\right); \tag{7.3}$$

均方差 σ 的置信水平为 $1-\alpha$ 的置信区间为

$$\left(\sqrt{\frac{(n-1)S^2}{\chi^2_{\alpha/2}(n-1)}},\sqrt{\frac{(n-1)S^2}{\chi^2_{1-\alpha/2}(n-1)}}\right)。 \tag{7.4}$$

【例 4】 某旅行社随机访问了 25 名旅游者,得知平均消费额 $\bar{x}=80$ 元,样本标准差 $s=$

12元,已知旅游者消费额 $X \sim N(\mu,\sigma^2)$,求旅游者平均消费额 μ 和方差 σ 的置信水平为 95% 的置信区间。

解 因为 $1-\alpha=0.95$,所以 α 为 0.05,查附表 4 可得 $t_{0.025}(24)=2.0639$。

又由已知 $\bar{x}=80, s=12, n=25$,所以均值 μ 的置信水平为 95% 的置信区间为

$$\left(80-2.0639\times\frac{12}{\sqrt{25}}, 80+2.0639\times\frac{12}{\sqrt{25}}\right), \quad 即 \quad (75.09, 84.95)。$$

又因为 $s^2=12^2, n=25$,查附表 3 可得 $\chi^2_{0.025}(24)=39.364$ 和 $\chi^2_{0.975}(24)=12.401$,所以方差 σ 的置信水平为 95% 的置信区间为

$$\left(\sqrt{\frac{(25-1)\times 144}{39.364}}, \sqrt{\frac{(25-1)\times 144}{12.401}}\right), \quad 即 \quad (9.36, 11.61)。$$

7.3.2 两个正态总体参数的区间估计

在实际问题中,我们常常需要对两个正态总体的均值差或方差比给出区间估计。现假设总体 $X\sim N(\mu_1,\sigma_1^2)$, $X_1,X_2,\cdots,X_{n_1}$ 是 X 的样本,总体 $Y\sim N(\mu_2,\sigma_2^2)$, $Y_1,Y_2,\cdots,Y_{n_2}$ 是 Y 的样本,且两总体相互独立。

1. 两个正态总体均值差 $\mu_1-\mu_2$ 的区间估计

(1) 当两个总体方差 σ_1^2 与 σ_2^2 已知时,$\mu_1-\mu_2$ 的区间估计。

由 6.3 节定理 2 知,当 σ_1^2, σ_2^2 已知时,$u=\dfrac{\bar{X}-\bar{Y}-(\mu_1-\mu_2)}{\sqrt{\dfrac{\sigma_1^2}{n_1}+\dfrac{\sigma_2^2}{n_2}}}\sim N(0,1)$,故选用样本函数

$$u=\frac{\bar{X}-\bar{Y}-(\mu_1-\mu_2)}{\sqrt{\dfrac{\sigma_1^2}{n_1}+\dfrac{\sigma_2^2}{n_2}}}。$$

对于给定的 α,查附表 2 得 $u_{\alpha/2}$ 使得 $P(|u|<u_{\alpha/2})=1-\alpha$,即由

$$P\left\{-u_{\alpha/2}<\frac{(\bar{X}-\bar{Y})-(\mu_1-\mu_2)}{\sqrt{\dfrac{\sigma_1^2}{n_1}+\dfrac{\sigma_2^2}{n_2}}}<u_{\alpha/2}\right\}=1-\alpha$$

解出 $\mu_1-\mu_2$ 的置信水平为 $1-\alpha$ 的置信区间为

$$\left(\bar{X}-\bar{Y}-\sqrt{\frac{\sigma_1^2}{n_1}+\frac{\sigma_2^2}{n_2}}u_{\alpha/2}, \bar{X}-\bar{Y}+\sqrt{\frac{\sigma_1^2}{n_1}+\frac{\sigma_2^2}{n_2}}u_{\alpha/2}\right)。 \qquad (7.5)$$

(7.5)式也可记为 $\left(\bar{X}-\bar{Y}\pm\sqrt{\dfrac{\sigma_1^2}{n_1}+\dfrac{\sigma_2^2}{n_2}}u_{\alpha/2}\right)$。

【例 5】 欲比较甲、乙两种棉花品种的优劣,现假设用它们纺出的棉纱强度分别服从正态分布 $N(\mu_1,2.18^2)$ 和 $N(\mu_2,1.76^2)$,试验者从这两种棉纱中抽取容量分别为 200 和 100 的样本,其均值分别为 $\bar{x}=5.32, \bar{y}=5.76$,试求 $\mu_1-\mu_2$ 的置信水平为 0.95 的置信区间。

解 因为 $1-\alpha=0.95$,所以 α 为 0.05,查附表 2 得 $u_{\alpha/2}=u_{0.025}=1.96$,所以 $\mu_1-\mu_2$ 的置信水平为 0.95 的置信区间为

$$\left(5.32-5.76-\sqrt{\frac{2.18^2}{200}+\frac{1.76^2}{100}}\times 1.96, 5.32-5.76+\sqrt{\frac{2.18^2}{200}+\frac{1.76^2}{100}}\times 1.96\right),$$

即 $(-0.8986, 0.0186)$。

(2) 当两个总体方差 $\sigma_1^2 = \sigma_2^2$ 且均未知时，$\mu_1 - \mu_2$ 的区间估计。

由 6.3 节定理 2 知，当 $\sigma_1^2 = \sigma_2^2 = \sigma^2$ 且未知时，$t = \dfrac{(\overline{X} - \overline{Y}) - (\mu_1 - \mu_2)}{S_w \sqrt{\dfrac{1}{n_1} + \dfrac{1}{n_2}}} \sim t(n_1 + n_2 - 2)$，

故选用样本函数 $t = \dfrac{(\overline{X} - \overline{Y}) - (\mu_1 - \mu_2)}{S_w \sqrt{\dfrac{1}{n_1} + \dfrac{1}{n_2}}}$，其中 $S_w = \sqrt{\dfrac{(n_1 - 1)S_1^2 + (n_2 - 1)S_2^2}{n_1 + n_2 - 2}}$。

对于给定的 α，查附表 4 得 $t_{\alpha/2}(n_1 + n_2 - 2)$，使得 $P(|t| < t_{\alpha/2}(n_1 + n_2 - 2)) = 1 - \alpha$，于是

$$P\left(-t_{\alpha/2}(n_1 + n_2 - 2)\right) < \dfrac{(\overline{X} - \overline{Y}) - (\mu_1 - \mu_2)}{S_w \sqrt{\dfrac{1}{n_1} + \dfrac{1}{n_2}}} < t_{\alpha/2}(n_1 + n_2 - 2) = 1 - \alpha.$$

由上式解出 $\mu_1 - \mu_2$ 的置信水平为 $1 - \alpha$ 的置信区间为

$$\left(\overline{X} - \overline{Y} - S_w \sqrt{\dfrac{1}{n_1} + \dfrac{1}{n_2}} t_{\alpha/2}(n_1 + n_2 - 2), \overline{X} - \overline{Y} + S_w \sqrt{\dfrac{1}{n_1} + \dfrac{1}{n_2}} t_{\alpha/2}(n_1 + n_2 - 2) \right).$$
(7.6)

(7.6)式也可写成 $\left(\overline{X} - \overline{Y} \pm S_w \sqrt{\dfrac{1}{n_1} + \dfrac{1}{n_2}} t_{\alpha/2}(n_1 + n_2 - 2) \right)$。

【例 6】 假定在某学校随机抽查 83 位男生和 65 位女生，调查他们一天的睡眠时间（单位：h），通过调查并计算得 83 位男生和 65 位女生平均睡眠时间分别为 $\bar{x} = 7.02, \bar{y} = 6.55$，样本均方差分别为 $s_男 = 1.75, s_女 = 1.68$，假设男女睡眠时间均服从正态分布且两总体方差相等，求男女睡眠时间均值差 $\mu_1 - \mu_2$ 的置信水平为 0.95 的置信区间。

解 因为 $1 - \alpha = 0.95$，所以 α 为 0.05，$n_1 = 83, n_2 = 65$，查附表 2 可得 $u_{0.025} = 1.96$，由于 t 分布中自由度 146 很大，则 $t_{0.025}(146) \approx u_{0.025}$。

再根据 $s_男 = 1.75, s_女 = 1.68$，计算 $s_w = \sqrt{\dfrac{(83 - 1) \times 1.75^2 + (65 - 1) \times 1.68^2}{83 + 65 - 2}} = 1.7197$，

所以按照(7.6)式可得 $\mu_1 - \mu_2$ 的置信水平为 0.95 的置信区间为

$$\left(7.02 - 6.55 - 1.7197 \times \sqrt{\dfrac{1}{83} + \dfrac{1}{65}} \times 1.96, 7.02 - 6.55 + 1.7197 \times \sqrt{\dfrac{1}{83} + \dfrac{1}{65}} \times 1.96 \right),$$

即 $(-0.09, 1.03)$。

2. 两个正态总体方差比 σ_1^2 / σ_2^2 的区间估计

由 6.3 节定理 2 知，当 σ_1^2, σ_2^2 都未知时，$\dfrac{S_1^2 / S_2^2}{\sigma_1^2 / \sigma_2^2} \sim F(n_1 - 1, n_2 - 1)$，故选用样本函数

$F = \dfrac{S_1^2 / S_2^2}{\sigma_1^2 / \sigma_2^2}$。

对于给定的 α，可查附表 5 得 $b = F_{\alpha/2}(n_1 - 1, n_2 - 1), a = F_{1 - \alpha/2}(n_1 - 1, n_2 - 1)$ 使得 $P(a < F < b) = 1 - \alpha$，即

$$P\left(F_{1 - \alpha/2}(n_1 - 1, n_2 - 1) < \dfrac{S_1^2 / S_2^2}{\sigma_1^2 / \sigma_2^2} < F_{\alpha/2}(n_1 - 1, n_2 - 1) \right) = 1 - \alpha.$$

由上式解出 σ_1^2 / σ_2^2 的置信水平为 $1 - \alpha$ 的置信区间为

$$\left(\dfrac{S_1^2}{S_2^2} \dfrac{1}{F_{\alpha/2}(n_1 - 1, n_2 - 1)}, \dfrac{S_1^2}{S_2^2} \dfrac{1}{F_{1 - \alpha/2}(n_1 - 1, n_2 - 1)} \right).$$ (7.7)

【例 7】 研究由机器 A 和机器 B 生产的钢管的内径（单位：mm），随机抽取机器 A 生

产的钢管 18 只,测得样本方差 $s_1^2=0.34$,随机抽取机器 B 生产的钢管 13 只,测得样本方差 $s_2^2=0.29$。设两样本独立,且机器 A 和机器 B 生产的钢管的内径分别服从正态分布 $N(\mu_1,\sigma_1^2)$,$N(\mu_2,\sigma_2^2)$,这里 $\mu_1,\sigma_1^2,\mu_2,\sigma_2^2$ 均未知,试求 σ_1^2/σ_2^2 的置信水平为 0.90 的置信区间。

解 因为 $1-\alpha=0.90$,所以 α 为 0.10,查附表 5 可得 $F_{0.05}(17,12)=2.59$,而

$$F_{0.95}(17,12)=\frac{1}{F_{0.05}(12,17)}=\frac{1}{2.38},$$

于是,由(7.7)式可得 σ_1^2/σ_2^2 的置信水平为 0.90 的置信区间为 $\left(\dfrac{0.34}{0.29}\times\dfrac{1}{2.59},\dfrac{0.34}{0.29}\times 2.38\right)$,即 $(0.45,2.79)$。

7.3.3 单侧置信区间

在许多实际问题中,有时我们只对参数 θ 的一端的界限感兴趣。例如,θ 是一种物质中某种杂质的百分率,则我们只关心杂质百分率的最大值,即其上界,就是要找到这样一个统计量 $\hat{\theta}=\hat{\theta}(X_1,X_2,\cdots,X_n)$,使 $\{\theta\leqslant\hat{\theta}\}$ 的概率很大,$\hat{\theta}$ 称为 θ 的置信上限。又例如某品牌的冰箱,我们当然希望它的平均寿命越长越好,因此我们只关心这个品牌冰箱的平均寿命最低是多少,即关心平均寿命的下限。

定义 2 设 $X_1,X_2,\cdots,X_n$ 为从总体 X 中抽取的样本,θ 为总体中的未知参数。若存在 $\hat{\theta}_1=\hat{\theta}_1(X_1,X_2,\cdots,X_n)$,对给定的 $\alpha(0<\alpha<1)$ 有

$$P(\theta>\hat{\theta}_1)=1-\alpha,$$

则称 $\hat{\theta}_1$ 为参数 θ 的置信水平为 $1-\alpha$ 的**单侧置信下限**。若存在 $\hat{\theta}_2=\hat{\theta}_2(X_1,X_2,\cdots,X_n)$,对给定的 $\alpha(0<\alpha<1)$ 有

$$P(\theta<\hat{\theta}_2)=1-\alpha,$$

则称 $\hat{\theta}_2$ 为参数 θ 的置信水平为 $1-\alpha$ 的**单侧置信上限**。

【例 8】 假设轮胎的寿命服从正态分布 $N(\mu,\sigma^2)$。为了估计某种轮胎平均寿命,现随机地抽取 12 只轮胎试用,测得它们的寿命(单位:万千米)如下:

4.68　4.85　4.32　4.85　4.61　5.02　5.20　4.60　4.58　4.72　4.38　4.70
试求平均寿命的置信水平为 0.95 的单侧置信下限。

解 在实际问题中,由于轮胎的寿命越长越好,因此我们只关心这种轮胎的平均寿命最低是多少,即关心平均寿命的下限。

选用样本函数 $t=\dfrac{\overline{X}-\mu}{S/\sqrt{n}}\sim t(n-1)$。由 $P(t<t_\alpha(n-1))=1-\alpha$,得单侧置信下限为

$$\overline{X}-\dfrac{S}{\sqrt{n}}t_\alpha(n-1)。\tag{7.8}$$

因为 $1-\alpha=0.95$,所以 α 为 0.05,查附表 4 可得 $t_{0.05}(11)=1.7959$。又根据已知可求得 $\overline{x}=4.709$,$s^2=0.0615$,所以均值 μ 的置信水平为 95% 的单侧置信下限为

$$4.709-\sqrt{\dfrac{0.0615}{12}}\times 1.7959=4.5806(万千米)。$$

表 7-1 列出了正态总体均值、方差的置信区间与单侧置信限(置信度为 $1-\alpha$)。

7.3 区间估计

表 7-1

	待估参数	其他参数	W 的分布	置信区间	单侧置信限
一个正态总体	μ	σ^2 已知	$U = \dfrac{\overline{X} - \mu}{\sigma/\sqrt{n}} \sim N(0,1)$	$\left(\overline{X} \pm \dfrac{\sigma}{\sqrt{n}} u_{\alpha/2} \right)$	$\overline{\mu} = \overline{X} + \dfrac{\sigma}{\sqrt{n}} u_\alpha$ $\underline{\mu} = \overline{X} - \dfrac{\sigma}{\sqrt{n}} u_\alpha$
	μ	σ^2 未知	$U = \dfrac{\overline{X} - \mu}{S/\sqrt{n}} \sim t(n-1)$	$\left(\overline{X} \pm \dfrac{S}{\sqrt{n}} t_{\alpha/2}(n-1) \right)$	$\overline{\mu} = \overline{X} + \dfrac{S}{\sqrt{n}} t_\alpha(n-1)$ $\underline{\mu} = \overline{X} - \dfrac{S}{\sqrt{n}} t_\alpha(n-1)$
	σ^2	μ 未知	$\chi^2 = \dfrac{(n-1)S^2}{\sigma^2} \sim \chi^2(n-1)$	$\left(\dfrac{(n-1)S^2}{\chi^2_{\alpha/2}(n-1)}, \dfrac{(n-1)S^2}{\chi^2_{1-\alpha/2}(n-1)} \right)$	$\overline{\sigma^2} = \dfrac{(n-1)S^2}{\chi^2_{1-\alpha}(n-1)}$ $\underline{\sigma^2} = \dfrac{(n-1)S^2}{\chi^2_{\alpha}(n-1)}$
两个正态总体	$\mu_1 - \mu_2$	σ_1^2, σ_2^2 已知	$U = \dfrac{\overline{X} - \overline{Y} - (\mu_1 - \mu_2)}{\sqrt{\dfrac{\sigma_1^2}{n_1} + \dfrac{\sigma_2^2}{n_2}}} \sim N(0,1)$	$\overline{X} - \overline{Y} \pm u_{\alpha/2} \sqrt{\dfrac{\sigma_1^2}{n_1} + \dfrac{\sigma_2^2}{n_2}}$	$\overline{\mu_1 - \mu_2} = \overline{X} - \overline{Y} + u_\alpha \sqrt{\dfrac{\sigma_1^2}{n_1} + \dfrac{\sigma_2^2}{n_2}}$ $\underline{\mu_1 - \mu_2} = \overline{X} - \overline{Y} - u_\alpha \sqrt{\dfrac{\sigma_1^2}{n_1} + \dfrac{\sigma_2^2}{n_2}}$
	$\mu_1 - \mu_2$	$\sigma_1^2 = \sigma_2^2 = \sigma^2$ 未知	$t = \dfrac{\overline{X} - \overline{Y} - (\mu_1 - \mu_2)}{S_w \sqrt{\dfrac{1}{n_1} + \dfrac{1}{n_2}}} \sim$ $t(n_1 + n_2 - 2)$, 其中 $S_w = \sqrt{\dfrac{(n_1-1)S_1^2 + (n_2-1)S_2^2}{n_1 + n_2 - 2}}$	$\left(\overline{X} - \overline{Y} \pm t_{\alpha/2}(n_1 + n_2 - 2) S_w \sqrt{\dfrac{1}{n_1} + \dfrac{1}{n_2}} \right)$	$\overline{\mu_1 - \mu_2} = \overline{X} - \overline{Y}$ $+ t_\alpha(n_1+n_2-2) S_w \sqrt{\dfrac{1}{n_1} + \dfrac{1}{n_2}}$ $\underline{\mu_1 - \mu_2} = \overline{X} - \overline{Y}$ $- t_\alpha(n_1+n_2-2) S_w \sqrt{\dfrac{1}{n_1} + \dfrac{1}{n_2}}$
	$\dfrac{\sigma_1^2}{\sigma_2^2}$	μ_1, μ_2 未知	$F = \dfrac{S_1^2 / S_2^2}{\sigma_1^2 / \sigma_2^2} \sim$ $F(n_1 - 1, n_2 - 1)$	$\left(\dfrac{S_1^2}{S_2^2} \dfrac{1}{F_{\alpha/2}(n_1-1, n_2-1)}, \dfrac{S_1^2}{S_2^2} \dfrac{1}{F_{1-\alpha/2}(n_1-1, n_2-1)} \right)$	$\overline{\left(\dfrac{\sigma_1^2}{\sigma_2^2} \right)} = \dfrac{S_1^2}{S_2^2} \dfrac{1}{F_{1-\alpha}(n_1-1, n_2-1)}$ $\underline{\left(\dfrac{\sigma_1^2}{\sigma_2^2} \right)} = \dfrac{S_1^2}{S_2^2} \dfrac{1}{F_\alpha(n_1-1, n_2-1)}$

习题 7.3

基础题

1. 已知某炼铁厂的铁水含碳量在正常生产情况下服从正态分布，其方差 $\sigma^2=0.108^2$。现在测定了 9 炉铁水，其平均含碳量为 4.484，按此资料计算该厂铁水平均含碳量的置信水平为 0.95 的置信区间。

2. 一个车间生产滚珠，从某天的产品里随机抽取 5 个，量得直径（单位：mm）如下：
$$14.6 \quad 15.1 \quad 14.9 \quad 15.2 \quad 15.1$$
如果知道该天产品直径的方差是 0.05，试找出平均直径的置信区间（$\alpha=0.05$）。

3. 设某种电子管的使用寿命服从正态分布。从中随机抽取 15 个进行检验，得平均使用寿命为 1950h，标准差 s 为 300h。求这批电子管平均寿命的置信水平为 0.95 的置信区间。

4. 人的身高服从正态分布，从初一女生中随机抽取 6 名，测得身高（单位：cm）如下：
$$149 \quad 158.5 \quad 152.5 \quad 165 \quad 157 \quad 142$$
求初一女生平均身高的置信区间。（$\alpha=0.05$）

5. 随机地取某种炮弹 9 发做试验，得炮口速度的样本标准差 s 为 11m/s。设炮口速度服从正态分布 $N(\mu,\sigma^2)$。求这种炮弹的炮口速度的标准差 σ 的置信水平为 0.95 的置信区间。

6. 有一批糖果，现从中随机地取 16 袋，称得重量（单位：g）如下：
$$506 \quad 508 \quad 499 \quad 503 \quad 504 \quad 510 \quad 497 \quad 512$$
$$514 \quad 505 \quad 493 \quad 496 \quad 506 \quad 502 \quad 509 \quad 496$$
设袋装糖果的重量近似地服从正态分布 $N(\mu,\sigma^2)$。
(1) 若 $\sigma^2=1$，试求总体均值 μ 的置信水平为 0.95 的置信区间；
(2) 若 σ^2 未知，试求总体均值 μ 的置信水平为 0.95 的置信区间；
(3) 求总体标准差 σ 的置信水平为 0.95 的置信区间。

7. 从一批灯泡中随机地取 5 只做寿命测试，测得寿命（单位：h）为
$$1050 \quad 1100 \quad 1120 \quad 1250 \quad 1280$$
设灯泡寿命服从正态分布，求灯泡寿命平均值的置信水平为 0.95 的单侧置信下限。

8. 2003 年在某地区分行业调查职工平均工资（单位：元）情况。已知体育、卫生、社会福利事业职工工资 $X \sim N(\mu_1, 218^2)$；文教、艺术、广播事业职工工资 $Y \sim N(\mu_2, 227^2)$，从总体 X 中调查 25 人，平均工资为 1286 元；从总体 Y 中调查 30 人，平均工资为 1272 元。求这两行业职工平均工资之差的置信水平为 99% 的置信区间。

9. 为比较甲、乙两种型号子弹的枪口速度（单位：cm/s），随机地抽取甲型子弹 10 发，得到枪口速度的平均值 $\bar{x}_1=500$，标准差 $s_1=1.10$。随机抽取乙型子弹 20 发，得到枪口速度的平均值 $\bar{x}_2=496$，标准差 $s_2=1.20$，假设两总体可认为分别近似地服从正态分布，$X \sim N(\mu_1, \sigma_1^2)$，$Y \sim N(\mu_2, \sigma_2^2)$，且由生产过程可认为方差相等，求两总体均值差 $\mu_1-\mu_2$ 的置信水平为 0.95 的置信区间。

10. 某自动机床加工同类型套筒,假设套筒的直径(单位:mm)服从正态分布,从两个班次的产品中各抽验 5 个套筒,测量它们的直径,得如下数据:

A 班:2.066 2.063 2.068 2.060 2.067

B 班:2.058 2.057 2.063 2.059 2.060

试求两班所加工的套筒直径的方差比 σ_1^2/σ_2^2 的置信水平为 0.90 的置信区间和均值差 $\mu_1-\mu_2$ 的置信水平为 0.95 的置信区间。

提高题

1. 设 $X_1,X_2,\cdots,X_n$ 为来自总体 $N(\mu,\sigma^2)$ 的简单随机样本,样本均值 $\bar{x}=9.5$,参数 μ 置信度为 0.95,双侧置信区间的置信上限为 10.8,则 μ 置信度为 0.95 的双侧置信区间为(   )。

2. 设随机变量 X 服从正态分布 $N(\mu,8)$,μ 未知,现有 X 的 10 个观察值 $x_1,x_2,\cdots,x_{10}$,已知 $\bar{x}=\dfrac{1}{10}\sum_{i=1}^{10}x_i=1500$。

(1) 求 μ 的置信度为 0.95 的置信区间及其长度;

(2) 要想使置信度为 0.95 的置信区间长度不超过 1,观察值个数 n 最少应取多少?

(3) 如果 $n=100$,那么区间 $(\bar{x}-1,\bar{x}+1)$ 作为 μ 的置信区间时,置信度是多少?

3. A,B 两个地区种植同一种型号的小麦。现抽取了 19 块面积相同的麦田,其中 9 块属于地区 A,另外 10 块属于地区 B,测得它们的小麦产量(单位:kg)如表 7-2 所示。

表 7-2

地区 A	100	105	110	125	110	98	105	116	112	
地区 B	101	100	105	115	111	107	106	121	102	92

设地区 A 的小麦产量 $X\sim N(\mu_1,\sigma^2)$,地区 B 的小麦产量 $Y\sim N(\mu_2,\sigma^2)$,μ_1,μ_2,σ^2 均未知。试求这两个地区小麦的平均产量之差 $\mu_1-\mu_2$ 的置信度为 90% 的置信区间。

4. 某公司的管理人员为了考查新旧两种工艺生产的电炉质量,他们随机抽取的新工艺和旧工艺生产电炉的数量分别为 31 个和 25 个,测其温度,其样本方差分别为 $s_1^2=75, s_2^2=100$。设新工艺生产电炉的温度 $X\sim N(\mu_1,\sigma_1^2)$,旧工艺生产电炉的温度 $Y\sim N(\mu_2,\sigma_2^2)$,试求 σ_1^2/σ_2^2 的置信水平为 95% 的置信区间。

总复习题 7

1. 设 $X_1,X_2,\cdots,X_n$ 是来自总体 X 的样本,$x_1,x_2,\cdots,x_n$ 是样本观测值,总体 X 的概率密度函数为

$$f(x;\theta)=\begin{cases}\dfrac{x}{\theta^2}\mathrm{e}^{-\frac{x^2}{2\theta^2}}, & x>0,\\ 0, & x\leqslant 0。\end{cases}$$

求未知参数 θ 的矩估计量和最大似然估计量。

2. 设总体 X 的概率分布为

X	1	2	3
P	θ^2	$2\theta(1-\theta)$	$(1-\theta)^2$

其中 θ 是未知参数,已知已取得样本值 $x_1=1, x_2=2, x_3=1, x_4=3, x_5=3$。求参数 θ 的矩估计值和最大似然估计量。

3. 设 $X_1, X_2, \cdots, X_n$ 是来自总体 X 的样本,$x_1, x_2, \cdots, x_n$ 是样本观测值,总体 X 的概率密度函数为 $f(x;\theta) = \frac{1}{\theta} e^{-\frac{x-\mu}{\theta}}, x > \mu, \theta > 0$,其中 θ, μ 未知,求未知参数 θ, μ 的最大似然估计量。

4. 设 $X_1, X_2, \cdots, X_n$ 是来自正态总体 $N(\mu, \sigma^2)$ 的样本,试适当选择 c,使 $S^2 = c \sum_{i=1}^{n-1} (X_{i+1} - X_i)^2$ 是 σ^2 的无偏估计量。

5. 设 $X_1, X_2, \cdots, X_n$ 是来自服从均匀分布 $U\left(\theta - \frac{1}{2}, \theta + \frac{1}{2}\right)$ 的总体的样本,证明 $\hat{\theta}_1 = \frac{1}{n} \sum_{k=1}^{n} X_k, \hat{\theta}_2 = \frac{1}{2}(\max_{1 \leq i \leq n}\{X_i\} + \min_{1 \leq i \leq n}\{X_i\})$ 都是 θ 的无偏估计量,且 $\hat{\theta}_2$ 比 $\hat{\theta}_1$ 有效。

6. 设一批零件的长度(单位:cm)服从正态分布 $N(\mu, \sigma^2)$,其中 μ, σ^2 均未知。先从中随机抽取 16 个零件,测得样本均值 $\bar{x} = 20$,样本标准差 $s = 1$,求 μ 的置信水平是 0.90 的置信区间。

7. 某种清漆的 9 个样本,其干燥时间(单位:h)分别为
6.0 5.7 5.8 6.5 7.0 6.3 5.6 6.1 5.0,
设干燥时间总体服从正态分布 $N(\mu, \sigma^2)$。

(1) 若 $\sigma = 0.6$,求总体均值 μ 的置信水平为 0.95 的置信区间。

(2) 若 σ^2 未知,求总体均值 μ 的置信水平为 0.95 的置信区间。

8. 高速公路上汽车的行驶速度(单位:m/s)服从正态分布,现对汽车的速度独立地做了 5 次测试,计算得样本方差 $s^2 = 0.09$。求汽车速度的方差 σ^2 的置信水平为 0.95 的置信区间。

9. 为了估计一件物体的质量 μ,将其称了 10 次,得到的质量(单位:g)为
10.1 10 9.8 10.5 9.7 10.1 9.9 10.2 10.3 9.9
假设所称物体的质量服从正态分布 $N(\mu, \sigma^2)$,求该物体质量 μ 的置信水平为 0.95 的置信区间。

10. 某自动包装机包装洗衣粉,其质量服从正态分布,今随机抽查 12 袋,测得质量(单位:g)分别为
1001 1004 1003 1000 997 999 1004 1000 996 1002 998 999

(1) 若已知 $\sigma^2 = 8$,求 μ 的置信水平为 95% 的置信区间;

(2) 若 σ^2 未知时,求 μ 的置信水平为 95% 的置信区间;

(3) 求 σ^2 的置信水平为 95% 的置信区间。

11. 假设 $0.50, 1.25, 0.80, 2.00$ 都是来自总体 X 的样本值,已知 $Y=\ln X$ 服从正态分布 $N(\mu,1)$。求：

（1）X 的数学期望 $E(X)$（记 $E(X)$ 为 b）；

（2）求 μ 的置信水平为 0.95 的置信区间；

（3）利用上述结果求 b 的置信水平为 0.95 的置信区间。

12. 研究两种固体燃料火箭推进器的燃烧率（单位：cm/s），设两者分别服从正态分布 $X \sim N(\mu_1, \sigma_1^2)$，$Y \sim N(\mu_2, \sigma_2^2)$，并且已知燃烧率的标准差均近似为 0.05，取样本容量为 $n_1 = n_2 = 20$，得燃烧率的样本均值分别为 $\overline{x_1} = 18, \overline{x_2} = 24$，设两样本独立，求两燃烧率总体均值差 $\mu_1 - \mu_2$ 的置信水平为 0.99 的置信区间。

第 8 章 假设检验

第 7 章学习了统计推断的一个重要问题——参数估计。本章将介绍统计推断的另一个重要问题——**假设检验**(hypothesis testing)。假设检验就是根据样本所提供的信息及适当的统计量,对关于总体的分布或总体中未知参数所提出的假设作出接受还是拒绝的决策过程。

8.1 假设检验的基本概念

8.1.1 问题的提出

先看两个简单的例子。

【例1】 将一枚硬币抛 100 次,"正面"出现 60 次,问这枚硬币是否匀称?

若"$X=1$"和"$X=0$"分别表示"出现正面"和"出现反面",要判断这枚硬币是否匀称,即要检验总体 X 是否服从 $p=0.5$ 的 0-1 分布。这个问题是总体的分布未知,对总体分布的假设检验问题。

【例2】 某车间用一台打包机包装糖,设包得的袋装糖重服从正态分布。长期实践表明,标准差 $\sigma=10\text{g}$,当机器工作正常时,其均值为 500g。为检验某天打包机是否正常,从该天所包装的糖中任取 16 袋,称得其样本平均值为 510g,问这天的打包机工作是否正常?

设包得的袋装糖重为 X,则 X 服从正态分布 $N(\mu,\sigma^2)$ 且 $\sigma=10$,要判断该天的打包机工作是否正常,就是要判断这一天打包机的袋装糖重 X 的均值 μ 是否等于 500g,即是要检验假设 $\mu=500$ 是否正确。这个问题是在正态分布总体方差已知时,对总体均值的假设检验问题。

假设检验分为参数假设检验和非参数假设检验。如例 2 中,总体分布形式已知时,对总体中未知参数作的假设进行的检验称为**参数假设检验**,否则称为**非参数假设检验**。如例 1 中总体的分布类型未知时,对总体是否服从 $p=0.5$ 的 0-1 分布进行检验,就属于非参数假设检验问题。本书只讨论参数假设检验。

8.1.2 假设检验的基本思想

在例 2 中问这天的打包机工作是否正常，这一问题转化为提出假设

$$H_0: \mu = \mu_0 = 500, \quad H_1: \mu \neq \mu_0 = 500, \tag{8.1}$$

其中 H_0 称为**原假设**（null hypothesis），H_1 称为**备择假设**（alternative hypothesis）。如果 H_0 成立，即接受 $\mu=500$，就说明这天的打包机工作正常，否则就不正常。例 2 要回答的问题就是，对提出的两种对立假设进行判断，是接受 H_0 还是 H_1。为了要完成上述一判断，需要提出一个合理的法则，根据这个法则可以作出接受 H_0 还是拒绝 H_0 的判断。

由于要检验的假设(8.1)式中涉及总体均值 μ，故首先想到是否可以借助样本均值 $\overline{X}$ 这一统计量来进行检验。已经知道，$\overline{X}$ 是 μ 的无偏估计量，样本均值 $\overline{X}$ 的大小在一定程度上反映总体均值 μ 的大小。因此，如果假设 H_0 为真，则 $\overline{X}$ 与 500 的偏差 $|\overline{X}-500|$ 一般不应该太大，若 $|\overline{X}-500|$ 过大，就有理由怀疑原假设 H_0 的正确性而拒绝 H_0。即当 H_0 为真时，可适当选定一正数 k，事件 $\{|\overline{X}-500|\geqslant k\}$ 应该是一个小概率事件，一般用一个很小的正数 α 来描述其发生的概率，根据小概率事件原理，概率很小的事件在一次试验中是不可能发生的，如果在一次试验中小概率事件竟然发生了，则认为该事件的前提条件值得怀疑，若当 H_0 为真时，如果根据 $\overline{X}$ 的观测值 $\overline{x}$，计算出 $|\overline{x}-500|\geqslant k$，则有理由认为原假设 H_0 是不成立的，原因是在一次试验中小概率事件竟然发生了。否则，只能接受 H_0。

由于当 H_0 为真时，统计量 $U=\dfrac{\overline{X}-500}{\sigma/\sqrt{n}}\sim N(0,1)$，所以衡量 $|\overline{X}-500|$ 的大小可归结为衡量 $\dfrac{|\overline{X}-500|}{\sigma/\sqrt{n}}$ 的大小，基于以上分析，我们可适当选定一很小的正数 α，确定 k，使得

$$P(|\overline{X}-500|\geqslant k \mid H_0 \text{ 为真}) = \alpha,$$

即使得 H_0 为真时，$P\left(\dfrac{|\overline{X}-500|}{\sigma/\sqrt{n}}\geqslant \dfrac{k}{\sigma/\sqrt{n}}\right)=\alpha$。

由标准正态分位点的定义知 $\dfrac{k}{\sigma/\sqrt{n}}=u_{\alpha/2}$，计算统计量 U 的观测值 $u=\dfrac{|\overline{x}-500|}{\sigma/\sqrt{n}}$，若 $|u|\geqslant u_{\alpha/2}$，说明在一次抽样中小概率事件发生了，从而拒绝 H_0。反之，就接受 H_0。在检验时，α 是一个事先给定的很小的正数，由于 α 很小，一般取 0.05，0.02，0.01 等，称之为**显著性水平**（significance level），$-u_{\alpha/2},u_{\alpha/2}$ 称为**临界值**，$|u|\geqslant u_{\alpha/2}$ 为**拒绝域**，$|u|<u_{\alpha/2}$ 为**接受域**。

在例 2 中如果给定 $\alpha=0.05$，查附表 2 得 $u_{\alpha/2}=u_{0.025}=1.96$。又 $\overline{x}=510$ 和 $\sigma=10$，所以 $|u|=\left|\dfrac{510-500}{10/\sqrt{16}}\right|=4>u_{0.025}=1.96$，小概率事件 $\{|U|\geqslant 1.96\}$ 在一次试验中竟然发生了，就有理由怀疑原假设 H_0 的正确性，从而拒绝原假设 H_0，接受 H_1，认为这天的打包机工作不正常。

8.1.3 两类错误

由于对假设作出判断的依据是样本，也就是由部分来推断整体，因而假设检验不可能绝

对正确。可能犯的错误有两类：

(1) 原假设 H_0 实际为真，而检验结果认为应该拒绝 H_0，称这种错误为**第一类错误**，或称**弃真错误**，犯第一类错误的概率记为 $P($拒绝 $H_0 | H_0$ 为真$)$。

(2) 原假设 H_0 实际为假，而检验结果认为应该接受 H_0，称这种错误为**第二类错误**，或称**纳伪错误**，犯第二类错误的概率记为 $P($接受 $H_0 | H_0$ 为假$)$。

当然在确定检验法则时，希望犯这两类错误的概率同时越小越好。但是，当样本容量固定时，减少犯一类错误的概率，则会增加犯另一类错误的概率。若要使犯两类错误的概率同时减小，可增加样本的容量。但对于容量给定的样本，一般优先控制犯第一类错误的概率，让它的概率小于或等于事先给定的显著性水平 α，称这种检验为**显著性检验**。

8.1.4 假设检验的基本步骤

通过前面的分析，总结出假设检验的基本步骤：
(1) 根据实际问题提出原假设 H_0 和备择假设 H_1；
(2) 选择检验统计量，条件是当 H_0 为真时，它的分布要完全确定；
(3) 对于给定的显著性水平 α，查表得临界点，使得 $P($拒绝 $H_0 | H_0$ 为真$)=\alpha$，确定拒绝域；
(4) 求检验统计量的观测值，并与临界值作比较；
(5) 下结论：若统计量的值落入拒绝域，则拒绝 H_0，否则，接受 H_0。

8.1.5 双侧检验与单侧检验

在 (8.1) 式中，原假设 $H_0: \mu = \mu_0 = 500$，而备择假设 $H_1: \mu \neq \mu_0 = 500$ 表示只要有 $\mu > \mu_0$ 与 $\mu < \mu_0$ 一个成立就可以拒绝 H_0，拒绝域为 $|u| \geq u_{\alpha/2}$。由于 H_0 的拒绝域在概率密度函数曲线的两端，故称为**双侧检验**。

若 $H_0: \mu \geq \mu_0, H_1: \mu < \mu_0$，则备择假设只有 $\mu < \mu_0$ 成立，称此检验为**左侧检验**；

若 $H_0: \mu \leq \mu_0, H_1: \mu > \mu_0$，则备择假设只有 $\mu > \mu_0$ 成立，称此检验为**右侧检验**。

左侧检验和右侧检验统称为**单侧检验**。在对具体问题的假设检验中，是采用双侧检验还是单侧检验，应根据实际情况决定。

习题 8.1

基础题

1. 假设检验的统计思想是小概率事件在一次试验中可以认为基本上是不会发生的，该原理称为_____。
2. 在作假设检验时，容易犯的两类错误是_____。
3. 在假设检验中，显著性水平 α 表示(　　)。
   A. H_0 为假，但接受 H_0 的假设的概率　　B. H_0 为真，但拒绝 H_0 的假设的概率
   C. H_0 为假，但拒绝 H_0 的概率　　　　　D. 可信度

4. 假设检验时,若增大样本容量,则犯两类错误的概率(　　)。
   A. 都增大　　　　　　　　B. 都减少
   C. 都不变　　　　　　　　D. 一个增大一个减少

提高题

1. 在对总体参数的假设检验中,若给定显著性水平 α,则犯第一类错误的概率是(　　)。
   A. $1-\alpha$　　　B. α　　　C. $\alpha/2$　　　D. 不能确定

2. 已知总体 X 的概率密度函数只有两种可能,设

$$H_0: f(x) = \begin{cases} \dfrac{1}{2}, & 0 \leqslant x \leqslant 2, \\ 0, & \text{其他}; \end{cases} \quad H_1: f(x) = \begin{cases} \dfrac{x}{2}, & 0 \leqslant x \leqslant 2, \\ 0, & \text{其他}。 \end{cases}$$

对 X 进行一次观测,得样本 X_1,规定当 $X_1 \geqslant \dfrac{3}{2}$ 时拒绝 H_0,否则就接受 H_0,则此检测 α 和 β 分别为(　　)。

3. 设总体服从正态分布 $N(\mu,\sigma^2)$,$X_1,X_2,\cdots,X_n$ 是总体 X 的简单随机样本,据此样本检测:

假设:$H_0:\mu=\mu_0$,$H_1:\mu\neq\mu_0$,则(　　)。
   A. 如果在检测水平 $\alpha=0.05$ 下拒绝 H_0,那么在检测水平 $\alpha=0.01$ 下必拒绝 H_0
   B. 如果在检测水平 $\alpha=0.05$ 下拒绝 H_0,那么在检测水平 $\alpha=0.01$ 下必接受 H_0
   C. 如果在检测水平 $\alpha=0.05$ 下接受 H_0,那么在检测水平 $\alpha=0.01$ 下必拒绝 H_0
   D. 如果在检测水平 $\alpha=0.05$ 下接受 H_0,那么在检测水平 $\alpha=0.01$ 下必接受 H_0

8.2　单个正态总体参数的假设检验

由于实际问题中大多数随机变量都服从或近似服从正态分布,因此这里重点介绍正态总体中未知参数的假设检验。

8.2.1　单个正态总体均值 μ 的假设检验

设总体 $X \sim N(\mu,\sigma^2)$,$X_1,X_2,\cdots,X_n$ 是 X 的样本,$\overline{X}$,S^2 分别为样本均值和样本方差。

1. 方差 $\sigma^2 = \sigma_0^2$ 已知的情形

(1) 检验假设

$$H_0:\mu=\mu_0, \quad H_1:\mu\neq\mu_0。 \tag{8.2}$$

8.1 节已经讨论过当 H_0 为真,且 σ^2 已知时,选择检验统计量 $U=\dfrac{\overline{X}-\mu_0}{\sigma/\sqrt{n}} \sim N(0,1)$。

对于给定的显著性水平 α,根据 $P(|U| \geqslant u_{\alpha/2})=\alpha$,查附表 2 得临界值 $u_{\alpha/2}$。计算统计量 U 的观测值 u。若 $|u| \geqslant u_{\alpha/2}$,则拒绝 H_0;否则,接受 H_0,从而确定拒绝域(参见图 8-1):$|u| \geqslant u_{\alpha/2}$。

类似地,对于单侧检验有如下的检验方法。

(2) 检验假设
$$H_0:\mu \leq \mu_0, \quad H_1:\mu > \mu_0。 \quad (8.3)$$

在假设(8.3)中,当 H_0 为真,对于给定的显著性水平 α,根据 $P(U \geq u_\alpha)=\alpha$,查附表2得临界值 u_α,从而确定拒绝域 $u \geq u_\alpha$(参见图8-2(a))。

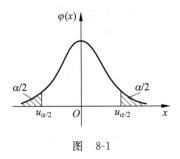

图 8-1

(3) 检验假设
$$H_0:\mu \geq \mu_0, \quad H_1:\mu < \mu_0。 \quad (8.4)$$

在假设(8.4)中,当 H_0 为真,对于给定的显著性水平 α,根据 $P(U \leq -u_\alpha)=\alpha$,查附表2得临界值 $-u_\alpha$,从而确定拒绝域 $u \leq -u_\alpha$(参见图8-2(b))。

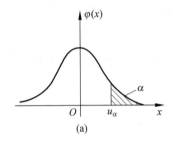 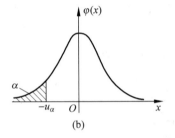

图 8-2

【例1】 根据长期经验和资料的分析,某砖瓦厂生产砖的"抗断强度"X 服从正态分布,方差 $\sigma^2 = 1.21$,从该厂产品中随机抽取6块,测得抗断强度为:(单位:kg/cm^2)

32.56　29.66　31.64　30.00　31.87　31.03

检验这批砖的平均抗断强度是否为 $32.50 kg/cm^2$?($\alpha = 0.05$)

解 这是一个双侧的假设检验。

检验假设 $H_0:\mu = \mu_0 = 32.50, H_1:\mu \neq 32.50$。

当 H_0 为真时,选择检验统计量 $U = \dfrac{\overline{X} - \mu_0}{\sigma/\sqrt{n}} \sim N(0,1)$,对于给定的显著性水平 $\alpha = 0.05$,查附表2得临界值 $u_{0.025} = 1.96$,使得 $P(|U| \geq 1.96) = 0.05$,从而确定拒绝域 $|u| \geq 1.96$。

由于 $\overline{x} = 31.13$,所以 $|u| = \left|\dfrac{31.13 - 32.50}{1.1/\sqrt{6}}\right| = 3.05 > u_{0.025} = 1.96$,故统计量 U 的观测值 u 落入拒绝域。于是拒绝 H_0,即不能认为这批产品的平均抗断强度为 $32.50 kg/cm^2$。

2. 方差 σ^2 未知的情形

设总体 $X \sim N(\mu, \sigma^2)$,$X_1, X_2, \cdots, X_n$ 是 X 的样本,$\overline{X}, S^2$ 分别为样本均值和样本方差。

(1) 检验假设
$$H_0:\mu = \mu_0, \quad H_1:\mu \neq \mu_0。 \quad (8.5)$$

当 H_0 为真,且 σ^2 未知时,选择检验统计量 $T = \dfrac{\overline{X} - \mu_0}{S/\sqrt{n}} \sim t(n-1)$。

对于假设(8.5),当 H_0 为真时,对于给定的显著性水平 α,根据 $P(|T| \geq t_{\alpha/2}(n-1)) = \alpha$,查附表4得临界值 $t_{\alpha/2}(n-1)$。计算统计量 T 的观测值 t。

若 $|t| \geqslant t_{\alpha/2}(n-1)$,则拒绝 H_0;否则接受 H_0,从而确定拒绝域(参见图 8-3)
$$|t| \geqslant t_{\alpha/2}(n-1)。$$
类似地,对于单侧检验,有下面的检验方法。

(2) 检验假设
$$H_0: \mu \leqslant \mu_0, \quad H_1: \mu > \mu_0。 \tag{8.6}$$

可得拒绝域(参见图 8-4(a))为
$$t = \frac{\bar{x} - \mu_0}{s/\sqrt{n}} > t_\alpha(n-1)。$$

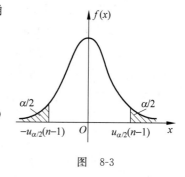

图 8-3

(3) 检验假设
$$H_0: \mu \geqslant \mu_0, \quad H_1: \mu < \mu_0。 \tag{8.7}$$

可得拒绝域(参见图 8-4(b))为 $t = \frac{\bar{x} - \mu_0}{s/\sqrt{n}} < -t_\alpha(n-1)$。

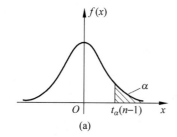
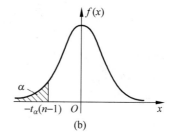

图 8-4

【例2】 从某年的新生儿(女)中随机地抽取 20 个,测得其平均体重为 3160g,样本标准差为 300g,而根据过去统计资料,新生儿体重可看成服从正态分布,且平均体重为 3140g,若给定 $\alpha = 0.01$,问现在与过去的新生儿总体有无显著差异?

解 用 X 表示该年所有新生儿体重,则 $X \sim N(\mu, \sigma^2)$。本题所提出的问题就是一个方差未知时,正态总体均值的假设检验问题。

检验假设
$$H_0: \mu = \mu_0 = 3140, \quad H_1: \mu \neq 3140。$$

当 H_0 为真时,选择检验统计量 $T = \frac{\bar{X} - \mu_0}{S/\sqrt{n}} \sim t(19)$。

对于给定的显著性水平 α,查附表 4 得临界值 $t_{0.005}(19) = 2.8609$,使得 $P(|T| \geqslant 2.8609) = 0.01$,从而确定拒绝域 $|t| \geqslant 2.8609$。

由题已知,$\bar{x} = 3160, s = 300$,计算 T 的观测值 $|t| = \left|\frac{3160 - 3140}{300/\sqrt{20}}\right| = 0.2981$。由于 $|t| < t_{0.005}(19) = 2.8609$,统计量 T 的观测值落入接受域,则接受 H_0,即认为现在与过去的新生儿体重没有显著差异。

【例3】 某部门对当前市场的价格情况进行调查,以鸡蛋为例,所抽查的全省 10 个集上,单价(单位:元/500g)分别为

3.10 3.18 3.34 3.82 3.30 3.16 3.84 3.05 3.90 3.31

已知往年的平均单价一直稳定在 3.25 元/500g 左右,且已知全省鸡蛋单价服从正态分布 $N(\mu,\sigma^2)$,在显著水平 $\alpha=0.05$ 下,能否认为全省当前鸡蛋单价明显高于往年?

分析 由于检测的目的是了解鸡蛋单价是否明显高于往年的,即想支持 $\mu>3.25$,因此,提出的假设是 $H_0:\mu\leqslant 3.25, H_1:\mu>3.25$。这是一个单侧的假设检验问题。

另外,$X_1,X_2,\cdots,X_n$ 为来自 $N(\mu,\sigma^2)$ 的样本,σ^2 未知,对这类问题取检测统计量为

$$T=\frac{\overline{X}-\mu_0}{S/\sqrt{n}}。$$

在 H_0 成立的条件下,$\overline{X}$ 越大,则越不利于 H_0,此时 T 有变大的趋势,因此拒绝域在右边,即为拒绝域 $W=\{T>t_\alpha(n-1)\}$。

最后根据计算出来的 t 值,看样本是否落在拒绝域 W 内,若落在拒绝域 W 内,则拒绝 H_0,否则,接受 H_0。

解 (1)提出假设 $H_0:\mu\leqslant 3.25, H_1:\mu>3.25$。

(2)构造统计量,用统计量 $T=\dfrac{\overline{X}-\mu_0}{S/\sqrt{n}}$。由此可计算出 $n=10, \bar{x}=3.4, s=0.3266$,由此计算出 $t=1.4524$。

(3)确定拒绝域。

在 H_0 成立的条件时,给定显著性水平 $\alpha=0.05$,查表可得 $t_{0.05}(n-1)=t_{0.05}(9)=1.8331$,因此拒绝域为 $W=\{T>t_\alpha(n-1)=1.8331\}$。

(4)得出结论

由于 $t=1.4524\notin W$,故不能拒绝 H_0,即鸡蛋的单价较往年的没有明显上涨。

8.2.2 单个正态总体方差 σ^2 的假设检验

在此只在均值 μ 未知的情况下,考虑三种关于 σ^2 的检验。

(1)检验假设

$$H_0:\sigma^2=\sigma_0^2, \quad H_1:\sigma^2\neq\sigma_0^2。 \tag{8.8}$$

当 H_0 为真时,选择检验统计量

$$\chi^2=\frac{(n-1)S^2}{\sigma_0^2}\sim\chi^2(n-1)。$$

对于假设(8.8),给定的显著性水平 α,根据

$$P(\chi^2>\chi_{\alpha/2}^2(n-1))=\frac{\alpha}{2} \text{ 或}$$

$$P(\chi^2<\chi_{1-\alpha/2}^2(n-1))=\frac{\alpha}{2}。$$

查附表 3 得临界值 $\chi_{\alpha/2}^2(n-1), \chi_{1-\alpha/2}^2(n-1)$。

计算 χ^2 的观测值,若 $\chi^2\geqslant\chi_{\alpha/2}^2(n-1)$ 或 $\chi^2\leqslant\chi_{1-\alpha/2}^2(n-1)$,则拒绝 H_0。否则,接受 H_0。

从而确定拒绝域(参见图 8-5)为

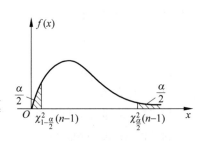

图 8-5

$$\chi^2 \geqslant \chi^2_{\alpha/2}(n-1) \quad \text{或} \quad \chi^2 \leqslant \chi^2_{1-\alpha/2}(n-1)。$$

类似地,对于单侧检验,有如下的检验方法。

(2) 检验假设
$$H_0: \sigma^2 \leqslant \sigma_0^2, \quad H_1: \sigma^2 > \sigma_0^2。 \tag{8.9}$$

可得拒绝域(参见图 8-6(a))为
$$\chi^2 = \frac{(n-1)s^2}{\sigma_0^2} \geqslant \chi^2_{\alpha}(n-1)。$$

(3) 检验假设
$$H_0: \sigma^2 \geqslant \sigma_0^2, \quad H_1: \sigma^2 < \sigma_0^2。 \tag{8.10}$$

可得拒绝域(参见图 8-6(b))为
$$\chi^2 = \frac{(n-1)s^2}{\sigma_0^2} \leqslant \chi^2_{1-\alpha}(n-1)。$$

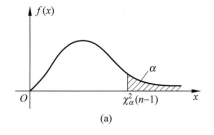
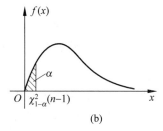

图 8-6

【例 4】 某厂生产的某种型号的电池,其寿命(单位:h)长期以来服从方差 $\sigma^2 = 5000$ 的正态分布。现有一批这种电池,从它的生产情况来看,寿命的波动性有所改变,现随机抽取 26 只电池,测出其寿命的样本方差 $s^2 = 9200$,问根据这一数据能否推断这批电池寿命的波动性较以往的有显著的变化($\alpha = 0.02$)?

解 这是一个关于正态总体方差的双侧假设检验问题。

检验假设 $H_0: \sigma^2 = \sigma_0^2 = 5000, H_1: \sigma^2 \neq 5000$。

当 H_0 为真时,选择检验统计量 $\chi^2 = \frac{(n-1)S^2}{\sigma_0^2} \sim \chi^2(25)$。对于给定的显著性水平 $\alpha = 0.02$,查附表 3 得临界值 $\chi^2_{0.01}(25) = 44.314$ 或 $\chi^2_{0.99}(25) = 11.524$,使得

$$P(\chi^2 > 44.314) = 0.01 \quad \text{和} \quad P(\chi^2 < 11.524) = 0.01,$$

从而确定拒绝域 $\chi^2 > 44.314$ 或 $\chi^2 < 11.524$。

计算统计量 χ^2 的观测值 $\chi^2 = \frac{25 \times 9200}{5000} = 46$,由于 $\chi^2 = 46 > \chi^2_{0.01}(25) = 44.314$,所以统计量 χ^2 的观测值 χ^2 落入拒绝域,则拒绝 H_0,即认为这批电池寿命的波动性较以往有显著的变化。

习题 8.2

基础题

1. 设总体 $X \sim N(\mu, \sigma^2)$,待检的原假设 $H_0: \sigma^2 = \sigma_0^2$,对于给定的显著性水平 α,如果拒绝

域为$(\chi_\alpha^2(n-1),+\infty)$,则相应的备择假设$H_1$:_____;若拒绝域为$(0,\chi_{1-\frac{\alpha}{2}}^2(n-1))\cup(\chi_{\frac{\alpha}{2}}^2(n-1),+\infty)$,则相应的备择假设$H_1$:_____。

2. 假设总体$X \sim N(\mu,8)$,μ为未知参数,$X_1,X_2,\cdots,X_n$是取自总体X的一组简单随机样本,其均值$\overline{X}=\frac{1}{n}\sum_{i=1}^n X_i$。如果以区间$(\overline{X}-1,\overline{X}+1)$作为$\mu$的置信区间,那么当$n=36$时,置信度为_____,如果在$\alpha=0.05$水平上检验$H_0:\mu=\mu_0$;$H_1:\mu\neq\mu_0$,选否定区域$C=\{(x_1,x_2,\cdots,x_n):|\overline{X}-\mu_0|\geqslant 1.96\}$,则样本容量$n$应取_____。

3. 设$X_1,X_2,\cdots,X_n$是来自总体$X \sim N(\mu,\sigma^2)$的一个样本,设$\overline{X}=\frac{1}{n}\sum_{i=1}^n X_i$,$Q^2=\sum_{i=1}^n(X_i-\overline{X})^2$,其中参数$\mu$和$\sigma$未知,对提出的假设$H_0:\mu=0$,$H_1:\mu\neq 0$进行检验,求使用的统计量。

4. 已知某炼铁厂铁水含碳量服从正态分布$N(4.55,0.108^2)$。现在测定了9炉铁水,其平均含碳量为4.484,如果估计方差没有变化,可否认为现在生产的铁水含碳量仍为4.55?($\alpha=0.05$)。

5. 某零件的尺寸方差为$\sigma^2=0.0025$,对一批这类零件检查6件得尺寸数据(单位:mm):14.7,15.1,14.8,15.0,15.2,14.6。设零件尺寸服从正态分布,问这批零件的平均尺寸能否认为是15?($\alpha=0.05$)

6. 设某次考试的考生成绩服从正态分布,从中随机地抽取36位考生的成绩,得平均成绩为66.5分,样本标准差为15分,问在显著性水平0.05下是可否认为这次考试成绩平均为70分?

7. 假定某厂生产一种钢索,它的断裂程度X(单位:kg/cm^2)服从正态分布$N(\mu,40^2)$。从中选取一个容量为9的样本,得$\overline{x}=840$。能否据此样本认为这批钢索的断裂程度为800?($\alpha=0.05$)

8. 正常人的脉搏平均为72次/分,某医生测得10例慢性四乙基铅中毒患者的脉搏(次/分)如下:54,67,68,78,70,66,67,70,65,69。已知脉搏服从正态分布,问在显著性水平$\alpha=0.05$条件下,四乙基铅中毒者和正常人的脉搏有无显著差异?

9. 某厂产品需用玻璃纸做包装,按规定供应商供应的玻璃纸的横向延伸不应低于65。已知该指标服从正态分布$N(\mu,\sigma^2)$,σ一直稳定于5.5。从近期来货中抽查了100个样品,得样本均值$\overline{x}=55.06$,试问在$\alpha=0.05$水平上能否接收这批玻璃纸?

10. 某元件的寿命X(单位:h)服从正态分布$N(\mu,\sigma^2)$,μ,σ^2均未知。现测16只该元件的寿命,算得样本均值为24.50h,样本标准差为98.73h,问是否有理由认为元件的寿命大于225(h)?

11. 某电工器材厂生产一种保险丝,测量其熔化时间,假定熔化时间服从正态分布,依通常情况方差为$\sigma^2=400$,今从某天生产的产品中抽取容量为25的样本,测量其熔化时间并计算得$\overline{x}=62.24$,$s^2=404.77$,问这天保险丝熔化时间分散度与通常有无显著差异?($\alpha=0.05$)

提高题

1. 某市历年来对 7 岁男孩的统计资料表明,他们的身高服从均值为 1.32m、标准差为 0.12m 的正态分布。现从各个学校随机抽取 25 个 7 岁男孩,测得他们平均身高 1.36m,若已知今年全市 7 岁男孩身高的标准差仍为 0.12m,问与历年 7 岁男孩的身高相比是否有显著差异(取 $\alpha=0.05$)。

2. 微波炉在炉门关闭时辐射量是一个重要的质量指标。某厂该质量指标服从正态分布 $N(\mu,\sigma^2)$,长期以来 $\sigma^2=0.01$,且均值都符合不超过 0.12 的要求,为了检查近期产品的质量,抽查了 25 台,测得样本均值为 $\bar{X}=0.1203$,问在显著水平 $\alpha=0.05$ 时,炉门关闭时的辐射量是否升高了?

3. 美国民政部门对某种住宅区住户的消费情况进行的调查报告中抽出 9 户样本,其每年开支除去税款和住宅费用外,依次为:4.9,5.3,6.5,5.2,7.4,5.4,6.8,5.4,6.3(单位:千元)。假设所有住户消费数据的总体服从正态分布。若给定 $\alpha=0.05$,试问:所有住户消费数据的总体方差 $\sigma^2=0.3$ 是否可信?

8.3 两个正态总体参数的假设检验

8.2 节我们学习了单个正态总体的均值或方差的假设检验问题。实际问题中,我们常常需要对两个正态总体的参数进行比较,本节介绍两个正态总体参数的假设检验。

设总体 $X\sim N(\mu_1,\sigma_1^2)$,$X_1,X_2,\cdots,X_{n_1}$ 是 X 的样本,总体 $Y\sim N(\mu_2,\sigma_2^2)$,$Y_1,Y_2,\cdots,Y_{n_2}$ 是 Y 的样本,且两总体相互独立。

8.3.1 关于两个正态总体均值的检验

1. 两个总体方差 σ_1^2 与 σ_2^2 已知的情形

(1)检验假设

$$H_0: \mu_1 = \mu_2, \quad H_1: \mu_1 \neq \mu_2 \text{。} \tag{8.11}$$

当 H_0 为真时,选择检验统计量 $U=\dfrac{(\bar{X}-\bar{Y})-(\mu_1-\mu_2)}{\sqrt{\dfrac{\sigma_1^2}{n_1}+\dfrac{\sigma_2^2}{n_2}}}=\dfrac{\bar{X}-\bar{Y}}{\sqrt{\dfrac{\sigma_1^2}{n_1}+\dfrac{\sigma_2^2}{n_2}}}\sim N(0,1)$。

对于给定的显著性水平 α,查附表 2 得临界值 $u_{\alpha/2}$,使得 $P(|U|\geqslant u_{\alpha/2})=\alpha$,计算统计量 U 的观测值 u,若 $|u|\geqslant u_{\alpha/2}$,统计量的观测值落入拒绝域,则拒绝 H_0;否则,接受 H_0,从而可得拒绝域 $|u|\geqslant u_{\alpha/2}$。

【例 1】 从两个教学班各随机选取 14 名学生进行数学测验,第一个教学班与第二个教学班的测验结果如表 8-1。

表 8-1

第一个教学班	91	80	76	98	95	92	90	91	80	92	98	92	98	100
第二个教学班	90	91	80	92	92	94	96	93	95	69	90	92	94	96

已知两个教学班数学成绩均服从正态分布,且方差分别为 57 和 53。问在显著性水平 $\alpha=0.05$ 下可否认为这两个教学班数学测验成绩有差异?

解 设第一个教学班的数学成绩 $X\sim N(\mu_1,\sigma_1^2)$,第二个教学班的数学成绩 $Y\sim N(\mu_2,\sigma_2^2)$。根据题意提出检验假设 $H_0:\mu_1=\mu_2, H_1:\mu_1\neq\mu_2$。

当 H_0 为真时,选择检验统计量 $U=\dfrac{\overline{X}-\overline{Y}}{\sqrt{\dfrac{\sigma_1^2}{n_1}+\dfrac{\sigma_2^2}{n_2}}}\sim N(0,1)$。对于给定的显著性水平 $\alpha=0.05$,查附表 2 得临界值 $u_{\alpha/2}=u_{0.025}=1.96$,得拒绝域为 $|u|\geqslant 1.96$。

已知 $\sigma_1^2=57,\sigma_2^2=53$。计算得 $\overline{x}=90.929,\overline{y}=90.286$,所以

$$|u|=\left|\frac{90.929-90.286}{\sqrt{\frac{57}{14}+\frac{53}{14}}}\right|=0.229<u_{0.025}=1.96,$$

统计量的值未落入拒绝域,则接受 H_0,可以认为这两个教学班数学测验成绩没有差异。

以上是当两个总体方差 σ_1^2 与 σ_2^2 已知时,关于两个正态总均值差的双侧假设检验,对于单侧的假设检验,使用的假设检验统计量是一样的,类似可得:

(2) 检验假设

$$H_0:\mu_1\leqslant\mu_2, \quad H_1:\mu_1>\mu_2,$$

得拒绝域为 $u\geqslant u_\alpha$。

(3) 检验假设

$$H_0:\mu_1\geqslant\mu_2, \quad H_1:\mu_1<\mu_2,$$

得拒绝域为 $u\leqslant -u_\alpha$。

2. 两个总体方差 $\sigma_1^2=\sigma_2^2$ 且未知的情形

(1) 检验假设

$$H_0:\mu_1=\mu_2, \quad H_1:\mu_1\neq\mu_2。 \tag{8.12}$$

当 H_0 为真时,选择检验统计量 $T=\dfrac{\overline{X}-\overline{Y}}{S_w\sqrt{\dfrac{1}{n_1}+\dfrac{1}{n_2}}}\sim t(n_1+n_2-2)$,其中

$$S_w=\sqrt{\frac{(n_1-1)S_1^2+(n_2-1)S_2^2}{n_1+n_2-2}}。$$

对于给定的显著性水平 α,查附表 4 得临界值 $t_{\alpha/2}(n_1+n_2-2)$,使得 $P(|T|\geqslant t_{\alpha/2}(n_1+n_2-2))=\alpha$,从而确定拒绝域 $|t|\geqslant t_{\alpha/2}(n_1+n_2-2)$。

计算 $|t|$,并与 $t_{\alpha/2}(n_1+n_2-2)$ 作比较,若 $|t|\geqslant t_{\alpha/2}(n_1+n_2-2)$,统计量 T 的观测值落入拒绝域,则拒绝 H_0;否则,接受 H_0。

【例 2】 杜鹃总是把蛋生在别的鸟巢中,现有从两种鸟巢中得到的蛋共 22 枚,其中 9 枚来自同一种鸟巢,13 枚来自另一种鸟巢。测得杜鹃蛋的长度(单位:mm)如表 8-2。

表 8-2

一种	21.2	21.6	21.9	22.0	22.0	22.2	22.8	22.9	23.2			
另一种	19.8	20.0	20.3	20.8	20.9	20.9	21.0	21.0	21.0	21.2	21.5	22.0	22.0

假设两个样本来自同方差正态总体，问当显著性水平 $\alpha=0.1$ 时，杜鹃蛋的长度与被发现的鸟巢不同是否有关？

解 设两种鸟巢中杜鹃蛋的长度分别为 X,Y，则 $X \sim N(\mu_1, \sigma_1^2)$，$Y \sim N(\mu_2, \sigma_2^2)$，且 $\sigma_1^2 = \sigma_2^2$。根据题意提出假设 $H_0: \mu_1 = \mu_2$，$H_1: \mu_1 \neq \mu_2$。

当 H_0 为真时，选择检验统计量 $T = \dfrac{\overline{X} - \overline{Y}}{S_w \sqrt{\dfrac{1}{n_1} + \dfrac{1}{n_2}}} \sim t(n_1 + n_2 - 2)$。

经计算 $\bar{x} = 22.20$，$\bar{y} = 20.9539$，$s_1^2 = 0.4225$，$s_2^2 = 0.4377$，$s_w = 0.6570$，计算检验统计量 T 的观测值 $|t| = \left| \dfrac{22.20 - 20.9539}{0.6570 \times \sqrt{\dfrac{1}{9} + \dfrac{1}{12}}} \right| = 4.374$。

对于给定的显著性水平 $\alpha = 0.1$，我们查附表 4 得临界值 $t_{0.05}(20) = 1.7247$。由于 $|t| = 4.374 > t_{0.05}(20) = 1.7247$，统计量 T 的观测值落入拒绝域，则拒绝 H_0，即认为杜鹃蛋的长度与被发现的鸟巢不同有关。

以上是当两个总体方差 $\sigma_1^2 = \sigma_2^2$ 未知时，关于两个正态总体均值是否相等的双侧假设检验。如果是单侧的假设检验，与双侧假设检验使用的假设检验统计量是一样的。

(2) 检验假设 $H_0: \mu_1 \leqslant \mu_2$，$H_1: \mu_1 > \mu_2$。

在显著性水平 α 下，根据 $P(T \geqslant t_\alpha(n_1 + n_2 - 2)) = \alpha$，得拒绝域为 $t \geqslant t_\alpha(n_1 + n_2 - 2)$。

若检验假设 $H_0: \mu_1 \geqslant \mu_2$；$H_1: \mu_1 < \mu_2$，在显著性水平 α 下，根据 $P(T \leqslant -t_\alpha(n_1 + n_2 - 2)) = \alpha$ 得拒绝域为 $t \leqslant -t_\alpha(n_1 + n_2 - 2)$。

【例 3】 为了考查某种添加剂对混凝土预制板抗压强度（单位：N/m^2）的影响，进行如下的对比试验：甲车间在原有配料的基础上加入添加剂组织生产，乙车间按原有配料生产，抽样并由样本数据计算得到：

加入添加剂：$n_1 = 17$，$\bar{x} = 216$，$s_1^2 = 5259$；

未加添加剂：$n_2 = 10$，$\bar{y} = 210$，$s_2^2 = 8750$。

设两总体均服从正态分布，$X \sim N(\mu_1, \sigma_1^2)$，$Y \sim N(\mu_2, \sigma_2^2)$ 且 $\sigma_1^2 = \sigma_2^2$。在显著性水平 $\alpha = 0.05$ 下，试问加入添加剂后混凝土预制板的抗压强度是否高于原有配料下预制板的抗压强度？

解 根据题意提出假设 $H_0: \mu_1 \geqslant \mu_2$；$H_1: \mu_1 < \mu_2$。

当 H_0 为真时，选择检验统计量 $T = \dfrac{\overline{X} - \overline{Y}}{\sqrt{\dfrac{(n_1 - 1)S_1^2 + (n_2 - 1)S_2^2}{n_1 + n_2 - 2}} \sqrt{\dfrac{1}{n_1} + \dfrac{1}{n_2}}} \sim t(n_1 + n_2 - 2)$。

已知 $n_1 = 17$，$\bar{x} = 216$，$s_1^2 = 5259$；$n_2 = 10$，$\bar{y} = 210$，$s_2^2 = 8750$。计算检验统计量的观测值

$$t = \dfrac{216 - 210}{\sqrt{\dfrac{(17-1) \times 5295 + (10-1) \times 8750}{17 + 10 - 2}} \sqrt{\dfrac{1}{17} + \dfrac{1}{10}}} = 0.1862。$$

对于给定的显著性水平 $\alpha = 0.05$，我们查附表 4 得临界点 $t_{0.05}(25) = 1.7081$，由于 $t =$

$0.1862 > -t_{0.05}(25) = -1.7081$,统计量 T 的观测值未落入拒绝域,则接受 H_0,认为加入添加剂后混凝土预制板的抗压强度高于原有配料下预制板的抗压强度。

8.3.2 关于两个正态总体方差的检验

这里仅讨论 $\mu_1, \mu_2, \sigma_1^2, \sigma_2^2$ 都未知时,对两个正态总体方差的检验。

(1) 检验假设
$$H_0: \sigma_1^2 = \sigma_2^2, \quad H_1: \sigma_1^2 \neq \sigma_2^2.$$

当 H_0 为真时,选用检验统计量 $F = \dfrac{S_1^2/S_2^2}{\sigma_1^2/\sigma_2^2} = \dfrac{S_1^2}{S_2^2} \sim F(n_1-1, n_2-1)$。

对于给定的显著性水平 α,可查附表 5 得临界点
$$F_{\alpha/2}(n_1-1, n_2-1), \quad F_{1-\alpha/2}(n_1-1, n_2-1),$$

使得 $P(F > F_{\alpha/2}(n_1-1, n_2-1)) = \dfrac{\alpha}{2}$ 或 $P(F < F_{1-\alpha/2}(n_1-1, n_2-1)) = \dfrac{\alpha}{2}$。

计算检验统计量 F 的观测值,并与临界值作比较。若 $F \geq F_{\alpha/2}(n_1-1, n_2-1)$ 或 $F \leq F_{1-\alpha/2}(n_1-1, n_2-1)$,统计量的观测值落入拒绝域,则拒绝 H_0;否则接受 H_0(参见图 8-7)。

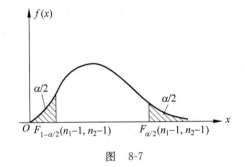

图 8-7

关于两个正态总体方差的单侧假设检验,与上述双侧假设检验使用的假设检验统计量是一样的。

(2) 检验假设
$$H_0: \sigma_1^2 \leq \sigma_2^2, \quad H_1: \sigma_1^2 > \sigma_2^2.$$

在显著性水平 α 下,根据 $P(F \geq F_\alpha(n_1-1, n_2-1)) = \alpha$ 得拒绝域(参见图 8-8(a))为 $F \geq F_\alpha(n_1-1, n_2-1)$。

若检验假设
$$H_0: \sigma_1^2 \geq \sigma_2^2, \quad H_1: \sigma_1^2 < \sigma_2^2.$$

在显著性水平 α 下,根据 $P(F \leq F_{1-\alpha}(n_1-1, n_2-1)) = \alpha$ 得拒绝域(参见图 8-8(b))为 $F \leq F_{1-\alpha}(n_1-1, n_2-1)$。

【例 4】 有两台机器生产同一种零件,分别在两台机器所生产的部件中各取一容量为 $n_1 = 14$ 和 $n_2 = 12$ 的样本,测得部件质量的样本方差分别为 $s_1^2 = 15.46$ 和 $s_2^2 = 9.66$,设两样本相互独立,在显著性水平 $\alpha = 0.05$ 下检验假设
$$H_0: \sigma_1^2 \leq \sigma_2^2, \quad H_1: \sigma_1^2 > \sigma_2^2.$$

解 这是一个关于两正态总体方差的单侧假设检验问题。

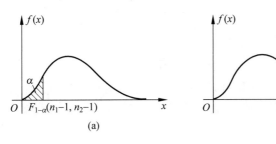

图 8-8

当 H_0 为真时，选用检验统计量 $F=\dfrac{S_1^2}{S_2^2}\sim F(n_1-1,n_2-1)$。对于给定的 $\alpha=0.05$，可查附表 5 得临界值 $F_{0.05}(13,11)=2.7614$。

计算检验统计量的观测值 $\dfrac{s_1^2}{s_2^2}=1.6004<2.7614$，即统计量的观测值未落入拒绝域，则接受 H_0。

【**例 5**】为了考查甲、乙两种安眠药的药效，现独立观察 20 个病人，其中两种药各有 10 人服用，以 X,Y 分别表示病人服甲、乙药时延长的睡眠时数，具体数据如表 8-3。

表 8-3

| X | 4.6 | 4.4 | 1.1 | 0.1 | −0.1 | 0.8 | 5.5 | 1.6 | 1.9 | 3.4 |
| Y | 0.8 | −0.6 | −0.1 | −1.2 | −0.2 | 3.4 | 3.7 | 0.7 | 0.0 | 2.0 |

假设 X,Y 都近似地服从正态分布，问在显著性水平 $\alpha=0.05$ 下，问这两种药物疗效有无显著差异？

解 设 $X\sim N(\mu_1,\sigma_1^2), Y\sim N(\mu_2,\sigma_2^2)$，经计算 $\bar{x}=2.33, \bar{y}=0.75, s_1^2=4.01, s_2^2=3.20$，这是两正态总体方差未知的情况下，检验 μ_1 与 μ_2 是否相等的问题。首先要检验两总体的方差是否相等。

假设 $H_0:\sigma_1^2=\sigma_2^2, H_1:\sigma_1^2\neq\sigma_2^2$。

当 H_0 为真时，选用检验统计量 $F=\dfrac{S_1^2}{S_2^2}\sim F(n_1-1,n_2-1)=F(9,9)$。对于给定的 $\alpha=0.05$，可查附表 5 得到临界值

$$F_{0.025}(9,9)=4.03, \quad F_{0.975}(9,9)=\dfrac{1}{F_{0.025}(9,9)}=\dfrac{1}{4.03}=0.2481。$$

计算检验统计量的观测值 $\dfrac{s_1^2}{s_2^2}=1.2531$，由于 $0.2481<\dfrac{s_1^2}{s_2^2}=1.2531<4.03$，统计量未落入拒绝域，则接受 H_0，即认为两总体方差相等。

当 $\sigma_1^2=\sigma_2^2$ 时，检验假设：$H_0':\mu_1=\mu_2, H_1':\mu_1\neq\mu_2$。

当 H_0' 为真时，选择检验统计量 $T=\dfrac{\bar{X}-\bar{Y}}{S_w\sqrt{\dfrac{1}{n_1}+\dfrac{1}{n_2}}}\sim t(n_1+n_2-2)$，其中 $S_w=\sqrt{\dfrac{(n_1-1)S_1^2+(n_2-1)S_2^2}{n_1+n_2-2}}$，经计算 $s_w=\sqrt{\dfrac{9(4.01+3.20)}{18}}=1.899$。

对于给定的显著性水平 $\alpha=0.05$，我们查附表 4 得临界值 $t_{0.025}(18)=2.1009$。

计算检验统计量 T 的观测值 $|t|=\left|\dfrac{2.33-0.75}{1.899\sqrt{\dfrac{1}{10}+\dfrac{1}{10}}}\right|=1.8604<2.1009$。

由于统计量的观测值未落入拒绝域，则接受 H_0'，即认为这两种药物疗效无显著差异。

为了方便学习假设检验问题，把正态总体均值、方差的检验归纳成表 8-4。（显著性水平为 α）

表 8-4

	原假设 H_0	备择假设 H_1	检验统计量	H_0 为真时检验统计量的分布	拒 绝 域
一个正态总体	$\mu\leqslant\mu_0$ $\mu\geqslant\mu_0$ $\mu=\mu_0$	$\mu>\mu_0$ $\mu<\mu_0$ $\mu\neq\mu_0$	$U=\dfrac{\overline{X}-\mu_0}{\sigma/\sqrt{n}}$ （σ^2 已知）	$N(0,1)$	$u\geqslant u_\alpha$ $u\leqslant -u_\alpha$ $\|u\|\geqslant u_{\alpha/2}$
	$\mu\leqslant\mu_0$ $\mu\geqslant\mu_0$ $\mu=\mu_0$	$\mu>\mu_0$ $\mu<\mu_0$ $\mu\neq\mu_0$	$T=\dfrac{\overline{X}-\mu_0}{S/\sqrt{n}}$ （σ^2 未知）	$t(n-1)$	$t\geqslant t_\alpha(n-1)$ $t\leqslant -t_\alpha(n-1)$ $\|t\|\geqslant t_{\alpha/2}(n-1)$
	$\sigma^2\leqslant\sigma_0^2$ $\sigma^2\geqslant\sigma_0^2$ $\sigma^2\neq\sigma_0^2$	$\sigma^2>\sigma_0^2$ $\sigma^2<\sigma_0^2$ $\sigma^2\neq\sigma_0^2$	$\chi^2=\dfrac{(n-1)S^2}{\sigma_0^2}$ （μ 未知）	$\chi^2(n-1)$	$\chi^2\geqslant\chi^2_\alpha(n-1)$ $\chi^2\leqslant\chi^2_{1-\alpha}(n-1)$ $\chi^2\geqslant\chi^2_{\alpha/2}(n-1)$ 或 $\chi^2\leqslant\chi^2_{1-\frac{\alpha}{2}}(n-1)$
两个正态总体	$\mu_1\leqslant\mu_2$ $\mu_1\geqslant\mu_2$ $\mu_1=\mu_2$	$\mu_1>\mu_2$ $\mu_1<\mu_2$ $\mu_1\neq\mu_2$	$U=\dfrac{\overline{X}-\overline{Y}-(\mu_1-\mu_2)}{\sqrt{\dfrac{\sigma_1^2}{n_1}+\dfrac{\sigma_2^2}{n_2}}}$ （σ_1^2,σ_2^2 已知）	$N(0,1)$	$u\geqslant u_\alpha$ $u\leqslant -u_\alpha$ $\|u\|\geqslant u_{\alpha/2}$
	$\mu_1\leqslant\mu_2$ $\mu_1\geqslant\mu_2$ $\mu_1\neq\mu_2$	$\mu_1>\mu_2$ $\mu_1<\mu_2$ $\mu_1\neq\mu_2$	$T=\dfrac{\overline{X}-\overline{Y}-(\mu_1-\mu_2)}{S_w\sqrt{\dfrac{1}{n_1}+\dfrac{1}{n_2}}}$ $S_w^2=\dfrac{(n_1-1)S_1^2+(n_2-1)S_2^2}{n_1+n_2-2}$ （$\sigma_1^2=\sigma_2^2=\sigma^2$ 未知）	$t(n_1+n_2-2)$	$t\geqslant t_\alpha(n_1+n_2-2)$ $t\leqslant -t_\alpha(n_1+n_2-2)$ $\|t\|\geqslant t_{\alpha/2}(n_1+n_2-2)$
	$\sigma_1^2\leqslant\sigma_2^2$ $\sigma_1^2\geqslant\sigma_2^2$ $\sigma_1^2\neq\sigma_2^2$	$\sigma_1^2>\sigma_2^2$ $\sigma_1^2<\sigma_2^2$ $\sigma_1^2\neq\sigma_2^2$	$F=\dfrac{S_1^2}{S_2^2}$ （μ_1,μ_2 未知）	$F(n_1-1,n_2-1)$	$F\geqslant F_\alpha(n_1-1,n_2-1)$ $F\leqslant F_{1-\alpha}(n_1-1,n_2-1)$ $F\geqslant F_{\frac{\alpha}{2}}(n_1-1,n_2-1)$ 或 $F\leqslant F_{1-\frac{\alpha}{2}}(n_1-1,n_2-1)$

习题 8.3

基础题

1. 根据以往资料，已知某品种小麦每 4 平方米产量（单位：kg）的方差为 $\sigma^2=0.2$。今在一块地上用 A,B 两种方法试验,A 方法设 12 个样点,得平均产量为 1.5;B 方法设 8 个样点,得平均产量为 1.6。试比较 A,B 两方法的平均产量是否有显著差异?

2. 甲、乙相邻两地段各取了 50 块和 52 块岩心进行磁化率测定,算出子样标准差分别为 $S_1^2=0.0139, S_2^2=0.0053$,试问甲乙两地段岩心磁化率的标准差是否有显著差异($\alpha=0.05$)?

3. 从甲、乙两煤矿各取若干个样品,得其含灰率(%)如表 8-5。

表 8-5

| 甲 | 24.3 | 20.8 | 23.7 | 21.3 | 17.4 |
| 乙 | 18.2 | 16.9 | 20.2 | 16.7 | |

假定含灰率均服从正态分布且 $\sigma_1^2=\sigma_2^2$,问甲、乙两煤矿的含灰率有无显著差异?($\alpha=0.05$)

4. 某种羊毛在处理前后,各抽取样本,测得含脂率(%)如表 8-6 所示。

表 8-6

| 处理前 | 19 | 18 | 21 | 30 | 66 | 42 | 8 | 12 | 30 | 27 |
| 处理后 | 15 | 13 | 7 | 24 | 19 | 4 | 8 | 20 | | |

羊毛含脂率服从正态分布,问处理前后含脂率的标准差 σ 有无显著变化?($\alpha=0.05$)

5. 在平炉上进行一项试验以确定改变操作方法的建议是否会改变钢的得率,试验是在同一只平炉上进行的,每炼一炉钢时,除操作方法外,其他条件都尽可能地做到相同,先用标准方法炼一炉,然后用建议的新方法炼一炉,以后交替进行,各炼了 10 炉,其得率如表 8-7 所示。

表 8-7

| 标准方法 | 78.1 | 72.4 | 76.2 | 74.3 | 77.4 | 78.4 | 76.0 | 75.5 | 76.7 | 77.3 |
| 建议方法 | 79.1 | 81.0 | 77.3 | 79.1 | 80.0 | 79.1 | 79.1 | 77.3 | 80.2 | 82.1 |

设两个样本相互独立,且分别来自正态总体 $N(\mu_1, \sigma^2)$ 和 $N(\mu_2, \sigma^2)$,μ_1, μ_1, σ^2 均未知,问建议的新操作方法是否能提高得率?($\alpha=0.05$)

6. 两种型号的计算器充电以后使用的时间(单位:h)的观测值如表 8-8 所示。

表 8-8

| 型号 A | 5.5 | 5.6 | 6.3 | 4.6 | 5.3 | 5.0 | 6.2 | 5.8 | 5.1 | 5.2 | 5.9 | |
| 型号 B | 3.8 | 4.3 | 4.2 | 4.0 | 4.9 | 4.5 | 5.2 | 4.8 | 4.5 | 3.9 | 3.7 | 4.6 |

设两样本相互独立且数据所属的两个正态总体方差相等。试问能否认为型号 A 的计算器平均使用寿命明显比 B 型来得长?($\alpha=0.01$)

提高题

1. 设有种植玉米的甲、乙两个农业试验区,各分为 10 个小区,各小区的面积相同,除甲区各小区增施磷肥外,其他试验条件均相同,两个试验区的玉米产量(单位:kg)如表 8-9 所示(假设玉米产量服从正态分布,且有相同的方差)。

表 8-9

甲区	65	60	62	57	58	63	60	57	60	58
乙区	59	56	56	58	57	57	55	60	57	55

试统计推断,增施磷肥是否对玉米产量有影响($\alpha=0.05$)?

2. 两家农业银行分别对 21 个储户和 16 个储户的年存款余额进行抽样检查,测得其平均年存款分别为 $\bar{X}=2600$ 元和 $\bar{Y}=2700$ 元,样本标准差相应为 $S_1=81$ 元和 $S_2=105$ 元。假设年存款余额服从正态分布,试比较两家银行的储户的平均年存款余额有无显著差异($\alpha=0.10$)。

总复习题 8

1. 对总体 $X,E(X)=\mu$ 为待检验参数,如果在显著水平 $\alpha_1=0.05$ 下接受 $H_0:\mu=\mu_0$,那么在显著水平 $\alpha_2=0.01$ 下,下列结论正确的是(　　)。

　　A. 接受 H_0　　　　　　　　　　B. 可能接受也可能拒绝 H_0
　　C. 拒绝 H_0　　　　　　　　　　D. 不接受也不拒绝 H_0

2. 自动包装机装出的每袋物品重量服从正态分布,规定每袋物品重量的方差不超过 m,为了检查自动包装机的工作是否正常,对它生产的产品进行抽样检查,检验假设为 $H_0:\sigma^2 \leqslant m, H_1:\sigma^2 > m, \alpha=0.05$,则下列命题中正确的是(　　)。

　　A. 如果生产正常,则检验结果也认为生产正常的概率是 0.95
　　B. 如果生产不正常,则检验结果也认为生产不正常的概率是 0.95
　　C. 如果检验的结果认为生产正常,则生产确实正常的概率等于 0.95
　　D. 如果检验的结果认为生产不正常,则生产确实不正常的概率等于 0.95

3. 在正常情况下,某种牌子的香烟一支平均重 1.1g。若从这种香烟堆中任取 36 支作为样本,测得样本的均值为 1.008g,样本方差 $s^2=0.1g^2$,问这堆香烟是否处于正常状态?已知香烟(支)的重量(g)近似服从正态分布($\alpha=0.05$)。

4. 从甲地发送一个信号到乙地。设乙地接收的信号值服从正态分布 $N(\mu,2^2)$,其中 μ 为甲地发送的真实信号值。现甲地重复发送同一信号 5 次,乙地接收的信号值为

$$8.05 \quad 8.15 \quad 8.2 \quad 8.1 \quad 8.25$$

设接收方有理由猜测甲地发送的信号值为 8,问能否接受这种猜测?($\alpha=0.05$)

5. 由于工业排水引起附近水质污染,测得鱼的蛋白质中含汞的浓度(单位:mg/kg)为:

　　0.37　0.266　0.135　0.095　0.101　0.213　0.228　0.167　0.366　0.054

从过去的大量资料判断,鱼的蛋白质中含汞的浓度服从正态分布,并且从工艺过程分析可以推算出理论上的浓度为 0.1,问从这组数据来看,能否认为鱼的蛋白质中含汞的浓度为 0.1?($\alpha=0.05$)

6. 某批砂矿的 5 个样品中的铁含量经测定为(%)

$$3.25 \quad 3.27 \quad 3.24 \quad 3.26 \quad 3.24$$

设测定值总体服从正态分布,但参数均未知,问在 $\alpha=0.01$ 下能否认为这批砂矿的铁含量的均值为 3.25?

7. 某机器加工的钢管长度服从标准差为 2.4cm 的正态分布,现从一批新生产的钢管中随机地选取 25 根,测得样本标准差为 2.7cm,试以显著性水平 1‰ 判断该批钢管长度的变异性与标准差 2.4 相比较是否有明显变化。

8. 某气象数据正常情况下服从方差为 0.048^2 的正态分布。在某地区的 5 个地点对该数据进行观察得到的结果如下:

$$1.32 \quad 1.55 \quad 1.36 \quad 1.40 \quad 1.44$$

问该地区的这个气象数据方差是否正常?($\alpha=0.05$)

9. 某种导线,要求其电阻的标准差不得超过 0.005(单位:Ω)。今在生产的一批导线中取样 9 根,测得 $s=0.007$。设总体为正态分布,问在显著性水平 $\alpha=0.05$ 下能否认为这批导线的标准差显著地偏大?

10. 设甲厂生产灯泡的使用寿命 $X \sim N(\mu_1, 95^2)$,乙厂生产灯泡的使用寿命 $Y \sim N(\mu_2, 120^2)$。现从两厂产品中分别抽取 100 只和 75 只,测得灯泡的平均寿命分别为 1180h 和 1220h。问在显著性水平 $\alpha=0.05$ 下,这两个厂家生产灯泡的使用寿命是否有显著差异?

11. 某烟厂生产两种香烟,独立地随机抽取容量大小相同的烟叶标本,测其尼古丁含量(单位:mg)如表 8-10 所示。

表 8-10

甲香烟含量	24	25	23	30	28
乙香烟含量	30	24	27	31	27

假设这两种香烟的尼古丁含量都服从正态分布,并具有相同的方差。问在显著性水平 $\alpha=0.05$ 下,这两种香烟的尼古丁含量是否有显著差异?

12. 两台车床生产同一种滚珠,滚珠的直径服从正态分布,从中分别抽取 7 个和 9 个产品,测得其直径(单位:mm)如表 8-11 所示。

表 8-11

甲车床	15.2	14.5	15.5	14.8	15.1	15.6	14.7		
乙车床	15.2	15.0	14.8	15.2	15.0	14.9	15.1	14.8	15.3

在显著性水平 $\alpha=0.05$ 下,判断乙车床生产的滚珠直径的方差是否比甲的小?

13. 表 8-12 分别给出文学家马克·吐温(Mark Twain) 8 篇小品文以及斯诺特格拉斯(Snodgrass)的 10 篇小品文中由 3 个字母组成的单字的比例。

表 8-12

马克·吐温	0.225	0.262	0.217	0.240	0.230	0.229	0.235	0.217		
斯诺特格拉斯	0.209	0.205	0.196	0.210	0.202	0.207	0.224	0.223	0.220	0.201

设两总体分别服从正态分布,但参数均未知,两样本相互独立。试问两个作家的小品文包含由 3 个字母组成的单字的比例是否有显著的差异?($\alpha=0.05$)

第9章 方差分析与回归分析

方差分析和回归分析都是数理统计中的重要内容,也是具有最广泛应用的内容。方差分析是判断各因素效应的一种有效手段,回归分析是处理变量间非确定关系的一种方法。本章只介绍方差分析与回归分析中最基本的内容。

9.1 单因素方差分析

方差分析是由英国统计学家费希尔在20世纪20年代研究农业试验时,首先提出来的,是通过试验结果来鉴别各因素对所要考查对象的某种特征有无显著影响的一种统计方法。方差分析首先应用于农业,随着科学技术的发展,方差分析的内容已经十分丰富,并广泛地应用到农业、工业、生物、医学乃至经济学、社会学等方面的研究。

在科学试验和生产实践中,影响试验或生产的因素往往很多,我们通常分析哪种因素对事物有着显著的影响,并希望知道起决定性作用的因素在什么时候有着最有利的影响。如农业生产中,需要考虑品种、施肥量、种植密度等因素对农作物收获量的影响;又如某产品的销售量在不同地区、不同时期、不同的销售方式是否有差异。在诸影响因素中哪些因素是主要的,哪些因素是次要的,以及主要因素处于何种状态时,才能使农作物的产量和产品的销售量达到一个较高的水平,这就是**方差分析**(analysis variance)所要解决的问题。

为此,我们需要进行试验。方差分析就是根据试验结果进行分析,鉴别各个相关因素对试验结果影响的有效方法。

在试验中,我们把要考查对象的某种特征称为**试验指标**。影响试验指标的条件称为**因素**。因素可分为两类,一类是人们可以控制的;另一类是人们无法控制的。今后,我们所讨论的因素都是指可控因素。因素所处的状态,称为**因素水平**。如果在一项试验中只有一个因素在改变,则称为**单因素试验**;如果多于一个因素在改变,则称为**多因素试验**。为了方便起见,今后用大写字母 $A,B,C,\cdots$ 表示因素,用大写字母加下标表示该因素的水平,如 $A_1,A_2,\cdots$。

9.1.1 问题的提出

【例 1】 用 4 种安眠药在兔子身上进行试验,特选 24 只健康的兔子,随机地把它们均分为 4 组,每组各服用一种安眠药,其睡眠时间如表 9-1 所示。

表 9-1

安眠药	睡眠时间/h					
A_1	6.2	6.1	6.0	6.3	6.1	5.9
A_2	6.3	6.5	6.7	6.6	7.1	6.4
A_3	6.8	7.1	6.6	6.8	6.9	6.6
A_4	5.4	6.4	6.2	6.3	6.0	5.9

试判断 4 种安眠药对兔子的睡眠时间的影响有无显著的差异?

这里,试验的指标是睡眠时间。安眠药为因素,4 种不同的安眠药就是这个因素的 4 个不同水平,我们假设除安眠药这一因素外,其他因素都相同。试验的目的是为了考查 4 种安眠药对兔子睡眠时间的影响是否相同。

从上面的分析我们可以看到,例 1 是研究一个因素(安眠药)对试验指标(睡眠时间)是否产生影响。我们把这样的试验称为单因素试验。对试验所作的统计分析称为**单因素方差分析**(one-factor analysis of variance)。研究两个因素对试验指标是否产生影响的统计分析,称为**双因素方差分析**。本节只讨论单因素方差分析问题。

就例 1 来说,在因素的每一个水平下进行独立的试验,其结果是一个随机变量。表 9-1 中的数据可以看成来自 4 个不同总体(每一个水平对应一个总体)的样本值,且各个总体的均值依次记为 $\mu_1, \mu_2, \mu_3, \mu_4$。本题要解决的问题是

检验假设 $H_0: \mu_1 = \mu_2 = \mu_3 = \mu_4$, $H_1: \mu_1, \mu_2, \mu_3, \mu_4$ 不全相等。

为了完成上述假设的检验,假定各总体均服从正态分布,且各总体的方差相等但未知。所以这是多个正态总体在方差相等且未知的情况下,判断均值是否全相等的假设检验问题。

9.1.2 单因素方差分析模型

一般地,设因素 A 有 r 个水平:$A_1, A_2, \cdots, A_r$,在水平 $A_i (i=1,2,\cdots,r)$ 下进行 $n_i (n_i \geqslant 2)$ 次独立试验,X_{ij} 表示第 i 个水平下进行的第 j 次试验的可能结果,如表 9-2 所示。设 n 表示总试验次数,则 $n = \sum_{i=1}^{r} n_i$。

表 9-2

因素水平	试 验 数 据			
A_1	X_{11}	X_{12}	$\cdots$	X_{1n_1}
A_2	X_{21}	X_{22}	$\cdots$	X_{2n_2}
$\vdots$	$\vdots$	$\vdots$		$\vdots$
A_i	X_{i1}	X_{i2}	$\cdots$	X_{in_i}
$\vdots$	$\vdots$	$\vdots$		$\vdots$
A_r	X_{r1}	X_{r2}	$\cdots$	X_{rn_r}

用 X_i 表示水平 A_i 所对应的总体,它是一个随机变量,而 $X_{i1}, X_{i2}, \cdots, X_{in_i}$ 是来自总体 X_i 的样本。并假设每个总体 X_i 服从正态分布 $N(\mu_i, \sigma^2)(i=1,2,\cdots,r)$,其中 μ_i 和 σ^2 未知,且从每个总体中抽取的样本 X_{ij} 相互独立$(i=1,2,\cdots,r; j=1,2,\cdots,n_i)$。

我们的任务是根据样本的观测值,来检验因素 A 对试验结果(试验指标)的影响是否显著。如果因素 A 对试验结果的影响不显著,说明所有样本的观测值来自同一正态总体 $N(\mu, \sigma^2)$,即要检验各个总体的均值 $\mu_i(i=1,2,\cdots,r)$ 是否相等。因此需检验的假设为

$$H_0: \mu_1 = \mu_2 = \cdots = \mu_r, \quad H_1: \mu_1, \mu_2, \cdots, \mu_r \text{ 不全相等。} \tag{9.1}$$

由假设有 $X_{ij} \sim N(\mu_i, \sigma^2)$,其中 μ_i 和 σ^2 未知,所以 X_{ij} 可表示为 X_i 的均值 μ_i 与试验误差 ε_{ij} 的和,再由前面的假设得到如下数学模型:

$$\begin{cases} X_{ij} = \mu_i + \varepsilon_{ij}, & i=1,2,\cdots,r; j=1,2,\cdots,n_i, \\ \varepsilon_{ij} \sim N(0, \sigma^2), & \text{各 } \varepsilon_{ij} \text{ 相互独立,} \end{cases} \quad \text{其中 } \mu_i \text{ 和 } \sigma^2 \text{ 未知。}$$

引入

$$\mu = \frac{1}{n}\sum_{i=1}^{r} n_i \mu_i, \quad \alpha_i = \mu_i - \mu, i=1,2,\cdots,r,$$

其中 μ 表示各水平 A_i 下总体均值 μ_i 的加权平均,称为**总均值**;α_i 表示在水平 A_i 下总体的均值 μ_i 与总均值 μ 的差异,称为因素 A 的第 i 个水平 A_i 的**效应**。

易见,效应间有如下关系式:

$$\sum_{i=1}^{r} n_i \alpha_i = \sum_{i=1}^{r} n_i (\mu_i - \mu) = 0,$$

则前述假设(9.1)等价于:

$$H_0: \alpha_1 = \alpha_2 = \cdots = \alpha_r = 0, \quad H_1: \alpha_1, \alpha_2, \cdots, \alpha_r \text{ 不全为零。} \tag{9.2}$$

9.1.3 平方和的分解

要检验上述 H_0 是否成立,首先要构造一个合适的统计量。注意到 n 个数据 X_{ij} 往往是参差不齐的,其离散程度可用总的偏差平方和

$$S_T = \sum_{i=1}^{r}\sum_{j=1}^{n_i}(X_{ij} - \overline{X})^2$$

来描述,其中 $\overline{X} = \frac{1}{n}\sum_{i=1}^{r}\sum_{j=1}^{n_i} X_{ij}$ 是总的样本均值。如果 S_T 比较大,则表明 n 个数据 X_{ij} 的离散(或波动)程度较大;反之,数据的波动程度较小。

下面,我们来分析引起数据波动的原因。

(1) 如果因素 A 的各水平 $A_1, A_2, \cdots, A_r$ 有明显的差异,即 $\mu_1, \mu_2, \cdots, \mu_r$ 之间有明显的差异,可引起数据的波动。

(2) 在因素 A 的同一水平的内部,例如对于 A_1 而言,虽然样本 $X_{11}, X_{12}, \cdots, X_{1n_1}$ 来自同一总体 $X_1 \sim N(\mu_1, \sigma^2)$,但由于随机试验中随机误差(包括观测中的随机误差)的存在,$X_{1j}(j=1,2,\cdots,n_1)$ 之间往往是参差不齐的。即在水平 $A_i(i=1,2,\cdots,r)$ 的内部,存在着由试验误差所引起的波动。

基于以上两种原因的分析,我们将总的偏差平方和 S_T 分解成两部分,其中一部分是由

因素 A 的各水平之间的差异引起的,另一部分是由随机误差所引起的。

为此引入在水平 A_i 对应的总体 X_i 下,样本均值 $\overline{X}_{i\cdot} = \dfrac{1}{n_i}\sum_{j=1}^{n_i} X_{ij}$,于是

$$S_T = \sum_{i=1}^{r}\sum_{j=1}^{n_i}(X_{ij}-\overline{X})^2$$

$$= \sum_{i=1}^{r}\sum_{j=1}^{n_i}(X_{ij}-\overline{X}_{i\cdot}+\overline{X}_{i\cdot}-\overline{X})^2$$

$$= \sum_{i=1}^{r}\sum_{j=1}^{n_i}(X_{ij}-\overline{X}_{i\cdot})^2 + \sum_{i=1}^{r}\sum_{j=1}^{n_i}(\overline{X}_{i\cdot}-\overline{X})^2 + 2\sum_{i=1}^{r}\sum_{j=1}^{n_i}(X_{ij}-\overline{X}_{i\cdot})(\overline{X}_{i\cdot}-\overline{X}),$$

其中 $2\sum_{i=1}^{r}\sum_{j=1}^{n_i}(X_{ij}-\overline{X}_{i\cdot})(\overline{X}_{i\cdot}-\overline{X}) = 2\sum_{i=1}^{r}(\overline{X}_{i\cdot}-\overline{X})\sum_{j=1}^{n_i}(X_{ij}-\overline{X}_{i\cdot}) = 0$。

若令

$$S_E = \sum_{i=1}^{r}\sum_{j=1}^{n_i}(X_{ij}-\overline{X}_{i\cdot})^2, \quad S_A = \sum_{i=1}^{r}\sum_{j=1}^{n_i}(\overline{X}_{i\cdot}-\overline{X})^2 = \sum_{i=1}^{r}n_i(\overline{X}_{i\cdot}-\overline{X})^2,$$

则**总偏差平方和** $S_T = S_E + S_A$。

S_E 的各项 $(X_{ij}-\overline{X}_{i\cdot})^2$ 表示在水平 A_i 下,样本观测值与样本均值的差异,是由随机误差所引起的,称 S_E 为**误差平方和**或**组内平方和**。

S_A 的各项 $n_i(\overline{X}_{i\cdot}-\overline{X})^2$ 表示在水平 A_i 下的样本均值与数据总平均值 $\overline{X}$ 的差异,这是由因素 A 的各水平之间的差异及随机误差引起的,称 S_A 为**因素平方和**或**组间平方和**。

9.1.4　F 检验

在讨论假设 H_0 的检验之前,先解释总偏差平方和的自由度及其分解。

假设 $H_0: \mu_1 = \mu_2 = \cdots = \mu_r$ 成立,即因素 A 的 r 个水平之间没有差异,由于全部的 n 个数据是来自同一正态总体的样本,若用 S^2 表示这个大样本的样本方差,则

$$S^2 = \frac{1}{n-1}S_T, \quad S_T = (n-1)S^2。$$

由 6.3 节定理 1 可知,$\dfrac{(n-1)S^2}{\sigma^2} \sim \chi^2(n-1)$,即 $\dfrac{S_T}{\sigma^2} \sim \chi^2(n-1)$,故 S_T 的自由度为 $n-1$。

而 $S_E = \sum_{i=1}^{r}\sum_{j=1}^{n_i}(X_{ij}-\overline{X}_{i\cdot})^2 = \sum_{i=1}^{r}S_i^2$,其中 $S_i^2 = \sum_{j=1}^{n_i}(X_{ij}-\overline{X}_{i\cdot})^2$。同理,$\dfrac{S_i^2}{\sigma^2} \sim \chi^2(n_i-1)$,故 S_i^2 的自由度为 n_i-1。

从而根据 χ^2 分布自由度的可加性知,$S_E = \sum_{i=1}^{r}S_i^2$ 的自由度是

$$(n_1-1)+(n_2-1)+\cdots+(n_r-1) = n-r, \quad 且 \quad \frac{S_E}{\sigma^2} \sim \chi^2(n-r)。$$

又因 S_T 的自由度等于 S_A 与 S_E 的自由度之和,从而 S_A 的自由度等于 $n-1-(n-r) = r-1$,且 $\dfrac{S_A}{\sigma^2} \sim \chi^2(r-1)$。

很容易理解,若比值 $\dfrac{S_A}{S_E}$ 过大,则因素 A 的各水平之间差异显著,即因素 A 对试验结果有显著影响,从而拒绝 H_0。但为了确定拒绝域,必须寻找一个统计量并知道其确切分布。

前面已经指出 $\dfrac{S_E}{\sigma^2}\sim\chi^2(n-r),\dfrac{S_A}{\sigma^2}\sim\chi^2(r-1)$。理论上可以证明 S_E 与 S_A 相互独立,且当假设 H_0 成立时,由 F 分布的定义可知

$$F=\dfrac{\dfrac{S_A}{\sigma^2}\big/(r-1)}{\dfrac{S_E}{\sigma^2}\big/(n-r)}=\dfrac{S_A/(r-1)}{S_E/(n-r)}\sim F(r-1,n-r)。$$

如前述,如果统计量 F 的观测值过大,则应拒绝 H_0,故可按给定的显著水平 α,在附表 5 中查临界值 $F_\alpha(r-1,n-r)$,若满足 $P(F\geqslant F_\alpha(r-1,n-r))=\alpha$,就拒绝 H_0,所以 H_0 的拒绝域为 $F\geqslant F_\alpha(r-1,n-r)$。上述检验过程称为 F 检验。

为了一目了然,将 F 检验过程列成单因素方差分析表如表 9-3 所示。

表 9-3

方差来源	平方和	自由度	均方和	F 值	临界值
因素 A	S_A	$r-1$	$MS_A=S_A/(r-1)$	$F=MS_A/MS_E$	$F_\alpha(r-1,n-r)$
误差	S_E	$n-r$	$MS_E=S_E/(n-r)$		
总和	S_T	$n-1$			

在实际中,我们可以按以下较简单的公式来计算 S_T,S_A 和 S_E。

$$T_{i\cdot}=\sum_{j=1}^{n_i}X_{ij},\quad \overline{X}_{i\cdot}=\dfrac{T_{i\cdot}}{n_i},\quad i=1,2,\cdots,r,$$

$$T=\sum_{i=1}^{r}T_{i\cdot},\quad \overline{X}=\dfrac{T}{n},$$

$$S_T=\sum_{i=1}^{r}\sum_{j=1}^{n_i}(X_{ij}-\overline{X})^2=\sum_{i=1}^{r}\sum_{j=1}^{n_i}X_{ij}^2-n\overline{X}^2=\sum_{i=1}^{r}\sum_{j=1}^{n_i}X_{ij}^2-\dfrac{T^2}{n},$$

$$S_A=\sum_{i=1}^{r}\sum_{j=1}^{n_i}(\overline{X}_{i\cdot}-\overline{X})^2=\sum_{i=1}^{r}n_i(\overline{X}_{i\cdot}-\overline{X})^2=\sum_{i=1}^{r}\dfrac{T_{i\cdot}^2}{n_i}-\dfrac{T^2}{n},$$

$$S_E=\sum_{i=1}^{r}\sum_{j=1}^{n_i}(X_{ij}-\overline{X}_{i\cdot})^2=S_T-S_A。$$

【例 2】 在本节例 1 中,假设兔子的睡眠时间服从正态分布,且服用不同安眠药时兔子睡眠时间的方差相等。在显著性水平 $\alpha=0.05$ 下,判断 4 种安眠药对兔子的睡眠时间的影响有无显著差异?

解 用 X_i 表示安眠药水平 A_i 所对应的总体,$X_i\sim N(\mu_i,\sigma^2)(i=1,2,3,4)$,需要检验假设

$$H_0:\mu_1=\mu_2=\mu_3=\mu_4,\quad H_1:\mu_1,\mu_2,\mu_3,\mu_4\text{ 不全相等}。$$

经计算得到如表 9-4 所示。

表 9-4

安眠药	n_i	$T_i.$	$T_i^2.$	$\sum_{j=1}^{n_i} X_{ij}^2$
A_1	6	36.6	1339.56	223.36
A_2	6	39.6	1568.16	261.76
A_3	6	40.8	1664.64	277.62
A_4	6	36.2	1310.44	219.06
和	24	153.2	5882.8	981.8

于是 $S_T = \sum_{i=1}^{4}\sum_{j=1}^{6} X_{ij}^2 - \dfrac{T^2}{24} = 981.8 - \dfrac{153.2^2}{24} = 3.87$,其自由度为 23;

$S_A = \sum_{i=1}^{4} \dfrac{T_i^2.}{n_i} - \dfrac{T^2}{24} = \dfrac{5882.8}{6} - \dfrac{153.2^2}{24} = 2.54$,其自由度为 3;

$S_E = S_T - S_A = 1.33$,其自由度为 20。

根据以上结果得如表 9-5 所示的方差分析表。

表 9-5

方差来源	平方和	自由度	均方和	F 值	临界值
因素 A	2.54	3	0.8476	12.73	$F_{0.05}(3,20)=3.10$
误差	1.33	20	0.0665		
总和	3.87	23			

在显著性水平 $\alpha=0.05$ 下,查表得临界值 $F_{0.05}(3,20)=3.10$,由于 $F=12.73>3.10$,落在拒绝域中,所以拒绝 H_0,认为因素 A(安眠药)是显著的,即 4 种安眠药对兔子睡眠时间的影响有明显的差异。

【例 3】 某厂用 A_1, A_2, A_3, A_4 四种不同的灯丝材料制成四批灯泡,除灯丝外其他条件都相同,而在每批灯泡中分别随机抽样,测得使用寿命数据如表 9-6 所示。假设灯泡寿命服从正态分布,不同的灯丝材料制成四批灯泡寿命的方差相等且未知。在显著性水平 $\alpha=0.01$ 下,试判断不同灯丝对灯泡寿命是否有显著影响?

表 9-6

灯丝材料水平		试验批号							
		1	2	3	4	5	6	7	8
灯丝材料水平	A_1	1600	1610	1650	1680	1700	1700	1780	
	A_2	1500	1640	1400	1400	1700			
	A_3	1640	1500	1600	1620	1640	1600	1740	1800
	A_4	1510	1520	1530	1570	1640	1680		

解 用 X_i 表示灯丝材料水平 A_i 所对应的总体,$X_i \sim N(\mu_i, \sigma^2)$ $(i=1,2,3,4)$,需要检验假设

$$H_0: \mu_1 = \mu_2 = \mu_3 = \mu_4, \quad H_1: \mu_1, \mu_2, \mu_3, \mu_4 \text{ 不全相等}。$$

经计算得 $n=26, r=4, n_1=7, n_2=5, n_3=8, n_4=6$,于是,$S_T=195712$,其自由度为 25,$S_A=44361.2$,其自由度为 3,$S_E=151350.8$,其自由度为 22。

根据以上结果得如表 9-7 所示的方差分析表。

表 9-7

方差来源	平方和	自由度	均方和	F 值	临界值
因素 A	44361.2	3	14787.10	2.15	$F_{0.01}(3,22)=4.82$
误差	151350.8	22	6879.6		
总和	195712	25			

在显著水平 $\alpha=0.01$ 下,查附表 5 得临界值 $F_{0.01}(3,22)=4.82$,拒绝域为 $F\geqslant 4.82$,由于样本观测值 $F=2.15<4.82$,所以在显著性水平 $\alpha=0.01$ 下接受 H_0,也就是说,认为四种灯丝对灯泡寿命影响并不显著。

习题 9.1

基础题

1. 三个车间逐日记录的次品率如表 9-8 所示。

表 9-8

车间	次 品 率					
A_1	16	10	12	13	11	12
A_2	10	11	9	6	7	
A_3	14	17	13	15	12	14	13

试计算总偏差平方和 S_T,因子平方和 S_A,误差平方和 S_E。

2. 在单因素方差分析中,因素 A 有三个水平,每个水平各做了 4 次重复独立的试验,请完成如表 9-9 所示的方差分析表,并在显著性水平 $\alpha=0.05$ 下对因素 A 是否显著作出检验。

表 9-9

方差来源	平方和	自由度	均方和	F 值	临界值
因素 A	4.2				
误差	2.5				
总和	6.7				

3. 一批由同一种原料制成的布,用不同的印染工艺处理,然后进行缩水率试验。假设采用 5 种不同的工艺,每种工艺处理 4 块布样,测得缩水率的百分数如表 9-10 所示。

表 9-10

因素 A	试 验 批 号			
(印染工艺)	1	2	3	4
A_1	4.3	7.8	3.2	6.5
A_2	6.1	7.3	4.2	4.1
A_3	4.3	8.7	7.2	10.1
A_4	6.5	8.3	8.6	8.2
A_5	9.5	8.8	11.4	7.8

若布的缩水率服从正态分布,不同工艺处理的布的缩水率方差相等。试考查不同工艺对布的缩水率的影响有无显著差异?($\alpha=0.05$)

4. 考虑温度对某一化工产品得率的影响,选了五种不同的温度,在同一温度下做了三次试验,测得数据如表 9-11 所示。

表 9-11

温度/℃	60	65	70	75	80
得率/%	90	97	96	84	84
	92	93	96	83	86
	88	92	93	88	82

在显著性水平 $\alpha=0.05$ 下,试分析温度对得率有无显著影响。

提高题

1. 有 5 种油菜品种,分别在 4 块试验田上种植,所得亩产量如表 9-12 所示(单位:kg)。在显著性水平 $\alpha=0.05$ 下,试问不同油菜品种对平均亩产量影响是否显著?

表 9-12

品种\田块	1	2	3	4
A_1	256	222	280	298
A_2	244	300	290	275
A_3	250	277	230	322
A_4	288	280	315	259
A_5	206	212	220	212

2. 消费者与产品生产者、销售者或服务的提供者之间经常发生纠纷,当发生纠纷后,消费者常常会向消费者协会投诉,为了对几个行业的服务质量进行评价,消费者协会在零售业、旅游业、航空公司、家电制造业分别抽取不同的企业作为样本,每个行业中抽取的这些企业,在服务对象、服务内容、企业规模等方面基本上相同,经过统计,得到了 1 年内消费者对总共 26 家企业投诉的次数,结果如表 9-13 所示。

表 9-13

零售业	旅游业	航空公司	家电制造业
53	67	30	45
65	40	48	52
50	30	20	66
41	44	33	78
33	55	39	60
54	50	28	55
45	43		

在显著性水平 $\alpha=0.05$ 下,试问 4 个行业之间的服务质量是否有显著差异?

9.2 双因素方差分析

在实际问题中,有时要研究两个因素(或更多因素)对试验指标的影响,如考查几种土壤和几种施肥方案对某品种小麦产量的影响,土壤和施肥是两个因素;又如研究几种温度和几种催化剂对化学反应速度的影响,温度和催化剂就是两个因素。考查多个因素时不仅要考查各因素对指标的影响,还需要考查因素各个水平之间的组合对指标的影响,即交互作用的影响。交互作用的影响只有在重复试验中才能分析出来。对于双因素试验的方差分析,我们分为无重复试验和等重复试验两种情况来讨论。对无重复试验只需要检验两个因素对试验结果有无显著影响;而对等重复试验既要检验两个因素对试验结果有无显著影响,又要考查两个因素的交互作用对试验结果有无显著影响。

9.2.1 无重复试验的双因素方差分析

1. 无重复试验的双因素方差分析模型

设因素 A 有 r 个水平 $A_1,A_2,\cdots,A_r$,因素 B 有 s 个水平 $B_1,B_2,\cdots,B_s$。如果不考虑因素 A 和因素 B 之间的交互作用,这时只需在因素 A 与因素 B 的各个水平的每一种搭配 $(A_i,B_j)(i=1,2,\cdots,r;j=1,2,\cdots,s)$ 下,进行一次试验,得到 rs 个试验结果,记为 X_{ij}(表9-14)。

表 9-14

因素A \ 因素B	B_1	B_2	$\cdots$	B_j	$\cdots$	B_s
A_1	X_{11}	X_{12}	$\cdots$	X_{1j}	$\cdots$	X_{1s}
A_2	X_{21}	X_{22}	$\cdots$	X_{2j}	$\cdots$	X_{2s}
$\vdots$	$\vdots$	$\vdots$		$\vdots$		$\vdots$
A_i	X_{i1}	X_{i2}	$\cdots$	X_{ij}	$\cdots$	X_{is}
$\vdots$	$\vdots$	$\vdots$		$\vdots$		$\vdots$
A_r	X_{r1}	X_{r2}	$\cdots$	X_{rj}	$\cdots$	X_{rs}

显然总试验次数 $n=rs$。

假设在水平 (A_i,B_j) 下所对应的总体 $X_{ij}\sim N(\mu_{ij},\sigma^2)(i=1,2,\cdots,r;j=1,2,\cdots,s)$,其中 μ_{ij},σ^2 未知,且各样本 X_{ij} 之间相互独立。根据假设可知:

要判断因素 A 的影响是否显著,就要检验假设

$$H_{0A}:\mu_{1j}=\mu_{2j}=\cdots=\mu_{rj}=\mu_j,\quad j=1,2,\cdots,s; \tag{9.3}$$

要判断因素 B 的影响是否显著,就要检验假设

$$H_{0B}:\mu_{i1}=\mu_{i2}=\cdots=\mu_{is}=\mu_i,\quad i=1,2,\cdots,r。 \tag{9.4}$$

如果检验结果拒绝 H_{0A}(或 H_{0B}),则认为因素 A(或 B)的不同水平对试验结果有显著影响;如果两者都不拒绝,则说明 A 与 B 的不同水平组合对试验结果都无显著影响。

由前面的假设 $X_{ij}\sim N(\mu_{ij},\sigma^2)(i=1,2,\cdots,r;j=1,2,\cdots,s)$,$X_{ij}$ 可表示为总体 X_{ij} 的均值 μ_{ij} 与试验误差 ε_{ij} 的和,即 $X_{ij}=\mu_{ij}+\varepsilon_{ij}$,从而得到如下的数学模型:

$$\begin{cases} X_{ij} = \mu_{ij} + \varepsilon_{ij}, & i = 1,2,\cdots,r; j = 1,2,\cdots,s, \\ \varepsilon_{ij} \sim N(0,\sigma^2), & \text{各 } \varepsilon_{ij} \text{ 相互独立,其中 } \mu_{ij} \text{ 和 } \sigma^2 \text{ 未知}. \end{cases}$$

引入总均值 $\mu = \dfrac{1}{rs}\sum\limits_{i=1}^{r}\sum\limits_{j=1}^{s}\mu_{ij}$,$A_i$ 下均值 $\mu_{i\cdot} = \dfrac{1}{s}\sum\limits_{j=1}^{s}\mu_{ij}(i=1,2,\cdots,r)$,$B_j$ 下均值 $\mu_{\cdot j} = \dfrac{1}{r}\sum\limits_{i=1}^{r}\mu_{ij}(j=1,2,\cdots,s)$,因素 A 的第 i 个水平 A_i 的效应 $\alpha_i = \mu_{i\cdot} - \mu(i=1,2,\cdots,r)$,因素 B 的第 j 个水平 B_j 的效应 $\beta_j = \mu_{\cdot j} - \mu(j=1,2,\cdots,s)$。

易见 $\sum\limits_{i=1}^{r}\alpha_i = 0, \sum\limits_{j=1}^{s}\beta_j = 0$。且前述检验假设(9.3)、(9.4)等价于:

$$H_{0A}: \alpha_1 = \alpha_2 = \cdots = \alpha_r = 0, \tag{9.5}$$

$$H_{0B}: \beta_1 = \beta_2 = \cdots = \beta_s = 0. \tag{9.6}$$

2. 总偏差平方和的分解

为完成上述假设检验,与单因素方差分析一样,对总偏差平方和 S_T 进行分解。

记

$$\overline{X} = \frac{1}{rs}\sum_{i=1}^{r}\sum_{j=1}^{s}X_{ij}, \quad \overline{X}_{i\cdot} = \frac{1}{s}\sum_{j=1}^{s}X_{ij}(i=1,2,\cdots,r), \quad \overline{X}_{\cdot j} = \frac{1}{r}\sum_{i=1}^{r}X_{ij}(j=1,2,\cdots,s).$$

将总偏差平方和 S_T 进行分解,得

$$S_T = \sum_{i=1}^{r}\sum_{j=1}^{s}(X_{ij} - \overline{X})^2 = \sum_{i=1}^{r}\sum_{j=1}^{s}[(\overline{X}_{i\cdot} - \overline{X}) + (\overline{X}_{\cdot j} - \overline{X}) + (X_{ij} - \overline{X}_{i\cdot} - \overline{X}_{\cdot j} + \overline{X})]^2.$$

由于在 S_T 的展开式中三个交叉项的乘积都等于零,故有如下定理。

定理 1 $S_T = S_E + S_A + S_B$,其中

$$S_T = \sum_{i=1}^{r}\sum_{j=1}^{s}(X_{ij} - \overline{X})^2, \quad S_E = \sum_{i=1}^{r}\sum_{j=1}^{s}(X_{ij} - \overline{X}_{i\cdot} - \overline{X}_{\cdot j} + \overline{X})^2,$$

$$S_A = \sum_{i=1}^{r}\sum_{j=1}^{s}(\overline{X}_{i\cdot} - \overline{X})^2 = s\sum_{i=1}^{r}(\overline{X}_{i\cdot} - \overline{X})^2,$$

$$S_B = \sum_{i=1}^{r}\sum_{j=1}^{s}(\overline{X}_{\cdot j} - \overline{X})^2 = r\sum_{j=1}^{s}(\overline{X}_{\cdot j} - \overline{X})^2.$$

称 S_A 为因素 A 的偏差平方和,它反映了因素 A 的不同水平引起的系统误差;称 S_B 为因素 B 的偏差平方和,它反映了因素 B 的不同水平引起的系统误差;称 S_E 为误差平方和,它反映了试验过程中各种随机因素所引起的随机误差。

3. F 检验

类似单因素方差分析,可以得到如下的结论。

定理 2 如果 H_{0A}, H_{0B} 成立,则有

$$\frac{S_A}{\sigma^2} \sim \chi^2(r-1), \quad \frac{S_B}{\sigma^2} \sim \chi^2(s-1), \quad \frac{S_E}{\sigma^2} \sim \chi^2((r-1)(s-1)),$$

并且 S_E, S_A, S_B 相互独立。

定理 3 如果 H_{0A}, H_{0B} 同时成立，则有

$$F_A = \frac{\frac{S_A}{\sigma^2}/(r-1)}{\frac{S_E}{\sigma^2}/(r-1)(s-1)} = \frac{(s-1)S_A}{S_E} \sim F(r-1,(r-1)(s-1)),$$

$$F_B = \frac{\frac{S_B}{\sigma^2}/(s-1)}{\frac{S_E}{\sigma^2}/(r-1)(s-1)} = \frac{(r-1)S_B}{S_E} \sim F(s-1,(r-1)(s-1))。$$

对于给定的 α，可以通过附表 5 查临界值

$$F_{A\alpha}(r-1,(r-1)(s-1)), \quad F_{B\alpha}(s-1,(r-1)(s-1)),$$

得 H_{0A} 的拒绝域为 $F_A \geqslant F_{A\alpha}(r-1,(r-1)(s-1))$，$H_{0B}$ 的拒绝域为

$$F_B \geqslant F_{B\alpha}(s-1,(r-1)(s-1))。$$

为了清晰起见，把上述检验过程可列成如表 9-15 所示的无重复试验的双因素方差分析表。

表 9-15

方差来源	平方和	自由度	均方和	F 值	临界值
因素 A	S_A	$r-1$	$MS_A = S_A/(r-1)$	$F_A = MS_A/MS_E$	$F_{A\alpha}(r-1,(r-1)(s-1))$
因素 B	S_B	$s-1$	$MS_B = S_B/(s-1)$	$F_B = MS_B/MS_E$	$F_{B\alpha}(s-1,(r-1)(s-1))$
误差	S_E	$(r-1)(s-1)$	$MS_E = S_E/[(r-1)(s-1)]$		
总和	S_T	$n-1$			

与单因素方差分析一样，在实际中我们可以按以下较简单的公式来计算 S_A, S_B, S_T, S_E。

$$T_{i\cdot} = \sum_{j=1}^{s} X_{ij} = s\overline{X}_{i\cdot} \ (i=1,\cdots,r), \quad T_{\cdot j} = \sum_{i=1}^{r} X_{ij} = r\overline{X}_{\cdot j}(j=1,\cdots,s),$$

$$T = \sum_{i=1}^{r}\sum_{j=1}^{s} X_{ij} = n\overline{X}, \quad S_T = \sum_{i=1}^{r}\sum_{j=1}^{s} X_{ij}^2 - \frac{T^2}{rs},$$

$$S_A = \frac{1}{s}\sum_{i=1}^{r} T_{i\cdot}^2 - \frac{T^2}{rs}, \quad S_B = \frac{1}{r}\sum_{j=1}^{s} T_{\cdot j}^2 - \frac{T^2}{rs}, \quad S_E = S_T - S_A - S_B。$$

【例 1】 设 4 个工人操作机器 A_1, A_2, A_3 各一天，其日产量如表 9-16 所示。

表 9-16

机器 \ 工人	B_1	B_2	B_3	B_4
A_1	50	47	47	53
A_2	53	54	57	58
A_3	52	42	41	48

问是否真正存在机器或工人之间的差别（$\alpha = 0.05$）？

解 由已知 $r=3, s=4$，则本问题是在 $\alpha=0.05$ 下检验

$$H_{0A}: \alpha_1 = \alpha_2 = \alpha_3 = 0, \quad H_{0B}: \beta_1 = \beta_2 = \beta_3 = \beta_4 = 0。$$

经计算得

$$T = \sum_{i=1}^{3}\sum_{j=1}^{4} X_{ij} = 602, \quad \sum_{i=1}^{3}\sum_{j=1}^{4} X_{ij}^2 = 30518,$$

$$T_{1.} = 197, \quad T_{2.} = 222, \quad T_{3.} = 183,$$

$$T_{.1} = 155, \quad T_{.2} = 143, \quad T_{.3} = 145, \quad T_{.4} = 159,$$

$$S_T = \sum_{i=1}^{3}\sum_{j=1}^{4} x_{ij}^2 - \frac{1}{12}T^2 = 30518 - \frac{1}{12}\times 602^2 = 317.667,$$

$$S_A = \frac{1}{4}\sum_{i=1}^{3} T_{i.}^2 - \frac{1}{12}T^2 = \frac{1}{4}\times 121582 - \frac{1}{12}\times 602^2 = 195.167,$$

$$S_B = \frac{1}{3}\sum_{j=1}^{4} T_{.j}^2 - \frac{T^2}{12} = \frac{1}{3}\times 90780 - \frac{1}{12}\times 602^2 = 59.667,$$

$$S_E = S_T - S_A - S_B = 317.667 - 195.167 - 59.667 = 62.833。$$

因此得如表 9-17 所示的方差分析表。

表 9-17

方差来源	平方和	自由度	均方和	F 值	临界值
因素 A	$S_A = 195.167$	$r-1=2$	$MS_A = 97.58$	$F_A = 9.32$	$F_{0.05}(2,6) = 5.14$
因素 B	$S_B = 59.667$	$s-1=3$	$MS_B = 19.89$	$F_B = 1.90$	$F_{0.05}(3,6) = 4.76$
误差	$S_E = 62.833$	$(r-1)(s-1)=6$	$MS_E = 10.47$		
总和	$S_T = 317.667$	$n-1=11$			

由于 $F_A > F_{0.05}(2,6)$，F_A 落在拒绝域中，拒绝 H_{0A}，即认为不同的机器之间有显著差异；又由于 $F_B < F_{0.05}(3,6)$，F_B 未落在拒绝域中，接受 H_{0B}，即认为不同的工人之间无显著差异。

9.2.2 等重复试验的双因素方差分析

1. 等重复试验的双因素方差分析模型

设因素 A 有 r 个水平 $A_1, A_2, \cdots, A_r$，因素 B 有 s 个水平 $B_1, B_2, \cdots, B_s$。考虑因素 A 和因素 B 之间是否有交互作用的影响，需在两个因素各个水平的组合 (A_i, B_j) ($i=1,2,\cdots,r$; $j=1,2,\cdots,s$) 下分别进行 m 次 ($m \geqslant 2$) 试验，称为**等重复试验**，记其试验结果为 X_{ijk}，得到数据见表 9-18。

表 9-18

因素 A \ 因素 B	B_1	$\cdots$	B_j	$\cdots$	B_s
A_1	$X_{111}, \cdots, X_{11m}$	$\cdots$	$X_{1j1}, \cdots, X_{1jm}$	$\cdots$	$X_{1s1}, \cdots, X_{1sm}$
A_2	$X_{211}, \cdots, X_{21m}$	$\cdots$	$X_{2j1}, \cdots, X_{2jm}$	$\cdots$	$X_{2s1}, \cdots, X_{2sm}$
$\vdots$	$\vdots$		$\vdots$		$\vdots$
A_i	$X_{i11}, \cdots, X_{i1m}$	$\cdots$	$X_{ij1}, \cdots, X_{ijm}$	$\cdots$	$X_{is1}, \cdots, X_{ism}$
$\vdots$	$\vdots$		$\vdots$		$\vdots$
A_r	$X_{r11}, \cdots, X_{r1m}$	$\cdots$	$X_{rj1}, \cdots, X_{rjm}$	$\cdots$	$X_{rs1}, \cdots, X_{rsm}$

显然总试验次数 $n=mrs$。

假设在水平 (A_i, B_j) 下所对应的总体 $X_{ij} \sim N(\mu_{ij}, \sigma^2)(i=1,2,\cdots,r; j=1,2,\cdots,s)$，其中 μ_{ij}, σ^2 未知，且各样本 $X_{ijk}(i=1,2,\cdots,r; j=1,2,\cdots,s; k=1,2,\cdots,m)$ 之间相互独立。等重复试验的双因素方差分析就是要判断因素 A,B 及 A 与 B 的交互反应的影响是否显著。

由前面的假设 $X_{ijk} \sim N(\mu_{ij}, \sigma^2)(i=1,2,\cdots,r; j=1,2,\cdots,s; k=1,2,\cdots,m)$，所以 X_{ijk} 可表示为总体 X_{ij} 的均值 μ_{ij} 与试验误差 ε_{ijk} 的和，即 $X_{ij}=\mu_{ij}+\varepsilon_{ijk}$，从而得到如下数学模型：

$$\begin{cases} X_{ijk} = \mu_{ij} + \varepsilon_{ijk}, & i=1,2,\cdots,r; j=1,2,\cdots,s; k=1,2,\cdots,m; \\ \varepsilon_{ijk} \sim N(0, \sigma^2), & \text{各 } \varepsilon_{ijk} \text{ 相互独立,且 } \mu_{ij} \text{ 和 } \sigma^2 \text{ 未知。} \end{cases}$$

类似无重复试验的双因素方差中引入的 $\mu, \mu_i., \mu_{\cdot j}, \alpha_i, \beta_j$，即

$$\mu_{ij} = \mu + \alpha_i + \beta_j + \gamma_{ij}, \quad i=1,2,\cdots,r; j=1,2,\cdots,s,$$

易见 $\sum_{i=1}^{r} \alpha_i = 0, \sum_{j=1}^{s} \beta_j = 0$。再引入 $\gamma_{ij}=\mu_{ij}-\mu_i.-\mu_{\cdot j}+\mu(i=1,2,\cdots,r; j=1,2,\cdots,s)$，称 γ_{ij} 为水平 A_i 和水平 B_j 的交互效应,这是由 A_i 与 B_j 联合作用引起的。易见

$$\sum_{j=1}^{s} \gamma_{ij} = 0(i=1,2,\cdots,r); \quad \sum_{i=1}^{r} \gamma_{ij} = 0(j=1,2,\cdots,s)。$$

等重复试验的双因素方差分析要解决的问题,是判断因素 A 和因素 B 的差异影响及交互作用 $A \times B$ 的影响,它们分别等价于检验假设

$$H_{0A}: \alpha_1 = \alpha_2 = \cdots = \alpha_r = 0, \tag{9.7}$$

$$H_{0B}: \beta_1 = \beta_2 = \cdots = \beta_s = 0, \tag{9.8}$$

$$H_{0A \times B}: \gamma_{ij} = 0, \quad i=1,2,\cdots,r; j=1,2,\cdots,s。 \tag{9.9}$$

2. 总偏差平方和的分解

引入记号

$$\overline{X} = \frac{1}{rsm} \sum_{i=1}^{r} \sum_{j=1}^{s} \sum_{k=1}^{m} X_{ijk}, \quad \overline{X}_{ij.} = \frac{1}{m} \sum_{k=1}^{m} X_{ijk},$$

$$\overline{X}_{i..} = \frac{1}{s} \sum_{j=1}^{s} \overline{X}_{ij.} = \frac{1}{sm} \sum_{j=1}^{s} \sum_{k=1}^{m} X_{ijk}, \quad \overline{X}_{\cdot j.} = \frac{1}{r} \sum_{i=1}^{r} \overline{X}_{ij.} = \frac{1}{rm} \sum_{i=1}^{r} \sum_{k=1}^{m} X_{ijk}。$$

对总偏差平方和 S_T 进行分解

$$S_T = \sum_{i=1}^{r} \sum_{j=1}^{s} \sum_{k=1}^{m} (X_{ijk} - \overline{X})^2$$

$$= \sum_{i=1}^{r} \sum_{j=1}^{s} \sum_{k=1}^{m} [(X_{ijk} - \overline{X}_{ij.}) + (\overline{X}_{i..} - \overline{X}) + (\overline{X}_{\cdot j.} - \overline{X}) + (\overline{X}_{ij.} - \overline{X}_{i..} - \overline{X}_{\cdot j.} + \overline{X})]^2。$$

由于在 S_T 的展开式中,四个交叉项都等于零,故有如下定理。

定理 4 $S_T = S_A + S_B + S_{A \times B} + S_E$，其中

$$S_A = sm \sum_{i=1}^{r} (\overline{X}_{i..} - \overline{X})^2, \quad S_B = rm \sum_{j=1}^{s} (\overline{X}_{\cdot j.} - \overline{X})^2,$$

$$S_{A \times B} = m \sum_{i=1}^{r} \sum_{j=1}^{s} (\overline{X}_{ij.} - \overline{X}_{i..} - \overline{X}_{\cdot j.} + \overline{X})^2, \quad S_E = \sum_{i=1}^{r} \sum_{j=1}^{s} \sum_{k=1}^{m} (X_{ijk} - \overline{X}_{ij.})^2。$$

称 S_A 为因素 A 的**偏差平方和**,它反映了因素 A 的不同水平引起的系统误差;称 S_B 为因素 B 的**偏差平方和**,它反映了因素 B 的不同水平引起的系统误差;称 $S_{A \times B}$ 为 A, B **交互**

偏差平方和,它反映了 A 与 B 的交互反应引起的系统误差;称 S_E 为**误差平方和**,它反映了试验过程中各种随机因素所引起的随机误差。

关于自由度的分解,我们有
$$S_A: r-1, \quad S_B: s-1, \quad S_{A\times B}: (r-1)(s-1),$$
$$S_E: rs(m-1)=n-rs, \quad S_T: rsm-1=n-1。$$

3. F 检验

类似于无重复双因素的方差分析,用的三个检验统计量分别是
$$F_A=\frac{S_A/(r-1)}{S_E/rs(m-1)} \sim F(r-1, rs(m-1)), \quad F_B=\frac{S_B/(s-1)}{S_E/rs(m-1)} \sim F(s-1, rs(m-1)),$$
$$F_{A\times B}=\frac{S_{A\times B}/(r-1)(s-1)}{S_E/rs(m-1)} \sim F((r-1)(s-1), rs(m-1))。$$

取显著水平为 α,得

H_{0A} 的拒绝域为 $F_A \geqslant F_{A\alpha}(r-1, rs(m-1))$,

H_{0B} 的拒绝域为 $F_B \geqslant F_{B\alpha}(s-1, rs(m-1))$,

$H_{0A\times B}$ 的拒绝域为 $F_{A\times B} \geqslant F_{(A\times B)\alpha}((r-1)(s-1), rs(m-1))$。

为了清晰起见,把上述检验过程可列成如表 9-19 所示的有重复试验的双因素方差分析表。

表 9-19

方差来源	平方和	自由度	均方和	F 值	临界值
因素 A	S_A	$r-1$	$MS_A=S_A/(r-1)$	$F_A=MS_A/MS_E$	$F_{A\alpha}(r-1, rs(m-1))$
因素 B	S_B	$s-1$	$MS_B=S_B/(s-1)$	$F_B=MS_B/MS_E$	$F_{B\alpha}(s-1, rs(m-1))$
$A\times B$	$S_{A\times B}$	$(r-1)(s-1)$	$MS_{A\times B}=S_{A\times B}/[(r-1)(s-1)]$	$F_{A\times B}=MS_{A\times B}/MS_E$	
误差	S_E	$rs(m-1)$	$MS_E=S_E/[rs(m-1)]$		
总和	S_T	$n-1$			

在实际应用中,以上各项平方和的计算办法如下:

令
$$T=\sum_{i=1}^{r}\sum_{j=1}^{s}\sum_{k=1}^{m}X_{ijk}=rsm\overline{X}, \quad T_{ij\cdot}=\sum_{k=1}^{m}X_{ijk}(i=1,2,\cdots,r; j=1,2,\cdots,s),$$
$$T_{i\cdot\cdot}=\sum_{j=1}^{s}\sum_{k=1}^{m}X_{ijk}, \quad T_{\cdot j\cdot}=\sum_{i=1}^{r}\sum_{k=1}^{m}X_{ijk}, \quad T_{\cdot\cdot k}=\sum_{i=1}^{r}\sum_{j=1}^{s}X_{ijk},$$
$$S_T=\sum_{i=1}^{r}\sum_{j=1}^{s}\sum_{k=1}^{m}X_{ijk}^2-\frac{T^2}{rsm}, \quad S_A=\frac{1}{sm}\sum_{i=1}^{r}T_{i\cdot\cdot}^2-\frac{T^2}{rsm},$$
$$S_B=\frac{1}{rm}\sum_{j=1}^{s}T_{\cdot j\cdot}^2-\frac{T^2}{rsm}, \quad S_{A\times B}=\frac{1}{m}\sum_{i=1}^{r}\sum_{k=1}^{m}T_{ij\cdot}^2-\frac{T^2}{rsm}-S_A-S_B,$$

则
$$S_E=S_T-S_A-S_B-S_{A\times B}。$$

【例 2】 在三种不同地块的土壤上,施四种不同的肥料,在每一地块上作三次重复独立的试验,得到小麦产量数据如表 9-20 所示。

表 9-20

产量 \ 肥料B \ 土壤A	B_1	B_2	B_3	B_4
A_1	52 43 39	48 37 29	34 42 38	45 58 42
A_2	41 47 53	50 41 30	36 39 44	44 46 60
A_3	49 38 42	36 48 47	37 40 32	43 56 41

试判断土壤、肥料对小麦的产量有无显著的影响？（取 $\alpha=0.05$）

解 这是一个等重复试验的方差分析问题，即检验假设

$$H_{0A}: \alpha_1 = \alpha_2 = \alpha_3 = 0,$$
$$H_{0B}: \beta_1 = \beta_2 = \beta_3 = \beta_4 = 0,$$
$$H_{0A\times B}: \gamma_{ij} = 0 \quad (i=1,2,3; j=1,2,3,4)。$$

首先计算诸平均和：

$$\sum_{i=1}^{3}\sum_{j=1}^{4}\sum_{k=1}^{3} X_{ijk}^2 = 52^2 + 43^2 + \cdots + 56^2 + 41^2 = 68367,$$

$$T = \sum_{i=1}^{3}\sum_{j=1}^{4}\sum_{k=1}^{3} X_{ijk} = 52 + 43 + \cdots + 56 + 41 = 1547,$$

$$S_T = \sum_{i=1}^{3}\sum_{j=1}^{4}\sum_{k=1}^{3} X_{ijk}^2 - \frac{T^2}{3\times 4\times 3} = 68367 - \frac{1}{3\times 4\times 3}\times 1547^2 = 1888.97,$$

$$S_A = \frac{1}{4\times 3}\sum_{i=1}^{3} T_{i\cdot\cdot}^2 - \frac{T^2}{3\times 4\times 3} = \frac{1}{4\times 3}\times 798081 - \frac{1}{3\times 4\times 3}\times 1547^2 = 28.72,$$

$$S_B = \frac{1}{3\times 3}\sum_{j=1}^{4} T_{\cdot j\cdot}^2 - \frac{T^2}{3\times 4\times 3} = \frac{1}{3\times 3}\times 603351 - \frac{1}{3\times 4\times 3}\times 1547^2 = 560.97,$$

$$S_{A\times B} = \frac{1}{3}\sum_{k=1}^{3} T_{ij\cdot}^2 - \frac{T^2}{3\times 4\times 3} - S_A - S_B$$
$$= \frac{1}{3}\times 201469 - \frac{1}{3\times 4\times 3}\times 1547^2 - 28.72 - 560.97 = 88.61,$$

$$S_E = S_T - S_A - S_B - S_{A\times B} = 1210.67,$$

得方差分析表如表 9-21 所示。

表 9-21

来源	平方和	自由度	均方和	F 值
因素 A	$S_A=28.72$	$r-1=2$	$MS_A=14.36$	$F_A=0.28$
因素 B	$S_B=560.97$	$s-1=3$	$MS_B=186.99$	$F_B=3.71$
$A\times B$	$S_{A\times B}=88.61$	$(r-1)(s-1)=6$	$MS_{A\times B}=14.78$	$F_{A\times B}=0.29$
误差	$S_E=1210.67$	$rs(m-1)=24$	$MS_E=50.44$	
总和	$S_T=1888.97$	$n-1=35$		

查得临界值：$F_{0.05}(2,24)=3.40, F_{0.05}(3,24)=3.01, F_{0.05}(6,24)=2.51$。

由于

$$F_A = 0.28 < F_{0.05}(2,24) = 3.40, \quad F_B = 3.71 > F_{0.05}(3,24) = 3.01,$$

$$F_{A\times B} = 0.29 < F_{0.05}(6,24) = 2.51,$$

故不应拒绝假设 H_{0A} 和 $H_{0A\times B}$，而应拒绝假设 H_{0B}，既可以认为土壤和肥料之间不存在交互效应，土壤对产量没有显著影响，而肥料对产量有显著影响。

习题 9.2

基础题

1. 假设有 4 个品牌的彩色电视机在 5 个地区销售，为分析彩色电视机品牌(因素 A)和销售地区(因素 B)对销售是否有影响，采集每个品牌在各地区的销售数据如表 9-22 所示。试分析品牌和销售地区对彩色电视机的销售量是否有显著影响($\alpha = 0.05$)？

表 9-22

品牌 (因素 A)	销售地区(因素 B)				
	B_1	B_2	B_3	B_4	B_5
A_1	365	350	343	340	323
A_2	345	368	363	330	333
A_3	358	323	353	343	308
A_4	288	280	298	260	298

2. 为了给 4 种产品鉴定评分，特请来 5 位有关专家(鉴定人)，评分结果列于表 9-23。试用方差分析的方法检验产品的差异和鉴定人的差异。($\alpha = 0.05$)

表 9-23

产品(A)	鉴定人(B)					合计	平均
	①	②	③	④	⑤		
1	7	9	8	7	8	39	7.8
2	10	10	8	8	9	45	9.0
3	7	5	5	4	6	27	5.4
4	8	6	7	4	4	29	5.8
合计	32	30	28	23	27	140	

3. 在某种金属材料的生产过程中，对热处理时间(因素 A)与温度(因素 B)各取两个水平，产品强度的测定结果(相对值)如表 9-24 所示，在同一条件下每个试验重复两次。设各水平搭配强度的总体服从正态分布且方差相同，各样本独立，问热处理温度、时间以及这两者的相互作用对产品强度是否有显著的影响？（取 $\alpha = 0.05$）

表 9-24

因素 A \ 因素 B	B_1	B_2
A_1	38.0　38.6	45.0　44.8
A_2	47.0　44.8	42.4　40.8

提高题

1. 考虑 3 种不同形式的广告与 5 种不同的价格对某种商品销量的影响，我们选取某市 15 家大超市，每家超市选用其中的一种组合，统计出一个月的销量如表 9-25 所示。

表 9-25

价格 广告	B_1	B_2	B_3	B_4	B_5
A_1	276	352	178	295	273
A_2	114	176	102	155	128
A_3	364	547	288	392	378

希望由上述统计结果判断：

(1) 不同广告形式下商品的销量差异是否显著；

(2) 不同价格下商品的销量差异是否显著。($\alpha=0.05$)

2. 在某农业试验中为了考查小麦种子及化肥对小麦产量的效应，选取 4 种小麦品种和 3 种化肥做试验，现对所有可能的搭配在相同条件下试验两次，产量结果如表 9-26 所示。

表 9-26

产量/(kg/亩) 因素 B	因素 A	小麦品种(A)						
		A_1		A_2		A_3		A_4
化肥(B)	B_1	293	292	308	310	325	320	370	368
	B_2	316	320	318	322	318	310	365	340
	B_3	325	330	317	320	310	315	330	324

试分析小麦种子类型和化肥类型对小麦产量的影响。($\alpha=0.05$)

9.3 一元线性回归

在现实世界中，人们经常研究一些变量与另外一些变量的关系。这些关系大致可以分为两种，一种是确定性关系，如圆的半径 r 与圆的面积 s 有一种确定的关系，即 $s=\pi r^2$。另一种是非确定关系，如人的身高和体重，一般来说，身高越高，体重越重，但也不是绝对的；又如农作物的产量与施肥量有一定的关系。但身高与体重、产量与施肥量之间存在一种非确定性关系，我们把这种关系也称为相关关系。对变量间的相关关系，虽然变量之间不能用完全确切的函数形式来表示，但是可以通过这些变量的观测数据，发现它们之间存在的统计规律性。这种由一组非随机变量来估计或预测某一个随机变量的观测值时，所建立的数学模型及进行的统计分析，称为**回归分析**。如果这个模型是线性的就称为**线性回归模型**。这种方法是处理变量间相关关系的有力工具，是数理统计中常用的一种方法。随着计算机的发展及各种统计软件包的出现，回归分析的应用越来越广泛。本书只学习线性回归的基本问题。下面讨论一元线性回归分析问题。

9.3.1 引例

【例1】 考查硫酸铜在 100g 水中的溶解量 y 与温度 x 的关系时,作了9次试验,其结果如表 9-27 所示。

表 9-27

温度 x/℃	0	10	20	30	40	50	60	70	80
溶解度 y/g	14.0	17.5	21.2	26.1	29.2	33.3	40.0	48.0	54.8

从表面上看,随着温度的升高,溶解度在增加。为了找到溶解度与温度之间的关系,先把 9 对数据 (x_i, y_i) 看成直角坐标系中的点,在图中画出 9 个点(如图 9-1 所示),称这张图为**散点图**。从散点图发现 9 个点基本在一条直线附近,也就是说溶解度 y 与温度 x 之间大致呈线性关系。这些点与直线的偏离是由于测试过程中随机因素影响的结果,故反映溶解度与温度数据可假设有如下的结构形式:$y_i = a + bx_i + \varepsilon_i (i = 1, 2, \cdots, 9)$,其中 ε_i 是随机误差,它反映了变量之间的不确定性。

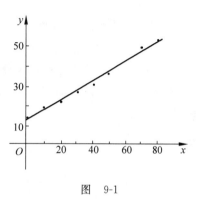

图 9-1

9.3.2 一元线性回归模型

一般地,已知两个变量 x 和 y 之间存在着某种相关关系,通过试验或观测得到变量 x 和 y 的 n 对数据 (x_i, y_i),把每对数据 (x_i, y_i) 看成直角坐标系中的一个点,画出散点图,通过观察散点图中的点,估计一下 y 与 x 之间具有的函数关系。如果 y 关于 x 大致呈线性关系,可设 $y = a + bx + \varepsilon, \varepsilon \sim N(0, \sigma^2)$。这里总假定 x 为一般变量,是非随机变量,其值是可以精确测量或严格控制的,a, b 为待定系数,ε 是随机误差。

由于 a, b 均未知,需要我们从收集到的数据 $(x_i, y_i)(i = 1, 2, \cdots, n)$ 出发进行估计。在收集数据时,我们一般要求观察独立地进行,即假定 $y_1, y_2, \cdots, y_n$ 相互独立。综合上述诸项假定,于是我们可以给出最简单、常用的一元线性回归的统计模型:

$$\begin{cases} y_i = a + bx_i + \varepsilon_i, & i = 1, 2, \cdots, n, \\ \varepsilon_i \sim N(0, \sigma^2), & \text{各 } \varepsilon_i \text{ 独立同分布}。 \end{cases} \tag{9.10}$$

由数据 $(x_i, y_i)(i = 1, 2, \cdots, n)$,可以获得 a, b 的估计 $\hat{a}, \hat{b}$,称 a, b 为**回归系数**(regression coefficient),称

$$\hat{y} = \hat{a} + \hat{b}x \tag{9.11}$$

为 y 关于 x 的经验回归函数,简称为**回归方程**(regression equation),其图形称为**回归直线**。给定 $x = x_0$ 后,称 $\hat{y}_0 = \hat{a} + \hat{b}x_0$ 为回归值(在不同场合也称其为拟合值、预测值)。

9.3.3 参数 a,b 的最小二乘估计

要求线性回归方程 $\hat{y}=\hat{a}+\hat{b}x$，就必须求 a,b 的估计值 $\hat{a},\hat{b}$。为此对于给定的 n 个点 $(x_1,y_1),(x_2,y_2),\cdots,(x_i,y_i),\cdots,(x_n,y_n)$，我们用实际值 y_i 与回归值 $\hat{y}_i$ 之差的平方和 $(y_i-\hat{y}_i)^2=(y_i-a-bx_i)^2$ 来刻画点 (x_i,y_i) 与直线 $\hat{y}=a+bx$ 的接近程度。

于是用
$$Q(a,b)=\sum_{i=1}^{n}(y_i-a-bx_i)^2 \tag{9.12}$$

表示观测值与回归值的总偏差平方和，Q 越小，观测值 (x_i,y_i) 越靠近回归直线。求 $\hat{a},\hat{b}$ 使 $Q(a,b)$ 在点 $(\hat{a},\hat{b})$ 处达到最小，则称 $\hat{a},\hat{b}$ 为 a,b 的**最小二乘法估计**(least squares estimation)。这个估计方法称为**最小二乘法**(least squares method)。

根据微分学求最值的方法，将二元函数 $Q(a,b)$ 分别对 a 和 b 求偏导数，并令它们等于零，得

$$\begin{cases} \dfrac{\partial Q}{\partial a}=-2\sum_{i=1}^{n}(y_i-a-bx_i)=0,\\ \dfrac{\partial Q}{\partial b}=-2\sum_{i=1}^{n}(y_i-a-bx_i)x_i=0, \end{cases}$$

经过整理，可得

$$\begin{cases} na+n\bar{x}b=n\bar{y},\\ n\bar{x}a+\sum_{i=1}^{n}x_i^2 b=\sum_{i=1}^{n}x_i y_i, \end{cases} \tag{9.13}$$

其中 $\bar{x}=\dfrac{1}{n}\sum_{i=1}^{n}x_i,\bar{y}=\dfrac{1}{n}\sum_{i=1}^{n}y_i$。称(9.13)式为**正规线性方程组**。由于 x_i 不完全相同，故正规线性方程组的系数行列式

$$\begin{vmatrix} n & n\bar{x}\\ n\bar{x} & \sum_{i=1}^{n}x_i^2 \end{vmatrix}=n\left(\sum_{i=1}^{n}x_i^2-n\bar{x}^2\right)=n\sum_{i=1}^{n}(x_i-\bar{x})^2\neq 0,$$

线性方程组(9.13)有唯一解

$$\begin{cases} \hat{b}=\dfrac{\sum_{i=1}^{n}x_i y_i - n\bar{x}\bar{y}}{\sum_{i=1}^{n}x_i^2 - n\bar{x}^2},\\ \hat{a}=\bar{y}-\hat{b}\bar{x}。 \end{cases} \tag{9.14}$$

为了计算方便引入记号

$$L_{xy}=\sum_{i=1}^{n}(x_i-\bar{x})(y_i-\bar{y})=\sum_{i=1}^{n}x_i y_i - n\bar{x}\bar{y}=\sum_{i=1}^{n}x_i y_i - \dfrac{1}{n}\left(\sum_{i=1}^{n}x_i\right)\left(\sum_{i=1}^{n}y_i\right),$$

$$L_{xx} = \sum_{i=1}^{n}(x_i - \bar{x})^2 = \sum_{i=1}^{n} x_i^2 - n\bar{x}^2 = \sum_{i=1}^{n} x_i^2 - \frac{1}{n}\left(\sum_{i=1}^{n} x_i\right)^2,$$

$$L_{yy} = \sum_{i=1}^{n}(y_i - \bar{y})^2 = \sum_{i=1}^{n} y_i^2 - n\bar{y}^2 = \sum_{i=1}^{n} y_i^2 - \frac{1}{n}\left(\sum_{i=1}^{n} y_i\right)^2,$$

解 (9.14) 式变成

$$\begin{cases} \hat{b} = L_{xy}/L_{xx}, \\ \hat{a} = \bar{y} - \hat{b}\bar{x}. \end{cases} \quad (9.15)$$

所以线性回归方程为 $\hat{y} = \hat{a} + \hat{b}x$。

【例 2】 求本节例 1 中溶解度 y 与温度 x 的线性回归方程。

解 经计算得表 9-28。

表 9-28

序号	x_i	y_i	x_i^2	$x_i y_i$	y_i^2
1	0	14	0	0	196
2	10	17.5	100	175	306.25
3	20	21.2	400	424	449.44
4	30	26.1	900	783	681.21
5	40	29.2	1600	1168	852.64
6	50	33.3	2500	1665	1108.89
7	60	40	3600	2400	1600
8	70	48	4900	3360	2304
9	80	54.8	6400	4384	3003.04
和数	360	284.1	20400	14359	10501.47

$$L_{xx} = \sum_{i=1}^{9} x_i^2 - \frac{1}{9}\left(\sum_{i=1}^{9} x_i\right)^2 = 20400 - \frac{1}{9} \times (360)^2 = 6000,$$

$$L_{xy} = \sum_{i=1}^{9} x_i y_i - \frac{1}{9}\sum_{i=1}^{9} x_i \sum_{i=1}^{9} y_i = 14359 - \frac{1}{9} \times 360 \times 284.1 = 2995,$$

$$L_{yy} = \sum_{i=1}^{9} y_i^2 - \frac{1}{9}\left(\sum_{i=1}^{9} y_i\right)^2 = 10501.47 - \frac{1}{9} \times (284.1)^2 = 1533.38,$$

$$\hat{b} = \frac{L_{xy}}{L_{xx}} = \frac{2995}{6000} = 0.4992,$$

$$\hat{a} = \bar{y} - \hat{b}\bar{x} = 31.567 - 0.4992 \times 40 = 11.599。$$

因此所求的线性回归方程为 $\hat{y} = 11.599 + 0.4992x$。

9.3.4 回归方程的显著性检验

通过最小二乘法，对任意给出的 n 对数据 (x_i, y_i)，都可以求出 $\hat{a}, \hat{b}$，可得到线性回归方

程 $\hat{y}=\hat{a}+\hat{b}x$。但事实上，y 与 x 之间是否真的存在线性相关关系还不确定，还需判断 y 与 x 之间是否真的存在线性相关关系。如果在 $y=a+bx+\varepsilon$ 中 $b=0$，说明 x 的变化对 y 没有影响。因而，变量 x 就不能控制变量 y，即用回归直线方程 $y=a+bx$ 就不能描述 y 与 x 之间的关系，因此首先提出待检假设：

$$H_0:b=0, \quad H_1:b\neq 0.$$

如果拒绝原假设，求得的回归方程就有意义，称回归方程的线性相关关系是显著的。

下面介绍 F 检验。

F 检验是采用方差分析的思想，从数据出发研究各 y_i 不同的原因。首先引入记号：记 $\hat{y}_i=\hat{a}+\hat{b}x_i$ 为回归值，$y_i-\hat{y}_i$ 为残差。

首先分析引起各 y_i 不同的原因，其主要原因有两个方面：一是自变量 x 取值的不同；二是其他因素（包括试验误差）的影响，为了检验两方面的影响哪一个是主要的，需要把引起数据总波动的总偏差平方和 $L_{yy}=\sum\limits_{i=1}^{n}(y_i-\bar{y})^2$ 进行分解，从而找到适当的检验统计量，即

$$\begin{aligned}L_{yy}&=\sum_{i=1}^{n}(y_i-\bar{y})^2=\sum_{i=1}^{n}(y_i-\hat{y}_i+\hat{y}_i-\bar{y})^2\\&=\sum_{i=1}^{n}(y_i-\hat{y}_i)^2+\sum_{i=1}^{n}(\hat{y}_i-\bar{y})^2=Q+U,\end{aligned}$$

其中 $\sum\limits_{i=1}^{n}(y_i-\hat{y}_i)(\hat{y}_i-\bar{y})=0$，$U=\sum\limits_{i=1}^{n}(\hat{y}_i-\bar{y})^2$，$Q=\sum\limits_{i=1}^{n}(y_i-\hat{y}_i)^2$。

因为 $\hat{y}_i$ 是回归直线 $\hat{y}=\hat{a}+\hat{b}x$ 上的横坐标为 x_i 的点的纵坐标，并且 $\dfrac{1}{n}\sum\limits_{i=1}^{n}\hat{y}_i=\dfrac{1}{n}\sum\limits_{i=1}^{n}(\hat{a}+\hat{b}x_i)=\hat{a}+\hat{b}\bar{x}=\bar{y}$，所以 $\hat{y}_1,\hat{y}_2,\cdots,\hat{y}_i,\cdots,\hat{y}_n$ 的平均值也是 $\bar{y}$，从而可以推出

$$U=\sum_{i=1}^{n}(\hat{y}_i-\bar{y})^2=\sum_{i=1}^{n}[(\hat{a}+\hat{b}x_i)-(\hat{a}+\hat{b}\bar{x})]^2=\hat{b}^2\sum_{i=1}^{n}(x_i-\bar{x})^2=\hat{b}^2L_{xx}.$$

这不仅说明 $U=\sum\limits_{i=1}^{n}(\hat{y}_i-\bar{y})^2$ 是反映 $\hat{y}_1,\hat{y}_2,\cdots,\hat{y}_i,\cdots,\hat{y}_n$ 的分散程度，还说明它是来源于 $x_1,x_2,\cdots,x_i,\cdots,x_n$ 的分散程度，并通过 x 对 y 的线性影响而反映出来，所以称 U 为**回归平方和**，其自由度为 1（因为自变量的个数为 1）。

而 $Q=\sum\limits_{i=1}^{n}(y_i-\hat{y}_i)^2=\sum\limits_{i=1}^{n}[y_i-(\hat{a}+\hat{b}x_i)]^2$ 正好是前面说的 $Q(a,b)$ 的最小值。它反映了观测值偏离回归方程的程度，这种偏离是由非线性因素及试验误差引起的，称为**剩余平方和**（或残差平方和、误差平方和），其自由度是 L_{yy} 的自由度 $n-1$ 减 U 的自由度 1，即 $(n-1)-1=n-2$。

直观上，从回归平方和与剩余平方和的意义可知，一个线性回归效果如何，取决于 U 及 Q 在 L_{yy} 中所占的比例大小，或者要看 $\dfrac{U}{Q}$ 的大小，这个比值大，回归效果就越好。具体判断回归效果，需用检验统计量。

计算 U,Q 时，有下面公式

$$\begin{cases}U=\hat{b}^2L_{xx},\\ Q=L_{yy}-U.\end{cases} \tag{9.16}$$

理论上可以证明如下的结果。

定理 1 如果 $H_0:b=0$ 为真,则

(1) $Q/\sigma^2 \sim \chi^2(n-2)$;

(2) $U/\sigma^2 \sim \chi^2(1)$;

(3) U 与 Q 相互独立。

由 F 分布的定义,构造 F 检验统计量

$$F = \frac{U}{Q/(n-2)} \sim F(1, n-2)。 \qquad (9.17)$$

如果 x 与 y 之间的线性关系显著,则回归平方和 U 的观测值较大,因而统计量 F 的观测值也较大。对给定的显著性水平 α,查附表 5 得临界值 $F_\alpha(1, n-2)$,原假设 $H_0:b=0$ 的拒绝域为 $F \geqslant F_\alpha(1, n-2)$;相反,如果 y 与 x 之间的线性关系不显著,则 F 的观测值就较小。

如果 $F \geqslant F_\alpha(1, n-2)$,就拒绝原假设 H_0,即认为 y 与 x 之间的线性关系显著;如果 $F < F_\alpha(1, n-2)$,则接受原假设 H_0,认为 y 与 x 之间的线性关系不显著,或者不存在线性相关关系。

根据上述分析,对回归方程的显著性检验,即检验假设 $H_0:b=0$,可将上述检验过程列成相应的一元线性回归方差分析表(如表 9-29 所示)。

表 9-29

方差来源	平方和	自由度	均方和	F 值	临界值
回归	U	1	$U/1$	$F = \dfrac{U}{Q/(n-2)}$	$F_\alpha(1, n-2)$
误差	Q	$n-2$	$Q/(n-2)$		
总和	L_{yy}	$n-1$			

【例 3】 检验本节例 1 中求出的线性回归方程的线性回归结果。($\alpha = 0.05$)

解 检验假设 $H_0:b=0, H_1:b \neq 0$。

通过计算得 $L_{yy} = 1533.38$,自由度为 8;$U = \hat{b}^2 L_{xx} = (0.4992)^2 \times 6000 = 1495$,自由度为 1;$Q = L_{yy} - U = 1533.38 - 1495 = 38.38$,自由度为 7。

得回归方差分析表(表 9-30)。

表 9-30

方差来源	平方和	自由度	均方和	F 值	临界值
回归	$U = 1495$	1	1495	$F = \dfrac{1495 \times 7}{38.38} = 272.67$	$F_{0.05}(1,7) = 5.59$
误差	$Q = 38.38$	7	$38.38/7$		
总和	$L_{yy} = 1533.38$	8			

由于 $F > F_{0.05}(1,7) = 5.59$,因此拒绝 $H_0:b=0$,认为 y 对 x 有显著的线性关系。

习题 9.3

基础题

1. 现收集 16 组合金钢中的含碳量 x 与强度 y 的数据,$\bar{x}=0.125,\bar{y}=45.7886,L_{xx}=0.3024,L_{xy}=25.5218,L_{yy}=2432.4566$。

(1) 求 y 关于 x 的一元线性回归方程;

(2) 对建立的回归方程作线性回归的显著性检验。($\alpha=0.05$)

2. 为定义一种变量,用来描述某种商品的供应量与价格之间的相应关系,首先要收集给定时期内价格 x 与供应量 y 的观察数据,假如观察到某年度前 10 个月数据如表 9-31 所示。

表 9-31

价格/元	100	110	120	130	140	150	160	170	180	190
供应量/批	45	51	54	61	66	70	74	78	85	89

试求 y 与 x 的经验线性回归方程。

3. 为了确定在老鼠体内血糖的减少量 y 和注射胰岛素 A 的剂量 x 间的关系,将同样条件下繁殖的 7 只老鼠注入不同剂量的胰岛素 A,所得 7 组数据如表 9-32 所示。

表 9-32

A 的剂量 x_i	0.20	0.25	0.30	0.35	0.40	0.45	0.50
血糖减少量 y_i	30	26	40	35	54	60	64

从散点图我们发现 7 个点基本在一条直线附近。

(1) 求 y 关于 x 的一元线性回归方程;

(2) 对建立的回归方程作线性回归的显著性检验。($\alpha=0.01$)

4. 由专业知识知道,合金的强度 $y(\times 10^7 \text{Pa})$ 与合金中碳的含量 $x(\%)$ 有关,我们把收集到的数据记为 $(x_i,y_i)(i=1,2,\cdots,n)$。收集到的 12 组数据如表 9-33 所示。

表 9-33

x	0.01	0.11	0.12	0.13	0.14	0.15	0.16	0.17	0.18	0.20	0.21	0.23
y	42.0	43.0	45.0	45.0	45.0	47.5	49.0	53.0	50.0	55.0	55.0	60.0

从散点图我们发现 12 个点基本在一条直线附近。

(1) 求 y 关于 x 的一元线性回归方程;

(2) 对建立的回归方程作线性回归的显著性检验。($\alpha=0.01$)

提高题

1. 随机抽取 7 家超市,得到其广告费支出和销售额数据如表 9-34 所示。

表 9-34

超市	广告费支出 x/万元	销售额 y/万元
1	1	19
2	2	32
3	4	44
4	6	40
5	10	52
6	14	53
7	20	54

(1) 试求销售额对广告支出的回归方程;(2) 对建立的回归方程作线性回归的显著性检验。($\alpha=0.01$)

2. 经定性分析,城市流动人口与某传染病确诊病例数有一定的依存关系,现有某城市 10 个相应的资料如表 9-35 所示。

表 9-35

流动人口数/万人	12	13	14	18	20	22	30	30	36	40
确诊病例数/例	300	250	280	390	500	550	600	590	650	760

求:(1) 某传染病确诊病例数 y 与流动人口数 x 之间的线性回归经验方程;

(2) 预测流动人口数为 50 万时,某传染病确诊病例数的范围;

(3) 若要使某传染病确诊病例数控制在 500~800 之间,流动人口应如何控制($\alpha=0.05$)?

*9.4 非线性回归的线性化处理

在实际问题中,具有相关关系的两个变量 y 与 x,不一定都具有线性回归关系,而可能具有曲线回归关系。这时选配恰当类型的曲线比选取直线更符合实际情况,这就是所谓非线性回归问题。对于非线性回归,首先根据专业知识或样本散点图的形状初步选定回归曲线类型,然后再根据样本数据来估计方程中的未知参数。在许多情形下,非线性回归可以通过某些简单的变量交换,转化为线性回归模型来解,这就叫做线性化。线性化的方法比较灵活,下面介绍几种常见的一元非线性回归方程及其线性化的变换方法。

9.4.1 几种常见的曲线及其变换

1. 双曲线 $\frac{1}{y}=b+\frac{a}{x}$(如图 9-2 所示)。

令 $z=\frac{1}{y},t=\frac{1}{x}$,则得到直线回归方程 $z=b+at$。

2. 幂函数 $y=bx^a$($b>0$)(如图 9-3 所示)。两边取对数,得 $\ln y=\ln b+a\ln x$。令 $z=\ln y,t=\ln x,d=\ln b$,则原方程化为直线方程 $z=d+at$。

3. 指数函数 $y=be^{ax}$($b>0$)(如图 9-4 所示)。两边取对数得 $\ln y=\ln b+ax$。令 $z=$

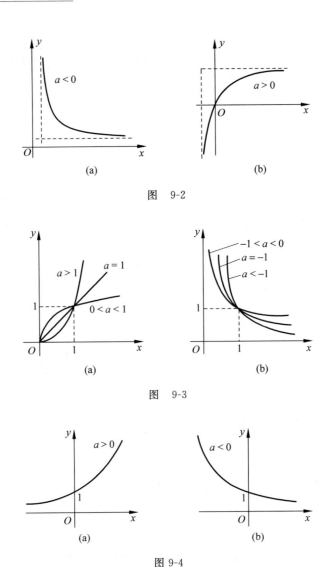

图 9-2

图 9-3

图 9-4

$\ln y$, $d = \ln b$,则原方程化为直线方程 $z = d + ax$。

在研究经济变量逐年增长的规律时,指数回归模型显然可用于估算该变量的平均增长率。

4. 对数函数 $y = b + a\ln x (x > 0)$(如图 9-5 所示)。令 $t = \ln x$,则原方程化为直线方程 $y = b + at$。

5. S 型曲线 $y = \dfrac{1}{a + b\mathrm{e}^{-x}}$ (如图 9-6 所示)。令 $z = \dfrac{1}{y}$,$t = \mathrm{e}^{-x}$,则原方程化为直线方程 $z = a + bt$。

在研究某些具有增长极限的生物过程中,常常采用 S 型曲线,文献上也常称逻辑斯谛 (logistic) 曲线。

除此之外,对其他一些函数也可类似地进行线性化,如 $y = b + ax^2$,只需令 $t = x^2$ 即可化为 $y = b + at$。

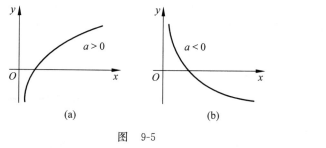
图 9-5

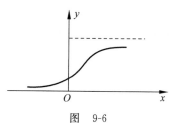
图 9-6

9.4.2 非线性回归分析实例

【例 1】 同一生产面积上某作物单位产品的成本与产量间近似满足双曲型关系
$$y = a + \frac{b}{x}。$$
试利用表 9-36 的资料,求出 y 对 x 的经验回归曲线方程。

表 9-36

x_i	5.67	4.45	3.84	3.84	3.73	2.18
y_i	17.7	18.5	18.9	18.8	18.3	19.1

解 令 $u = \frac{1}{x}$,则经验回归方程为 $\hat{y} = \hat{a} + \hat{b}u$,列表 9-37 计算如下。

表 9-37

u_i	0.18	0.22	0.26	0.26	0.27	0.46
y_i	17.7	18.5	18.9	18.8	18.3	19.1
u_i^2	0.0324	0.0484	0.0676	0.0676	0.0729	0.2116
$u_i y_i$	3.186	4.07	4.914	4.888	4.941	8.786

由公式得
$$\hat{b} = \frac{\sum_{i=1}^{6} u_i y_i - \frac{1}{6} \sum_{i=1}^{6} u_i \sum_{i=1}^{6} y_i}{\sum_{i=1}^{6} u_i^2 - \frac{1}{6} \left(\sum_{i=1}^{6} u_i\right)^2} \approx 3.8,$$
$$\hat{a} = \bar{y} - \hat{b}\bar{u} = 17.508,$$
由此得经验回归方程 $\hat{y} = 17.508 + \frac{3.8}{x}$。

习题 9.4

基础题

1. 在研究棉花的病虫害时发现每只红铃虫的产卵数 y 与温度 t 有关,观测数据如

表 9-38 所示。

表 9-38

t	21	23	25	27	29	32	35
y	7	11	21	24	66	115	325

求产卵数 y 与温度 t 的回归方程。

2. 商品的需求量与其价格有一定的关系。先对一定时期内的某商品价格 x 与需求量 y 进行观察，取得该种商品的需求量与价格的统计数据如表 9-39 所示，试判断商品价格与需求量之间回归函数的类型，并求需求量对价格的回归方程。

表 9-39

价格 x/元	2	3	4	5	6	7	8	9	10	11
需求量 y/kg	58	50	44	38	34	30	29	26	25	24

*9.5 多元线性回归简介

在许多实际问题中，往往要讨论一个随机变量与多个变量的相关关系问题。这要用多元回归的方法来解决。

9.5.1 多元线性回归模型

设随机变量 y 与普通的变量 $x_1, x_2, \cdots, x_m$ 之间满足线性关系
$$y = b_0 + b_1 x_1 + b_2 x_2 + \cdots + b_m x_m + \varepsilon. \tag{9.18}$$
(9.18)式是多元线性回归模型，其中 $x_1, x_2, \cdots, x_m$ 是可控变量，y 是可观测的随机变量，$b_0, b_1, b_2, \cdots, b_m$ 是待定的常数，ε 是随机误差，$\varepsilon \sim N(0, \sigma^2)$，$\sigma^2$ 未知。如果对变量 $(x_1, x_2, \cdots, x_m; y)$ 进行 n 次试验（或观测），获得 n 组独立观测值
$$(x_{i1}, x_{i2}, \cdots, x_{im}; y_i), \quad i = 1, 2, \cdots, n.$$
它们应满足
$$y_i = b_0 + b_1 x_{i1} + b_2 x_{i2} + \cdots + b_m x_{im} + \varepsilon_i, \quad i = 1, 2, \cdots, n, \tag{9.19}$$
其中的 ε_i 是第 i 次观测的随机误差，$\varepsilon_1, \varepsilon_2, \cdots, \varepsilon_n$ 相互独立且都服从相同的分布 $N(0, \sigma^2)$。

与一元线性回归问题一样，在多元线性回归问题中，我们仍然要解决两个问题：一是如何通过样本求出未知参数 $b_0, b_1, \cdots, b_m$ 的估计值 $\hat{b}_0, \hat{b}_1, \cdots, \hat{b}_m$，从而得到回归方程
$$\hat{y} = \hat{b}_0 + \hat{b}_1 x_1 + \hat{b}_2 x_2 + \cdots + \hat{b}_m x_m.$$
二是如何检验 y 与 $x_1, x_2, \cdots, x_m$ 之间是否存在线性回归关系。

9.5.2 参数 $b_0, b_1, \cdots, b_m$ 的最小二乘估计

同一元的情形类似，仍用最小二乘法来求参数 $b_0, b_1, \cdots, b_m$ 的估计。令

$$Q = Q(b_0, b_1, \cdots, b_m) = \sum_{i=1}^{n} [y_i - (b_0 + b_1 x_{i1} + b_2 x_{i2} + \cdots + b_m x_{im})]^2,$$

使得 Q 达到最小的 $\hat{b}_0, \hat{b}_1, \cdots, \hat{b}_m$ 是参数 $b_0, b_1, \cdots, b_m$ 的最小二乘估计。

把 Q 分别对 $b_0, b_1, \cdots, b_m$ 求偏导数,并令偏导数等于零得到:

$$\begin{cases} \dfrac{\partial Q}{\partial b_0} = -2 \sum_{i=1}^{n} [y_i - (b_0 + b_1 x_{i1} + b_2 x_{i2} + \cdots + b_m x_{im})] = 0, \\ \dfrac{\partial Q}{\partial b_1} = -2 \sum_{i=1}^{n} [y_i - (b_0 + b_1 x_{i1} + b_2 x_{i2} + \cdots + b_m x_{im})] x_{i1} = 0, \\ \vdots \\ \dfrac{\partial Q}{\partial b_m} = -2 \sum_{i=1}^{n} [y_i - (b_0 + b_1 x_{i1} + b_2 x_{i2} + \cdots + b_m x_{im})] x_{im} = 0, \end{cases}$$

整理后得到正规线性方程组

$$\begin{cases} n b_0 + \sum_{i=1}^{n} x_{i1} b_1 + \cdots + \sum_{i=1}^{n} x_{im} b_m = \sum_{i=1}^{n} y_i, \\ \sum_{i=1}^{n} x_{i1} b_0 + \sum_{i=1}^{n} x_{i1}^2 b_1 + \cdots + \sum_{i=1}^{n} x_{i1} x_{im} b_m = \sum_{i=1}^{n} x_{i1} y_i, \\ \vdots \\ \sum_{i=1}^{n} x_{im} b_0 + \sum_{i=1}^{n} x_{i1} x_{im} b_1 + \cdots + \sum_{i=1}^{n} x_{im}^2 b_m = \sum_{i=1}^{n} x_{im} y_i。 \end{cases} \quad (9.20)$$

上述正规线性方程组(9.20)的解即为 $b_0, b_1, \cdots, b_m$ 的最小二乘估计。

如果设

$$\boldsymbol{X} = \begin{bmatrix} 1 & x_{11} & \cdots & x_{1m} \\ 1 & x_{21} & \cdots & x_{2m} \\ \vdots & \vdots & & \vdots \\ 1 & x_{n1} & \cdots & x_{nm} \end{bmatrix}, \quad \boldsymbol{y} = \begin{bmatrix} y_1 \\ y_2 \\ \vdots \\ y_n \end{bmatrix}, \quad \boldsymbol{b} = \begin{bmatrix} b_0 \\ b_1 \\ \vdots \\ b_m \end{bmatrix},$$

则正规线性方程组可用矩阵表示为 $\boldsymbol{X}^T \boldsymbol{X} \boldsymbol{b} = \boldsymbol{X}^T \boldsymbol{y}$。

如果矩阵 $\boldsymbol{X}$ 是满秩矩阵,则 $\boldsymbol{X}^T \boldsymbol{X}$ 的逆矩阵 $(\boldsymbol{X}^T \boldsymbol{X})^{-1}$ 存在,正规线性方程组(9.20)有唯一解。其解 $\hat{\boldsymbol{b}} = (\boldsymbol{X}^T \boldsymbol{X})^{-1} \boldsymbol{X}^T \boldsymbol{y}$ 就是参数向量 $\boldsymbol{b}$ 的最小二乘估计,于是得到回归方程

$$\hat{y} = \hat{b}_0 + \hat{b}_1 x_1 + \hat{b}_2 x_2 + \cdots + \hat{b}_m x_m。$$

9.5.3 线性回归的显著性检验

同一元回归的情形类似,把总偏差平方和 $L_{yy} = \sum_{i=1}^{n} (y_i - \bar{y})^2$ 分解,即令

$$L_{yy} = \sum_{i=1}^{n} (y_i - \bar{y})^2 = \sum_{i=1}^{n} (y_i - \hat{y}_i + \hat{y}_i - \bar{y})^2$$

$$= \sum_{i=1}^{n} (y_i - \hat{y}_i)^2 + \sum_{i=1}^{n} (\hat{y}_i - \bar{y})^2 = Q + U,$$

其中

$$\sum_{i=1}^{n}(y_i-\hat{y}_i)(\hat{y}_i-\overline{y})=0, \quad U=\sum_{i=1}^{n}(\hat{y}_i-\overline{y})^2, \tag{9.21}$$

$$Q=\sum_{i=1}^{n}(y_i-\hat{y}_i)^2, \tag{9.22}$$

而 $\hat{y}_i$ 是当 $(x_1,x_2,\cdots,x_m)$ 取 $(x_{i1},x_{i2},\cdots,x_{im})$ 时,回归直线 $\hat{y}=\hat{b}_0+\hat{b}_1x_1+\hat{b}_2x_2+\cdots+\hat{b}_mx_m$ 的值。

与一元回归的情形类似,检验 y 与 $x_1,x_2,\cdots,x_m$ 之间是否存在线性回归关系的问题,就是检验假设

$$H_0:b_1=b_2=\cdots=b_m=0 \tag{9.23}$$

是否成立的问题

可以证明,在 H_0 成立的条件下,统计量

$$F=\frac{U/m}{Q/(n-m-1)}\sim F(m,n-m-1)。 \tag{9.24}$$

于是对选定的显著性水平 α,如果 $F\geqslant F_\alpha(m,n-m-1)$,则拒绝 H_0;否则接受 H_0。

【例1】 从某小学随机挑选 12 名女生,获得身高、年龄、体重(一律取整数)如表 9-40 所示。

表 9-40

身高 x_1/cm	147	149	139	152	141	140	145	138	142	132	151	147
年龄 x_2/岁	9	11	7	12	9	8	11	10	11	7	13	10
体重 y/kg	34	41	23	37	25	28	47	27	26	21	46	38

(1) 试建立二元线性回归方程 $\hat{y}=\hat{b}_0+\hat{b}_1x_1+\hat{b}_2x_2$,并对线性回归性进行检验(取 $\alpha=0.05$);(2) 在 $x_1=150$cm,$x_2=12.5$ 岁时,预测体重 y_0。

解 (1) 由(9.20)式得正规线性方程组为

$$\begin{cases} 12b_0+1723b_1+118b_2=393,\\ 1723b_0+24779.40b_1+17035.82b_2=56908.74,\\ 118b_0+17035.82b_1+1199.2b_2=40007.67。 \end{cases}$$

解得 $\hat{b}_0=-107.65,\hat{b}_1=0.879,\hat{b}_2=1.444$,故二元线性回归方程为

$$\hat{y}=-107.65+0.879x_1+1.444x_2。$$

(2) 对线性回归性进行检验,提出检验假设

$$H_0:b_1=b_2=0。$$

经计算 $L_{yy}=888.24,U=632.13,Q=L_{yy}-U=888.24-632.13=256.11$ 列成表 9-41。

表 9-41

方差来源	平方和	自由度	均方和	F 值	临界值
回归	632.13	2	632.13/2=316.07	$F=11.11$	$F_{0.05}(2,9)=4.26$
误差	256.11	9	256.11/9=28.46		
总和	888.24	11			

由于 $F=11.11>F_{0.05}(2,9)=4.26$,拒绝假设 H_0,故线性回归关系显著。

体重的预测值为 $\hat{y}_0 = -107.65 + 0.879 \times 150 + 1.444 \times 12.5 = 42.25 (\text{kg})$。

在实际问题中,如果变量 (x,y) 的数据散点图大体呈现抛物线形状,则可考虑用二次函数

$$y = a + b_1 x + b_2 x^2 \tag{9.25}$$

拟合 x 与 y 之间的回归关系,这就是所谓的多项式回归问题。令 $x_1 = x, x_2 = x^2$,则(9.25)式变成

$$y = a + b_1 x_1 + b_2 x_2。 \tag{9.26}$$

于是非线性回归问题可转化为二元线性回归问题。限于篇幅,不再举例。

习题 9.5

基础题

1. 在汽油中加入两种化学添加剂,观察它们对汽车消耗 1L 汽油所行里程的影响,共进行 9 次试验,得到里程 y 与两种添加剂用量 x_1, x_2 之间数据如表 9-42 所示。

表 9-42

x_1	0	1	0	1	2	0	2	3	1
x_2	0	0	1	1	0	2	2	1	3
y_i	15.8	16.0	15.9	16.2	16.5	16.3	16.8	17.4	17.2

试求里程 y 关于 x_1, x_2 经验线性回归方程。

2. 某种化妆品在各城市中的销售量 Y 与该城市人口 X_1 及人均收入 X_2 有关。列出 15 个城市化妆品销售数据的销售记录如表 9-43 所示。

表 9-43

城市	销售量/箱	人数/千人	人均季度收入/元
1	120	180	3254
2	162	274	2450
3	131	205	2838
4	223	375	3802
5	169	265	3782
6	67	86	2347
7	192	330	2450
8	81	98	3008
9	212	370	2605
10	103	157	2088
11	144	236	2660
12	232	372	4427
13	252	430	4020
14	55	53	2560
15	116	195	2137

(1) 求 y 关于 x_1, x_2 的线性回归方程；
(2) 对回归方程作显著性检验 ($\alpha=0.01$)；
(3) 求 $x_1=220, x_2=2500$ 时，销售量的预测值。

总复习题 9

1. 粮食加工厂试验 5 种储藏方法，检验它们对粮食含水率是否有显著影响。在储藏前这些粮食的含水率几乎没有差别，储藏后含水率如表 9-44。问不同的储藏方法对含水率的影响是否有明显差异？($\alpha=0.05$)

表 9-44

含水率/%		试 验 批 号				
		1	2	3	4	5
因素（储藏方法）A	A_1	7.3	8.3	7.6	8.4	8.3
	A_2	5.4	7.4	7.1		
	A_3	8.1	6.4			
	A_4	7.9	9.5	10.0		
	A_5	7.1				

2. 有三台机器，用来生产规格相同的铝合金薄板。取样测量薄板的厚度精确至千分之一厘米。结果如表 9-45 所示。

表 9-45

机器 I	机器 II	机器 III
0.236	0.257	0.258
0.238	0.253	0.264
0.248	0.255	0.259
0.245	0.254	0.267
0.243	0.261	0.262

试判断三台机器生产薄板的厚度有无显著的差异？($\alpha=0.05$)

3. 为考查某种维尼纶纤维的耐水性能，安排了一组试验，测得其甲醇浓度 x 及相应的"缩醇化度" y 数据如表 9-46 所示。

表 9-46

x	18	20	22	24	26	28	30
y	26.86	29.35	28.75	28.87	29.75	30.00	30.36

(1) 求 y 关于 x 一元线性回归方程；
(2) 对建立的回归方程作线性回归的显著性检验。($\alpha=0.01$)

4. 对某种昆虫孵化期平均温度与孵化天数测试得数据如表 9-47 所示。

表 9-47

孵化期平均温度 $x/℃$	1.8	14.7	15.6	16.8	17.1	18.8	19.5	20.4
孵化天数 y	30.1	17.3	16.7	13.6	11.9	10.7	8.3	6.7

(1) 求 y 关于 x 的一元线性回归方程；

(2) 对回归方程作显著性检验($\alpha=0.05$)。

5. 研究高磷钢的效率与出钢量和 Fe_2O_3 的关系，测得数据如表 9-48 所示(表中 y 表示效率，x_1 是出钢量，x_2 是 Fe_2O_3)。

表 9-48

i	x_1	x_2	y	i	x_1	x_2	y	i	x_1	x_2	y
1	115.3	14.2	83.5	7	101.4	13.5	84	13	88	16.4	81.5
2	96.5	14.6	78	8	109.8	20	80	14	88	18.1	85.7
3	56.9	14.9	73	9	103.4	13	88	15	108.9	15.4	81.9
4	101	14.9	91.4	10	110.6	15.3	86.5	16	89.5	18.3	79.1
5	102.9	18.2	83.4	11	80.3	12.9	81	17	104.4	13.8	89.9
6	87.9	13.2	82	12	93	14.7	88.6	18	101.9	12.2	80.6

(1) 假设效率与出钢量和 Fe_2O_3 有线性相关关系，求回归方程
$$\hat{y}=b_0+b_1x_1+b_2x_2;$$

(2) 检验回归方程的显著性。(取 $\alpha=0.10$)

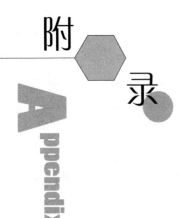

概率论与数理统计附表

附表 1 泊松分布表

$$P(X \geqslant x) = \sum_{k=x}^{+\infty} \frac{e^{-\lambda}\lambda^k}{k!}$$

x	λ=0.1	λ=0.2	λ=0.3	λ=0.4	λ=0.5	λ=0.6	λ=0.7
0	1.0000000	1.0000000	1.0000000	1.0000000	1.0000000	1.0000000	1.0000000
1	0.0951626	0.1812692	0.2591818	0.3296800	0.393469	0.451188	0.503415
2	0.0046788	0.0175231	0.0369363	0.0615519	0.090204	0.121901	0.155805
3	0.0046788	0.0011485	0.0035995	0.0079263	0.014388	0.023115	0.034142
4	0.0000038	0.0000568	0.0002658	0.0007763	0.001752	0.003358	0.005753
5		0.0000023	0.0000158	0.0000612	0.000172	0.000394	0.000786
6		0.0000001	0.0000008	0.0000040	0.000014	0.000039	0.000090
7				0.0000002	0.000001	0.000003	0.000009
8							0.000001

x	λ=0.8	λ=0.9	λ=1.0	λ=1.2	λ=1.4	λ=1.6	λ=1.8
0	1.0000000	1.0000000	1.0000000	1.0000000	1.0000000	1.0000000	1.0000000
1	0.550671	0.593430	0.632121	0.698806	0.753403	0.798103	0.834701
2	0.191208	0.227518	0.264241	0.337373	0.408167	0.475069	0.537163
3	0.047423	0.062857	0.080301	0.120513	0.166502	0.216642	0.269379
4	0.009080	0.013459	0.018988	0.033769	0.053725	0.078813	0.108708
5	0.001411	0.002344	0.003660	0.007746	0.014253	0.023682	0.036407
6	0.000184	0.000343	0.000594	0.001500	0.003201	0.006040	0.010378
7	0.000021	0.000043	0.000083	0.000251	0.000622	0.001336	0.002569
8	0.000002	0.000005	0.000010	0.000037	0.000107	0.000260	0.000562
9			0.000001	0.000005	0.000016	0.000045	0.000110
10				0.000001	0.000002	0.000007	0.000019
11						0.000001	0.000003

续表

x	$\lambda=2.0$	$\lambda=2.5$	$\lambda=3.0$	$\lambda=3.5$	$\lambda=4.0$	$\lambda=4.5$	$\lambda=5.0$
0	1.000000	1.000000	1.000000	1.000000	1.000000	1.000000	1.000000
1	0.864665	0.917915	0.950213	0.969803	0.981684	0.988891	0.993262
2	0.593994	0.712703	0.800852	0.864112	0.908422	0.938901	0.959572
3	0.323324	0.456187	0.576810	0.679153	0.761897	0.826422	0.875348
4	0.142877	0.242424	0.352768	0.463367	0.566530	0.657704	0.734974
5	0.052653	0.108822	0.184737	0.274555	0.371163	0.467896	0.559507
6	0.016564	0.042021	0.083918	0.142386	0.214870	0.297070	0.384039
7	0.004534	0.014187	0.033509	0.065288	0.110674	0.168949	0.237817
8	0.001097	0.004247	0.011905	0.026739	0.051134	0.086586	0.133372
9	0.000237	0.001140	0.003803	0.009874	0.021363	0.040257	0.068094
10	0.000046	0.000277	0.001102	0.003315	0.008132	0.017093	0.031828
11	0.000008	0.000062	0.000292	0.001019	0.002840	0.006669	0.013695
12	0.000001	0.000013	0.000071	0.000289	0.000915	0.002404	0.005453
13		0.000002	0.000016	0.000076	0.000274	0.000805	0.002019
14			0.000003	0.000019	0.000076	0.000252	0.000698
15			0.000001	0.000004	0.000020	0.000074	0.000226
16				0.000001	0.000005	0.000020	0.000069
17					0.000001	0.000005	0.000020
18						0.000001	0.000005
19							0.000001

附表 2 标准正态分布表

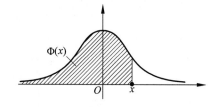

$$\Phi(x) = \int_{-\infty}^{x} \frac{1}{\sqrt{2\pi}} e^{-u^2/2} du = P(X \leqslant x)$$

x	0	1	2	3	4	5	6	7	8	9
0.0	0.5000	0.5040	0.5080	0.5120	0.5160	0.5199	0.5239	0.5279	0.5319	0.5359
0.1	0.5398	0.5438	0.5478	0.5517	0.5557	0.5596	0.5636	0.5675	0.5714	0.5753
0.2	0.5793	0.5832	0.5871	0.5910	0.5948	0.5987	0.6026	0.6064	0.6103	0.6141
0.3	0.6179	0.6217	0.6255	0.6293	0.6331	0.6368	0.6406	0.6443	0.6480	0.6517
0.4	0.6554	0.6591	0.6628	0.6664	0.6700	0.6736	0.6772	0.6808	0.6844	0.6879
0.5	0.6915	0.6950	0.6985	0.7019	0.7054	0.7088	0.7123	0.7157	0.7190	0.7224
0.6	0.7257	0.7291	0.7324	0.7357	0.7389	0.7422	0.7454	0.7486	0.7517	0.7549
0.7	0.7580	0.7611	0.7642	0.7673	0.7703	0.7734	0.7764	0.7794	0.7823	0.7852
0.8	0.7881	0.7910	0.7939	0.7967	0.7995	0.8023	0.8051	0.8078	0.8106	0.8133
0.9	0.8159	0.8186	0.8212	0.8238	0.8264	0.8289	0.8315	0.8340	0.8365	0.8389
1.0	0.8413	0.8438	0.8461	0.8485	0.8508	0.8531	0.8554	0.8577	0.8599	0.8621
1.1	0.8643	0.8665	0.8686	0.8708	0.8729	0.8749	0.8770	0.8790	0.8810	0.8830
1.2	0.8849	0.8869	0.8888	0.8907	0.8925	0.8944	0.8962	0.8980	0.8997	0.9015
1.3	0.9032	0.9049	0.9066	0.9082	0.9099	0.9115	0.9131	0.9147	0.9162	0.9177
1.4	0.9192	0.9207	0.9222	0.9236	0.9251	0.9265	0.9278	0.9292	0.9306	0.9319
1.5	0.9332	0.9345	0.9357	0.9370	0.9382	0.9394	0.9406	0.9418	0.9430	0.9441
1.6	0.9452	0.9463	0.9474	0.9484	0.9495	0.9505	0.9515	0.9525	0.9535	0.9545
1.7	0.9554	0.9564	0.9573	0.9582	0.9591	0.9599	0.9608	0.9616	0.9625	0.9633
1.8	0.9641	0.9648	0.9656	0.9664	0.9671	0.9678	0.9686	0.9693	0.9700	0.9706
1.9	0.9713	0.9719	0.9726	0.9732	0.9738	0.9744	0.9750	0.9756	0.9762	0.9767
2.0	0.9772	0.9778	0.9783	0.9788	0.9793	0.9798	0.9803	0.9808	0.9812	0.9817
2.1	0.9821	0.9826	0.9830	0.9834	0.9838	0.9842	0.9846	0.9850	0.9854	0.9857
2.2	0.9861	0.9864	0.9868	0.9871	0.9874	0.9878	0.9881	0.9884	0.9887	0.9890

续表

x	0	1	2	3	4	5	6	7	8	9
2.3	0.9893	0.9896	0.9898	0.9901	0.9904	0.9906	0.9909	0.9911	0.9913	0.9916
2.4	0.9918	0.9920	0.9922	0.9925	0.9927	0.9929	0.9931	0.9932	0.9934	0.9936
2.5	0.9938	0.9940	0.9941	0.9943	0.9945	0.9946	0.9948	0.9949	0.9951	0.9952
2.6	0.9953	0.9955	0.9956	0.9957	0.9959	0.9960	0.9961	0.9962	0.9963	0.9964
2.7	0.9965	0.9966	0.9967	0.9968	0.9969	0.9970	0.9971	0.9972	0.9973	0.9974
2.8	0.9974	0.9975	0.9976	0.9977	0.9977	0.9978	0.9979	0.9979	0.9980	0.9981
2.9	0.9981	0.9982	0.9982	0.9983	0.9984	0.9984	0.9985	0.9985	0.9986	0.9986
3.0	0.9987	0.9990	0.9993	0.9995	0.9997	0.9998	0.9998	0.9999	0.9999	1.0000

注：表中末行系函数值 $\Phi(3.0), \Phi(3.1), \cdots, \Phi(3.9)$。

附表 3 χ^2 分布表

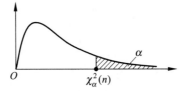

$$P(\chi^2(n) > \chi^2_\alpha(n)) = \alpha$$

α\n	0.995	0.99	0.975	0.95	0.90	0.75	α\n	0.25	0.10	0.05	0.025	0.01	0.005
1	—	—	0.001	0.004	0.016	0.102	1	1.323	2.706	3.841	5.024	6.635	7.879
2	0.010	0.020	0.051	0.103	0.211	0.575	2	2.773	4.605	5.991	7.378	9.210	10.597
3	0.072	0.115	0.216	0.352	0.584	1.213	3	4.108	6.251	7.815	9.348	11.345	12.838
4	0.207	0.297	0.484	0.711	1.064	1.923	4	5.385	7.779	9.488	11.143	13.277	14.860
5	0.412	0.554	0.831	1.145	1.610	2.675	5	6.626	9.236	11.071	12.833	15.086	16.750
6	0.676	0.872	1.237	1.635	2.204	3.455	6	7.841	10.645	12.592	14.449	16.812	18.548
7	0.989	1.239	1.690	2.167	2.833	4.255	7	9.037	12.017	14.067	16.013	18.475	20.278
8	1.344	1.646	2.180	2.733	3.490	5.071	8	10.219	13.362	15.507	17.535	20.090	21.955
9	1.735	2.088	2.700	3.325	4.168	5.899	9	11.389	14.684	16.919	19.023	21.666	23.589
10	2.156	2.558	3.247	3.940	4.865	6.737	10	12.549	15.987	18.307	20.483	23.209	25.188
11	2.603	3.053	3.816	4.575	5.578	7.584	11	13.701	17.275	19.675	21.920	24.725	26.757
12	3.074	3.571	4.404	5.226	6.304	8.438	12	14.845	18.549	21.026	23.337	26.217	28.299
13	3.565	4.107	5.009	5.892	7.042	9.299	13	15.984	19.812	22.362	24.736	27.688	29.819
14	4.075	4.660	5.629	6.571	7.790	10.165	14	17.117	21.064	23.685	26.119	29.141	31.319
15	4.601	5.229	6.262	7.261	8.547	11.037	15	18.245	22.307	24.996	27.488	30.578	32.801
16	5.142	5.812	6.908	7.962	9.312	11.912	16	19.369	23.542	26.296	28.845	32.000	34.267
17	5.697	6.408	7.564	8.672	10.085	12.792	17	20.489	24.769	27.587	30.191	33.409	35.718
18	6.265	7.015	8.231	9.390	10.865	13.675	18	21.605	25.989	28.869	31.526	34.805	37.156
19	6.844	7.633	8.907	10.117	11.651	14.562	19	22.718	27.204	30.144	32.852	36.191	38.582
20	7.434	8.260	9.591	10.851	12.443	15.452	20	23.828	28.412	31.410	34.170	37.566	39.997
21	8.034	8.897	10.283	11.591	13.240	16.344	21	24.935	29.615	32.671	35.479	38.932	41.401
22	8.643	9.542	10.982	12.338	14.042	17.240	22	26.039	30.813	33.924	36.781	40.289	42.796
23	9.260	10.196	11.689	13.091	14.848	18.137	23	27.141	32.007	35.172	38.076	41.638	44.181
24	6.886	10.856	12.401	13.848	15.659	19.037	24	28.241	33.196	36.415	39.364	42.980	45.559
25	10.520	11.524	13.120	14.911	16.473	19.939	25	29.339	34.382	37.652	40.646	44.314	46.928

续表

α \ n	0.995	0.99	0.975	0.95	0.90	0.75	α \ n	0.25	0.10	0.05	0.025	0.01	0.005
26	11.160	12.198	13.844	15.379	17.292	20.843	26	30.435	35.563	38.885	41.923	45.642	48.290
27	11.808	12.879	14.573	16.151	18.114	21.749	27	31.528	36.741	40.113	43.194	46.963	49.645
28	12.461	13.565	15.308	16.928	18.939	22.657	28	32.620	37.916	41.337	44.461	48.278	50.993
29	13.121	14.257	16.047	17.708	19.768	23.567	29	33.711	39.087	42.557	45.722	49.588	52.336
30	13.787	14.954	16.791	18.493	20.599	24.478	30	34.800	40.256	43.773	46.979	50.892	53.672
31	14.458	15.655	17.539	19.281	21.434	25.390	31	35.887	41.422	44.985	48.232	52.191	55.003
32	15.134	16.362	18.291	20.072	22.271	26.304	32	36.973	42.585	46.194	49.480	53.486	56.328
33	15.815	17.074	19.047	20.867	23.110	27.219	33	38.058	43.745	47.400	50.725	54.776	57.648
34	16.501	17.789	19.806	21.664	23.952	28.136	34	39.141	44.903	48.602	51.966	56.061	58.964
35	17.192	18.509	20.569	22.465	24.797	29.054	35	40.223	46.059	49.802	53.203	57.342	60.275
36	17.887	19.233	21.336	23.269	25.643	29.973	36	41.304	47.212	50.998	54.437	58.619	61.581
37	18.586	19.960	22.106	24.075	26.492	30.893	37	42.383	48.363	52.192	55.668	59.892	62.883
38	19.289	20.691	22.878	24.884	27.343	31.815	38	43.462	49.513	53.384	56.896	61.162	64.181
39	19.996	21.426	23.654	25.695	28.196	32.737	39	44.539	50.660	54.572	58.120	62.428	65.476
40	20.707	22.164	24.433	26.509	29.051	33.660	40	45.616	51.805	55.758	59.342	63.691	66.766
41	21.421	22.906	25.215	27.326	29.907	34.585	41	46.692	52.949	56.942	60.561	64.950	68.053
42	22.138	23.650	25.999	28.144	30.765	35.510	42	47.766	54.090	58.124	61.777	66.206	69.336
43	22.859	24.398	26.785	28.965	31.625	36.436	43	48.840	55.230	59.304	62.990	67.459	70.616
44	23.584	25.148	27.575	29.787	32.487	37.363	44	49.913	56.369	60.481	64.201	68.710	71.893
45	24.311	25.901	28.366	30.612	33.350	38.291	45	50.985	57.505	61.656	65.410	69.957	73.166

附表 4   t 分 布 表

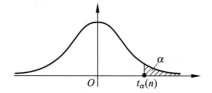

$P(t(n) > t_\alpha(n)) = \alpha$

n \ α	0.25	0.10	0.05	0.025	0.01	0.005
1	1.0000	3.0777	6.3138	12.7062	31.8207	63.6574
2	0.8165	1.8856	2.9200	4.3027	6.9646	9.9248
3	0.7649	1.6377	2.3534	3.1824	4.5407	5.8409
4	0.7407	1.5332	2.1318	2.7764	3.7469	4.6041
5	0.7267	1.4759	2.0150	2.5706	3.3649	4.0322
6	0.7176	1.4398	1.9432	2.4469	3.1427	3.7074
7	0.7111	1.4149	1.8946	2.3646	2.9980	3.4995
8	0.7064	1.3968	1.8595	2.3060	2.8965	3.3554
9	0.7027	1.3830	1.8331	2.2622	2.8214	3.2498
10	0.6998	1.3722	1.8125	2.2281	2.7638	3.1693
11	0.6974	1.3634	1.7959	2.2010	2.7181	3.1058
12	0.6955	1.3562	1.7823	2.1788	2.6810	3.0545
13	0.6938	1.3502	1.7709	2.1604	2.6503	3.0123
14	0.6924	1.3450	1.7613	2.1448	2.6245	2.9768
15	0.6912	1.3406	1.7531	2.1315	2.6025	2.9467
16	0.6901	1.3368	1.7459	2.1199	2.5835	2.9208
17	0.6892	1.3334	1.7396	2.1098	2.5669	2.8982
18	0.6884	1.3304	1.7341	2.1009	2.5524	2.8784
19	0.6876	1.3277	1.7291	2.0930	2.5395	2.8609
20	0.6870	1.3253	1.7247	2.0860	2.5280	2.8453
21	0.6864	1.3232	1.7207	2.0796	2.5177	2.8314
22	0.6858	1.3212	1.7171	2.0739	2.5083	2.8188
23	0.6853	1.3195	1.7139	2.0687	2.4999	2.8073
24	0.6848	1.3178	1.7109	2.0639	2.4922	2.7969
25	0.6844	1.3163	1.7081	2.0595	2.4851	2.7874

续表

α n	0.25	0.10	0.05	0.025	0.01	0.005
26	0.6840	1.3150	1.7056	2.0555	2.4786	2.7787
27	0.6837	1.3137	1.7033	2.0518	2.4727	2.7707
28	0.6834	1.3125	1.7011	2.0484	2.4671	2.7633
29	0.6830	1.3114	1.6991	2.0452	2.4620	2.7564
30	0.6828	1.3104	1.6973	2.0423	2.4573	2.7500
31	0.6825	1.3095	1.6955	2.0395	2.4528	2.7440
32	0.6822	1.3086	1.6939	2.0369	2.4487	2.7385
33	0.6820	1.3077	1.6924	2.0345	2.4448	2.7333
34	0.6818	1.3070	1.6909	2.0322	2.4411	2.7284
35	0.6816	0.3062	1.6896	2.0301	2.4377	2.7238
36	0.6814	1.3055	1.6883	2.0281	2.4345	2.7195
37	0.6812	1.3049	1.6871	2.0262	2.4314	2.7154
38	0.6810	1.3042	1.6860	2.0244	2.4286	2.7116
39	0.6808	1.3036	1.6849	2.0227	2.4258	2.7079
40	0.6807	1.3031	1.6839	2.0211	2.4233	2.7045
41	0.6805	1.3025	1.6829	2.0195	2.4208	2.7012
42	0.6804	1.3020	1.6820	2.0181	2.4185	2.6981
43	0.6802	1.3016	1.6811	2.0167	2.4163	2.6951
44	0.6801	1.3011	1.6802	2.0154	2.4141	2.6923
45	0.6800	1.3006	1.6794	2.0141	2.4121	2.6896

附表5 F 分布表

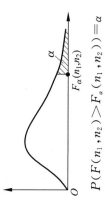

$$P(F(n_1,n_2) > F_\alpha(n_1,n_2)) = \alpha$$

$\alpha = 0.10$

n_1 \ n_2	1	2	3	4	5	6	7	8	9	10	12	15	20	24	30	40	60	120	∞
1	39.86	49.50	53.59	55.83	57.24	58.20	58.91	59.44	59.86	60.19	60.71	61.22	61.74	62.00	62.26	62.53	62.79	63.06	63.33
2	8.53	9.00	9.16	9.24	9.29	9.33	9.35	9.37	9.38	9.39	9.41	9.42	9.44	9.45	9.46	9.47	9.47	9.48	9.49
3	5.54	5.46	5.39	5.34	5.31	5.28	5.27	5.25	5.24	5.23	5.22	5.20	5.18	5.18	5.17	5.16	5.15	5.14	5.13
4	4.54	4.32	4.19	4.11	4.05	4.01	3.98	3.95	3.94	3.92	3.90	3.87	3.84	3.83	3.82	3.80	3.79	3.78	3.76
5	4.06	3.78	3.62	3.52	3.45	3.40	3.37	3.34	3.32	3.30	3.27	3.24	3.21	3.19	3.17	3.16	3.14	3.12	3.10
6	3.78	3.46	3.29	3.18	3.11	3.05	3.01	2.98	2.96	2.94	2.90	2.87	2.84	2.82	2.80	2.78	2.76	2.74	2.72
7	3.59	3.26	3.07	2.96	2.88	2.83	2.78	2.75	2.72	2.70	2.67	2.63	2.59	2.58	2.56	2.54	2.51	2.49	2.47
8	3.46	3.11	2.92	2.81	2.73	2.67	2.62	2.59	2.56	2.54	2.50	2.46	2.42	2.40	2.38	2.36	2.34	2.32	2.29
9	3.36	3.01	2.81	2.69	2.61	2.55	2.51	2.47	2.44	2.42	2.38	2.34	2.30	2.28	2.25	2.23	2.21	2.18	2.16
10	3.29	2.92	2.73	2.61	2.52	2.46	2.41	2.38	2.35	2.32	2.28	2.24	2.20	2.18	2.16	2.13	2.11	2.08	2.06
11	3.23	2.86	2.66	2.54	2.45	2.39	2.34	2.30	2.27	2.25	2.21	2.17	2.12	2.10	2.08	2.05	2.03	2.00	1.97
12	3.18	2.81	2.61	2.48	2.39	2.33	2.28	2.24	2.21	2.19	2.15	2.10	2.06	2.04	2.01	1.99	1.96	1.93	1.90
13	3.14	2.76	2.56	2.43	2.35	2.28	2.23	2.20	2.16	2.14	2.10	2.05	2.01	1.98	1.96	1.93	1.90	1.88	1.85
14	3.10	2.73	2.52	2.39	2.31	2.24	2.19	2.15	2.12	2.10	2.05	2.01	1.96	1.94	1.91	1.89	1.86	1.83	1.80
15	3.07	2.70	2.49	2.36	2.27	2.21	2.16	2.12	2.09	2.06	2.02	1.97	1.92	1.90	1.87	1.85	1.82	1.79	1.76
16	3.05	2.67	2.46	2.33	2.24	2.18	2.13	2.09	2.06	2.03	1.99	1.94	1.89	1.87	1.84	1.81	1.78	1.75	1.72
17	3.03	2.64	2.44	2.31	2.22	2.15	2.10	2.06	2.03	2.00	1.96	1.91	1.86	1.84	1.81	1.78	1.75	1.72	1.69
18	3.01	2.62	2.42	2.29	2.20	2.13	2.08	2.04	2.00	1.98	1.93	1.89	1.84	1.81	1.78	1.75	1.72	1.69	1.66
19	2.99	2.61	2.40	2.27	2.18	2.11	2.06	2.02	1.98	1.96	1.91	1.86	1.81	1.79	1.76	1.73	1.70	1.67	1.63

续表

n_1 \ n_2	1	2	3	4	5	6	7	8	9	10	12	15	20	24	30	40	60	120	∞
20	2.97	2.59	2.38	2.25	2.16	2.09	2.04	2.00	1.96	1.94	1.89	1.84	1.79	1.77	1.74	1.71	1.68	1.64	1.61
21	2.96	2.57	2.36	2.23	2.14	2.08	2.02	1.98	1.95	1.92	1.87	1.83	1.78	1.75	1.72	1.69	1.66	1.62	1.59
22	2.95	2.56	2.35	2.22	2.13	2.06	2.01	1.97	1.93	1.90	1.86	1.81	1.76	1.73	1.70	1.67	1.64	1.60	1.57
23	2.94	2.55	2.34	2.21	2.11	2.05	1.99	1.95	1.92	1.89	1.84	1.80	1.74	1.72	1.69	1.66	1.62	1.59	1.55
24	2.93	2.54	2.33	2.19	2.10	2.04	1.98	1.94	1.91	1.88	1.83	1.78	1.73	1.70	1.67	1.64	1.61	1.57	1.53
25	2.92	2.53	2.32	2.18	2.09	2.02	1.97	1.93	1.89	1.87	1.82	1.77	1.72	1.69	1.66	1.63	1.59	1.56	1.52
26	2.91	2.52	2.31	2.17	2.08	2.02	1.96	1.92	1.88	1.86	1.81	1.76	1.71	1.68	1.65	1.61	1.58	1.54	1.50
27	2.90	2.51	2.30	2.17	2.07	2.01	1.95	1.91	1.87	1.85	1.80	1.75	1.70	1.67	1.64	1.60	1.57	1.53	1.49
28	2.89	2.50	2.29	2.16	2.06	2.00	1.94	1.90	1.87	1.84	1.79	1.74	1.69	1.66	1.63	1.59	1.56	1.52	1.48
29	2.89	2.50	2.28	2.15	2.06	1.99	1.93	1.89	1.86	1.83	1.78	1.73	1.68	1.65	1.62	1.58	1.55	1.51	1.47
30	2.88	2.49	2.28	2.14	2.05	1.98	1.93	1.88	1.85	1.82	1.77	1.72	1.67	1.64	1.61	1.57	1.54	1.50	1.46
40	2.84	2.44	2.23	2.09	2.00	1.93	1.87	1.83	1.79	1.76	1.71	1.66	1.61	1.57	1.54	1.51	1.47	1.42	1.38
60	2.79	2.39	2.18	2.04	1.95	1.87	1.82	1.77	1.74	1.71	1.66	1.60	1.54	1.51	1.48	1.44	1.40	1.35	1.29
120	2.75	2.35	2.13	1.99	1.90	1.82	1.77	1.72	1.68	1.65	1.60	1.55	1.48	1.45	1.41	1.37	1.32	1.26	1.19
∞	2.71	2.30	2.08	1.94	1.85	1.77	1.72	1.67	1.63	1.60	1.55	1.49	1.42	1.38	1.34	1.30	1.24	1.17	1.00

$\alpha = 0.05$

n_1 \ n_2	1	2	3	4	5	6	7	8	9	10	12	15	20	24	30	40	60	120	∞
1	161.4	199.5	215.7	224.6	230.2	234.0	236.8	238.9	240.5	241.9	243.9	245.9	248.0	249.1	250.1	251.1	252.2	253.3	254.3
2	18.51	19.00	19.16	19.25	19.30	19.33	19.35	19.37	19.38	19.40	19.41	19.43	19.45	19.45	19.46	19.47	19.48	19.49	19.50
3	10.13	9.55	9.28	9.12	9.01	8.94	8.89	8.85	8.81	8.79	8.74	8.70	8.66	8.64	8.62	8.59	8.57	8.55	8.53
4	7.71	6.94	6.59	6.39	6.26	6.16	6.09	6.04	6.00	5.96	5.91	5.86	5.80	5.77	5.75	5.72	5.69	5.66	5.63
5	6.61	5.79	5.41	5.19	5.05	4.95	4.88	4.82	4.77	4.74	4.68	4.62	4.56	4.53	4.50	4.46	4.43	4.40	4.36
6	5.99	5.14	4.76	4.53	4.39	4.28	4.21	4.15	4.10	4.06	4.00	3.94	3.87	3.84	3.81	3.77	3.74	3.70	3.67
7	5.59	4.74	4.35	4.12	3.97	3.87	3.79	3.73	3.68	3.64	3.57	3.51	3.44	3.41	3.38	3.34	3.30	3.27	3.23
8	5.32	4.46	4.07	3.84	3.69	3.58	3.50	3.44	3.39	3.35	3.28	3.22	3.15	3.12	3.08	3.04	3.01	2.97	2.93
9	5.12	4.26	3.86	3.63	3.48	3.37	3.29	3.23	3.18	3.14	3.07	3.01	2.94	2.90	2.86	2.83	2.79	2.75	2.71
10	4.96	4.10	3.71	3.48	3.33	3.22	3.14	3.07	3.02	2.98	2.91	2.85	2.77	2.74	2.70	2.66	2.62	2.58	2.54
11	4.84	3.98	3.59	3.36	3.20	3.09	3.01	2.95	2.90	2.85	2.79	2.72	2.65	2.61	2.57	2.53	2.49	2.45	2.40
12	4.75	3.89	3.49	3.26	3.11	3.00	2.91	2.85	2.80	2.75	2.69	2.62	2.54	2.51	2.47	2.43	2.38	2.34	2.30
13	4.67	3.81	3.41	3.18	3.03	2.92	2.83	2.77	2.71	2.67	2.60	2.53	2.46	2.42	2.38	2.34	2.30	2.25	2.21
14	4.60	3.74	3.34	3.11	2.96	2.85	2.76	2.70	2.65	2.60	2.53	2.46	2.39	2.35	2.31	2.27	2.22	2.18	2.13

续表

n_1 \ n_2	1	2	3	4	5	6	7	8	9	10	12	15	20	24	30	40	60	120	∞
15	4.54	3.68	3.29	3.06	2.90	2.79	2.71	2.64	2.59	2.54	2.48	2.40	2.33	2.29	2.25	2.20	2.16	2.11	2.07
16	4.49	3.63	3.24	3.01	2.85	2.74	2.66	2.59	2.54	2.49	2.42	2.35	2.28	2.24	2.19	2.15	2.11	2.06	2.01
17	4.45	3.59	3.20	2.96	2.81	2.70	2.61	2.55	2.49	2.45	2.38	2.31	2.23	2.19	2.15	2.10	2.06	2.01	1.96
18	4.41	3.55	3.16	2.93	2.77	2.66	2.58	2.51	2.46	2.41	2.34	2.27	2.19	2.15	2.11	2.06	2.02	1.97	1.92
19	4.38	3.52	3.13	2.90	2.74	2.63	2.54	2.48	2.42	2.38	2.31	2.23	2.16	2.11	2.07	2.03	1.98	1.93	1.88
20	4.35	3.49	3.10	2.87	2.71	2.60	2.51	2.45	2.39	2.35	2.28	2.20	2.12	2.08	2.04	1.99	1.95	1.90	1.84
21	4.32	3.47	3.07	2.84	2.68	2.57	2.49	2.42	2.37	2.32	2.25	2.18	2.10	2.05	2.01	1.96	1.92	1.87	1.81
22	4.30	3.44	3.05	2.82	2.66	2.55	2.46	2.40	2.34	2.30	2.23	2.15	2.07	2.03	1.98	1.94	1.89	1.84	1.78
23	4.28	3.42	3.03	2.80	2.64	2.53	2.44	2.37	2.32	2.27	2.20	2.13	2.05	2.01	1.96	1.91	1.86	1.81	1.76
24	4.26	3.40	3.01	2.78	2.62	2.51	2.42	2.36	2.30	2.25	2.18	2.11	2.03	1.98	1.94	1.89	1.84	1.79	1.73
25	4.24	3.39	2.99	2.76	2.60	2.49	2.40	2.34	2.28	2.24	2.16	2.09	2.01	1.96	1.92	1.87	1.82	1.77	1.71
26	4.23	3.37	2.98	2.74	2.59	2.47	2.39	2.32	2.27	2.22	2.15	2.07	1.99	1.95	1.90	1.85	1.80	1.75	1.69
27	4.21	3.35	2.96	2.73	2.57	2.46	2.37	2.31	2.25	2.20	2.13	2.06	1.97	1.93	1.88	1.84	1.79	1.73	1.67
28	4.20	3.34	2.95	2.71	2.56	2.45	2.36	2.29	2.24	2.19	2.12	2.04	1.96	1.91	1.87	1.82	1.77	1.71	1.65
29	4.18	3.33	2.93	2.70	2.55	2.43	2.35	2.28	2.22	2.18	2.10	2.03	1.94	1.90	1.85	1.81	1.75	1.70	1.64
30	4.17	3.32	2.92	2.69	2.53	2.42	2.33	2.27	2.21	2.16	2.09	2.01	1.93	1.89	1.84	1.79	1.74	1.68	1.62
40	4.08	3.23	2.84	2.61	2.45	2.34	2.25	2.18	2.12	2.08	2.00	1.92	1.84	1.79	1.74	1.69	1.64	1.58	1.51
60	4.00	3.15	2.76	2.53	2.37	2.25	2.17	2.10	2.04	1.99	1.92	1.84	1.75	1.70	1.65	1.59	1.53	1.47	1.39
120	3.92	3.07	2.68	2.45	2.29	2.17	2.09	2.02	1.96	1.91	1.83	1.75	1.66	1.61	1.55	1.50	1.43	1.35	1.25
∞	3.84	3.00	2.60	2.37	2.21	2.10	2.01	1.94	1.88	1.83	1.75	1.67	1.57	1.52	1.46	1.39	1.32	1.22	1.00

$\alpha = 0.025$

n_1 \ n_2	1	2	3	4	5	6	7	8	9	10	12	15	20	24	30	40	60	120	∞
1	647.8	799.5	864.2	899.6	921.8	937.1	948.2	956.7	963.3	968.6	976.7	984.9	993.1	997.2	1001	1006	1010	1014	1018
2	38.51	39.00	39.17	39.25	39.30	39.33	39.36	39.37	39.39	39.40	39.41	39.43	39.45	39.46	39.46	39.47	39.48	39.49	39.50
3	17.44	16.04	15.44	15.10	14.88	14.73	14.62	14.54	14.47	14.42	14.34	14.25	14.17	14.12	14.08	14.04	13.99	13.95	13.90
4	12.22	10.65	9.98	9.60	9.36	9.20	9.07	8.98	8.90	8.84	8.75	8.66	8.56	8.51	8.46	8.41	8.36	8.31	8.26
5	10.01	8.43	7.76	7.39	7.15	6.98	6.85	6.76	6.68	6.62	6.52	6.43	6.33	6.28	6.23	6.18	6.12	6.07	6.02
6	8.81	7.26	6.60	6.23	5.99	5.82	5.70	5.60	5.52	5.46	5.37	5.27	5.17	5.12	5.07	5.01	4.96	4.90	4.85
7	8.07	6.54	5.89	5.52	5.29	5.12	4.99	4.90	4.82	4.76	4.67	4.57	4.47	4.42	4.36	4.31	4.25	4.20	4.14

附表5　F分布表

续表

n_2 \ n_1	1	2	3	4	5	6	7	8	9	10	12	15	20	24	30	40	60	120	∞
8	7.57	6.06	5.42	5.05	4.82	4.65	4.53	4.43	4.36	4.30	4.20	4.10	4.00	3.95	3.89	3.84	3.78	3.73	3.67
9	7.21	5.71	5.08	4.72	4.48	4.32	4.20	4.10	4.03	3.96	3.87	3.77	3.67	3.61	3.56	3.51	3.45	3.39	3.33
10	6.94	5.46	4.83	4.47	4.24	4.07	3.95	3.85	3.78	3.72	3.62	3.52	3.42	3.37	3.31	3.26	3.20	3.14	3.08
11	6.72	5.26	4.63	4.28	4.04	3.88	3.76	3.66	3.59	3.53	3.43	3.33	3.23	3.17	3.12	3.06	3.00	2.94	2.88
12	6.55	5.10	4.47	4.12	3.89	3.73	3.61	3.51	3.44	3.37	3.28	3.18	3.07	3.02	2.96	2.91	2.85	2.79	2.72
13	6.41	4.97	4.35	4.00	3.77	3.60	3.48	3.39	3.31	3.25	3.15	3.05	2.95	2.89	2.84	2.78	2.72	2.66	2.60
14	6.30	4.86	4.24	3.89	3.66	3.50	3.38	3.29	3.21	3.15	3.05	2.95	2.84	2.79	2.73	2.67	2.61	2.55	2.49
15	6.20	4.77	4.15	3.80	3.58	3.41	3.29	3.20	3.12	3.06	2.96	2.86	2.76	2.70	2.64	2.59	2.52	2.46	2.40
16	6.12	4.69	4.08	3.73	3.50	3.34	3.22	3.12	3.05	2.99	2.89	2.79	2.68	2.63	2.57	2.51	2.45	2.38	2.32
17	6.04	4.62	4.01	3.66	3.44	3.28	3.16	3.06	2.98	2.92	2.82	2.72	2.62	2.56	2.50	2.44	2.38	2.32	2.25
18	5.98	4.56	3.95	3.61	3.38	3.22	3.10	3.01	2.93	2.87	2.77	2.67	2.56	2.50	2.44	2.38	2.32	2.26	2.19
19	5.92	4.51	3.90	3.56	3.33	3.17	3.05	2.96	2.88	2.82	2.72	2.62	2.51	2.45	2.39	2.33	2.27	2.20	2.13
20	5.87	4.46	3.86	3.51	3.29	3.13	3.01	2.91	2.84	2.77	2.68	2.57	2.46	2.41	2.35	2.29	2.22	2.16	2.09
21	5.83	4.42	3.82	3.48	3.25	3.09	2.97	2.87	2.80	2.73	2.64	2.53	2.42	2.37	2.31	2.25	2.18	2.11	2.04
22	5.79	4.38	3.78	3.44	3.22	3.05	2.93	2.84	2.76	2.70	2.60	2.50	2.39	2.33	2.27	2.21	2.14	2.08	2.00
23	5.75	4.35	3.75	3.41	3.18	3.02	2.90	2.81	2.73	2.67	2.57	2.47	2.36	2.30	2.24	2.18	2.11	2.04	1.97
24	5.72	4.32	3.72	3.38	3.15	2.99	2.87	2.78	2.70	2.64	2.54	2.44	2.33	2.27	2.21	2.15	2.08	2.01	1.94
25	5.69	4.29	3.69	3.35	3.13	2.97	2.85	2.75	2.68	2.61	2.51	2.41	2.30	2.24	2.18	2.12	2.05	1.98	1.91
26	5.66	4.27	3.67	3.33	3.10	2.94	2.82	2.73	2.65	2.59	2.49	2.39	2.28	2.22	2.16	2.09	2.03	1.95	1.88
27	5.63	4.24	3.65	3.31	3.08	2.92	2.80	2.71	2.63	2.57	2.47	2.36	2.25	2.19	2.13	2.07	2.00	1.93	1.85
28	5.61	4.22	3.63	3.29	3.06	2.90	2.78	2.69	2.61	2.55	2.45	2.34	2.23	2.17	2.11	2.05	1.98	1.91	1.83
29	5.59	4.20	3.61	3.27	3.04	2.88	2.76	2.67	2.59	2.53	2.43	2.32	2.21	2.15	2.09	2.03	1.96	1.89	1.81
30	5.57	4.18	3.59	3.25	3.03	2.87	2.75	2.65	2.57	2.51	2.41	2.31	2.20	2.14	2.07	2.01	1.94	1.87	1.79
40	5.42	4.05	3.46	3.13	2.90	2.74	2.62	2.53	2.45	2.39	2.29	2.18	2.07	2.01	1.94	1.88	1.80	1.72	1.64
60	5.29	3.93	3.34	3.01	2.79	2.63	2.51	2.41	2.33	2.27	2.17	2.06	1.94	1.88	1.82	1.74	1.67	1.58	1.48
120	5.15	3.80	3.23	2.89	2.67	2.52	2.39	2.30	2.22	2.16	2.05	1.94	1.82	1.76	1.69	1.61	1.53	1.43	1.31
∞	5.02	3.69	3.12	2.79	2.57	2.41	2.29	2.19	2.11	2.05	1.94	1.83	1.71	1.64	1.57	1.48	1.39	1.27	1.00

续表

$\alpha = 0.01$

n_2\n_1	1	2	3	4	5	6	7	8	9	10	12	15	20	24	30	40	60	120	∞
1	4052	4999.5	5403	5625	5764	5859	5928	5982	6022	6056	6106	6157	6209	6235	6261	6287	6313	6339	6366
2	98.50	99.00	99.17	99.25	99.30	99.33	99.36	99.37	99.39	99.40	99.42	99.43	99.45	99.46	99.47	99.47	99.48	99.49	99.50
3	34.12	30.82	29.46	28.71	28.24	27.91	27.67	27.49	27.35	27.23	27.05	26.87	26.69	26.60	26.50	26.41	26.32	26.22	26.13
4	21.20	18.00	16.69	15.98	15.52	15.21	14.98	14.80	14.66	14.55	14.37	14.20	14.02	13.93	13.84	13.75	13.65	13.56	13.46
5	16.26	13.27	12.06	11.39	10.97	10.67	10.46	10.29	10.16	10.05	9.89	9.72	9.55	9.47	9.38	9.29	9.20	9.11	9.02
6	13.75	10.92	9.78	9.15	8.75	8.47	8.26	8.10	7.98	7.87	7.72	7.56	7.40	7.31	7.23	7.14	7.06	6.97	6.88
7	12.25	9.55	8.45	7.85	7.46	7.19	6.99	6.84	6.72	6.62	6.47	6.31	6.16	6.07	5.99	5.91	5.82	5.74	5.65
8	11.26	8.65	7.59	7.01	6.63	6.37	6.18	6.03	5.91	5.81	5.67	5.52	5.36	5.28	5.20	5.12	5.03	4.95	4.86
9	10.56	8.02	6.99	6.42	6.06	5.80	5.61	5.47	5.35	5.26	5.11	4.96	4.81	4.73	4.65	4.57	4.48	4.40	4.31
10	10.04	7.56	6.55	5.99	5.64	5.39	5.20	5.06	4.94	4.85	4.71	4.56	4.41	4.33	4.25	4.17	4.08	4.00	3.91
11	9.65	7.21	6.22	5.67	5.32	5.07	4.89	4.74	4.63	4.54	4.40	4.25	4.10	4.02	3.94	3.86	3.78	3.69	3.60
12	9.33	6.93	5.95	5.41	5.06	4.82	4.64	4.50	4.39	4.30	4.16	4.01	3.86	3.78	3.70	3.62	3.54	3.45	3.36
13	9.07	6.70	5.74	5.21	4.86	4.62	4.44	4.30	4.19	4.10	3.96	3.82	3.66	3.59	3.51	3.43	3.34	3.25	3.17
14	8.86	6.51	5.56	5.04	4.69	4.46	4.28	4.14	4.03	3.94	3.80	3.66	3.51	3.43	3.35	3.27	3.18	3.09	3.00
15	8.68	6.36	5.42	4.89	4.56	4.32	4.14	4.00	3.89	3.80	3.67	3.52	3.37	3.29	3.21	3.13	3.05	2.96	2.87
16	8.53	6.23	5.29	4.77	4.44	4.20	4.03	3.89	3.78	3.69	3.55	3.41	3.26	3.18	3.10	3.02	2.93	2.84	2.75
17	8.40	6.11	5.18	4.67	4.34	4.10	3.93	3.79	3.68	3.59	3.46	3.31	3.16	3.08	3.00	2.92	2.83	2.75	2.65
18	8.29	6.01	5.09	4.58	4.25	4.01	3.84	3.71	3.60	3.51	3.37	3.23	3.08	3.00	2.92	2.84	2.75	2.66	2.57
19	8.18	5.93	5.01	4.50	4.17	3.94	3.77	3.63	3.52	3.43	3.30	3.15	3.00	2.92	2.84	2.76	2.67	2.58	2.49
20	8.10	5.85	4.94	4.43	4.10	3.87	3.70	3.56	3.45	3.37	3.23	3.09	2.94	2.86	2.78	2.69	2.61	2.52	2.42
21	8.02	5.78	4.87	4.37	4.04	3.81	3.64	3.51	3.40	3.31	3.17	3.03	2.88	2.80	2.72	2.64	2.55	2.46	2.36
22	7.95	5.72	4.82	4.31	3.99	3.76	3.59	3.45	3.35	3.26	3.12	2.98	2.83	2.75	2.67	2.58	2.50	2.40	2.31
23	7.88	5.66	4.76	4.26	3.94	3.71	3.54	3.41	3.30	3.21	3.07	2.93	2.78	2.70	2.62	2.54	2.45	2.35	2.26
24	7.82	5.61	4.72	4.22	3.90	3.67	3.50	3.36	3.26	3.17	3.03	2.89	2.74	2.66	2.58	2.49	2.40	2.31	2.21
25	7.77	5.57	4.68	4.18	3.85	3.63	3.46	3.32	3.22	3.13	2.99	2.85	2.70	2.62	2.54	2.45	2.36	2.27	2.17
26	7.72	5.53	4.64	4.14	3.82	3.59	3.42	3.29	3.18	3.09	2.96	2.81	2.66	2.58	2.50	2.42	2.33	2.23	2.13
27	7.68	5.49	4.60	4.11	3.78	3.56	3.39	3.26	3.15	3.06	2.93	2.78	2.63	2.55	2.47	2.38	2.29	2.20	2.10
28	7.64	5.45	4.57	4.07	3.75	3.53	3.36	3.23	3.12	3.03	2.90	2.75	2.60	2.52	2.44	2.35	2.26	2.17	2.06

续表

n_2 \ n_1	1	2	3	4	5	6	7	8	9	10	12	15	20	24	30	40	60	120	∞
29	7.60	5.42	4.54	4.04	3.73	3.50	3.33	3.20	3.09	3.00	2.87	2.73	2.57	2.49	2.41	2.33	2.23	2.14	2.03
30	7.56	5.39	4.51	4.02	3.70	3.47	3.30	3.17	3.07	2.98	2.84	2.70	2.55	2.47	2.39	2.30	2.21	2.11	2.01
40	7.31	5.18	4.31	3.83	3.51	3.29	3.12	2.99	2.89	2.80	2.66	2.52	2.37	2.29	2.20	2.11	2.02	1.92	1.80
60	7.08	4.98	4.13	3.65	3.34	3.12	2.95	2.82	2.72	2.63	2.50	2.35	2.20	2.12	2.03	1.94	1.84	1.73	1.60
120	6.85	4.79	3.95	3.48	3.17	2.96	2.79	2.66	2.56	2.47	2.34	2.19	2.03	1.95	1.86	1.76	1.66	1.53	1.38
∞	6.63	4.61	3.78	3.32	3.02	2.80	2.64	2.51	2.41	2.32	2.18	2.04	1.88	1.79	1.70	1.59	1.47	1.32	1.00

$\alpha = 0.005$

n_2 \ n_1	1	2	3	4	5	6	7	8	9	10	12	15	20	24	30	40	60	120	∞
1	16211	20000	21615	22500	23056	23437	23715	23925	24091	24224	24426	24630	24836	24940	25044	25148	25253	25359	25465
2	198.5	199.0	199.2	199.2	199.3	199.3	199.4	199.4	199.4	199.4	199.4	199.4	199.4	199.5	199.5	199.5	199.5	199.5	199.5
3	55.55	49.80	47.47	46.19	45.39	44.84	44.43	44.13	43.88	43.69	43.39	43.08	42.78	42.62	42.47	42.31	42.15	41.99	41.83
4	31.33	26.28	24.26	23.15	22.46	21.97	21.62	21.35	21.14	20.97	20.70	20.44	20.17	20.03	19.89	19.75	19.61	19.47	19.32
5	22.78	18.31	16.53	15.56	14.94	14.51	14.20	13.96	13.77	13.62	13.38	13.15	12.90	12.78	12.66	12.53	12.40	12.27	12.14
6	18.63	14.54	12.92	12.03	11.46	11.07	10.79	10.57	10.39	10.25	10.03	9.81	9.59	9.47	9.36	9.24	9.12	9.00	8.88
7	16.24	12.40	10.88	10.05	9.52	9.16	8.89	8.68	8.51	8.38	8.18	7.97	7.75	7.65	7.53	7.42	7.31	7.19	7.08
8	14.69	11.04	9.60	8.81	8.30	7.95	7.69	7.50	7.34	7.21	7.01	6.81	6.61	6.50	6.40	6.29	6.18	6.06	5.95
9	13.61	10.11	8.72	7.96	7.47	7.13	6.88	6.69	6.54	6.42	6.23	6.03	5.83	5.73	5.62	5.52	5.41	5.30	5.19
10	12.83	9.43	8.08	7.34	6.87	6.54	6.30	6.12	5.97	5.85	5.66	5.47	5.27	5.17	5.07	4.97	4.86	4.75	4.64
11	12.23	8.91	7.60	6.88	6.42	6.10	5.86	5.68	5.54	5.42	5.24	5.05	4.86	4.76	4.65	4.55	4.44	4.34	4.23
12	11.75	8.51	7.23	6.52	6.07	5.76	5.52	5.35	5.20	5.09	4.91	4.72	4.53	4.43	4.33	4.23	4.12	4.01	3.90
13	11.37	8.19	6.93	6.23	5.79	5.48	5.25	5.08	4.94	4.82	4.64	4.46	4.27	4.17	4.07	3.97	3.87	3.76	3.65
14	11.06	7.92	6.68	6.00	5.56	5.26	5.03	4.86	4.72	4.60	4.43	4.25	4.06	3.96	3.86	3.76	3.66	3.55	3.44
15	10.80	7.70	6.48	5.80	5.37	5.07	4.85	4.67	4.54	4.42	4.25	4.07	3.88	3.79	3.69	3.58	3.48	3.37	3.26
16	10.58	7.51	6.30	5.64	5.21	4.91	4.69	4.52	4.38	4.27	4.10	3.92	3.73	3.64	3.54	3.44	3.33	3.22	3.11
17	10.38	7.35	6.16	5.50	5.07	4.78	4.56	4.39	4.25	4.14	3.97	3.79	3.61	3.51	3.41	3.31	3.21	3.10	2.98
18	10.22	7.21	6.03	5.37	4.96	4.66	4.44	4.28	4.14	4.03	3.86	3.68	3.50	3.40	3.30	3.20	3.10	2.99	2.87
19	10.07	7.09	5.92	5.27	4.85	4.56	4.34	4.18	4.04	3.93	3.76	3.59	3.40	3.31	3.21	3.11	3.00	2.89	2.78
20	9.94	6.99	5.82	5.17	4.76	4.47	4.26	4.09	3.96	3.85	3.68	3.50	3.32	3.22	3.12	3.02	2.92	2.81	2.69

续表

n_2 \ n_1	1	2	3	4	5	6	7	8	9	10	12	15	20	24	30	40	60	120	∞
21	9.83	6.89	5.73	5.09	4.68	4.39	4.18	4.01	3.88	3.77	3.60	3.43	3.24	3.15	3.05	2.95	2.84	2.73	2.61
22	9.73	6.81	5.65	5.02	4.61	4.32	4.11	3.94	3.81	3.70	3.54	3.36	3.18	3.08	2.98	2.88	2.77	2.66	2.55
23	9.63	6.73	5.58	4.95	4.54	4.26	4.05	3.88	3.75	3.64	3.47	3.30	3.12	3.02	2.92	2.82	2.71	2.60	2.48
24	9.55	6.66	5.52	4.89	4.49	4.20	3.99	3.83	3.69	3.59	3.42	3.25	3.06	2.97	2.87	2.77	2.66	2.55	2.43
25	9.48	6.60	5.46	4.84	4.43	4.15	3.94	3.78	3.64	3.54	3.37	3.20	3.01	2.92	2.82	2.72	2.61	2.50	2.38
26	9.41	6.54	5.41	4.79	4.38	4.10	3.89	3.73	3.60	3.49	3.33	3.15	2.97	2.87	2.77	2.67	2.56	2.45	2.33
27	9.34	6.49	5.36	4.74	4.34	4.06	3.85	3.69	3.56	3.45	3.28	3.11	2.93	2.83	2.73	2.63	2.52	2.41	2.29
28	9.28	6.44	5.32	4.70	4.30	4.02	3.81	3.65	3.52	3.41	3.25	3.07	2.89	2.79	2.69	2.59	2.48	2.37	2.25
29	9.23	6.40	5.28	4.66	4.26	3.98	3.77	3.61	3.48	3.38	3.21	3.04	2.86	2.76	2.66	2.56	2.45	2.33	2.21
30	9.18	6.35	5.24	4.62	4.23	3.95	3.74	3.58	3.45	3.34	3.18	3.01	2.82	2.73	2.63	2.52	2.42	2.30	2.18
40	8.83	6.07	4.98	4.37	3.99	3.71	3.51	3.35	3.22	3.12	2.95	2.78	2.60	2.50	2.40	2.30	2.18	2.06	1.93
60	8.49	5.79	4.73	4.14	3.76	3.49	3.29	3.13	3.01	2.90	2.74	2.57	2.39	2.29	2.19	2.08	1.96	1.83	1.69
120	8.18	5.54	4.50	3.92	3.55	3.28	3.09	2.93	2.81	2.71	2.54	2.37	2.19	2.09	1.98	1.87	1.75	1.61	1.43
∞	7.88	5.30	4.28	3.72	3.35	3.09	2.90	2.74	2.62	2.52	2.36	2.19	2.00	1.90	1.79	1.67	1.53	1.36	1.00

$\alpha = 0.001$

n_2 \ n_1	1	2	3	4	5	6	7	8	9	10	12	15	20	24	30	40	60	120	∞
1	4053*	5000*	5404*	5625*	5764*	5859*	5929*	5981*	6023*	6056*	6107*	6158*	6209*	6235*	6261*	6287*	6313*	6340*	6366*
2	998.5	999.0	999.2	999.2	999.3	999.3	999.4	999.4	999.4	999.4	999.4	999.4	999.4	999.5	999.5	999.5	999.5	999.5	999.5
3	167.0	148.5	141.1	137.1	134.6	132.8	131.6	130.6	129.9	129.2	128.3	127.4	126.4	125.9	125.4	125.0	124.5	124.0	123.5
4	74.14	61.25	56.18	53.44	51.71	50.53	49.66	49.00	48.47	48.05	47.41	46.76	46.10	45.77	45.43	45.09	44.75	44.40	44.05
5	47.18	37.12	33.20	31.09	29.75	28.84	28.16	27.64	27.24	26.92	26.42	25.91	25.39	25.14	24.87	24.60	24.33	24.06	23.79
6	35.51	27.00	23.70	21.92	20.81	20.03	19.46	19.03	18.69	18.41	17.99	17.56	17.12	16.89	16.67	16.44	16.21	15.99	15.75
7	29.25	21.69	18.77	17.19	16.21	15.52	15.02	14.63	14.33	14.08	13.71	13.32	12.93	12.73	12.53	12.33	12.12	11.91	11.70
8	25.42	18.49	15.83	14.39	13.49	12.86	12.40	12.04	11.77	11.54	11.19	10.84	10.48	10.30	10.11	9.92	9.73	9.53	9.33
9	22.86	16.39	13.90	12.56	11.71	11.13	10.70	10.37	10.11	9.89	9.57	9.24	8.90	8.72	8.55	8.37	8.19	8.00	7.81
10	21.04	14.91	12.55	11.28	10.48	9.92	9.52	9.20	8.96	8.75	8.45	8.13	7.80	7.64	7.47	7.30	7.12	6.94	6.76
11	19.69	13.81	11.56	10.35	9.58	9.05	8.66	8.35	8.12	7.92	7.63	7.32	7.01	6.85	6.68	6.52	6.35	6.17	6.00

续表

n_2 \ n_1	1	2	3	4	5	6	7	8	9	10	12	15	20	24	30	40	60	120	∞
12	18.64	12.97	10.80	9.63	8.89	8.38	8.00	7.71	7.48	7.29	7.00	6.71	6.40	6.25	6.09	5.93	5.76	5.59	5.42
13	17.81	12.31	10.21	9.07	8.35	7.86	7.49	7.21	6.98	6.80	6.52	6.23	5.93	5.78	5.63	5.47	5.30	5.14	4.97
14	17.14	11.78	9.73	8.62	7.92	7.43	7.08	6.80	6.58	6.40	6.13	5.85	5.56	5.41	5.25	5.10	4.94	4.77	4.60
15	16.59	11.34	9.34	8.25	7.57	7.09	6.74	6.47	6.26	6.08	5.81	5.54	5.25	5.10	4.95	4.80	4.64	4.47	4.31
16	16.12	10.97	9.00	7.94	7.27	6.81	6.46	6.19	5.98	5.81	5.55	5.27	4.99	4.85	4.70	4.54	4.39	4.23	4.06
17	15.72	10.66	8.73	7.68	7.02	6.56	6.22	5.96	5.75	5.58	5.32	5.05	4.78	4.63	4.48	4.33	4.18	4.02	3.85
18	15.38	10.39	8.49	7.46	6.81	6.35	6.02	5.76	5.56	5.39	5.13	4.87	4.59	4.45	4.30	4.15	4.00	3.84	3.67
19	15.08	10.16	8.28	7.26	6.62	6.18	5.85	5.59	5.39	5.22	4.97	4.70	4.43	4.29	4.14	3.99	3.84	3.68	3.51
20	14.82	9.95	8.10	7.10	6.46	6.02	5.69	5.44	5.24	5.08	4.82	4.56	4.29	4.15	4.00	3.86	3.70	3.54	3.38
21	14.59	9.77	7.94	6.95	6.32	5.88	5.56	5.31	5.11	4.95	4.70	4.44	4.17	4.03	3.88	3.74	3.58	3.42	3.26
22	14.38	9.61	7.80	6.81	6.19	5.76	5.44	5.19	4.99	4.83	4.58	4.33	4.06	3.92	3.78	3.63	3.48	3.32	3.15
23	14.19	9.47	7.67	6.69	6.08	5.65	5.33	5.09	4.89	4.73	4.48	4.23	3.96	3.82	3.68	3.53	3.38	3.22	3.05
24	14.03	9.34	7.55	6.59	5.98	5.55	5.23	4.99	4.80	4.64	4.39	4.14	3.87	3.74	3.59	3.45	3.29	3.14	2.97
25	13.88	9.22	7.45	6.49	5.88	5.46	5.15	4.91	4.71	4.56	4.31	4.06	3.79	3.66	3.52	3.37	3.22	3.06	2.89
26	13.74	9.12	7.36	6.41	5.80	5.38	5.07	4.83	4.64	4.48	4.24	3.99	3.72	3.59	3.44	3.30	3.15	2.99	2.82
27	13.61	9.02	7.27	6.33	5.73	5.31	5.00	4.76	4.57	4.41	4.17	3.92	3.66	3.52	3.38	3.23	3.08	2.92	2.75
28	13.50	8.93	7.19	6.25	5.66	5.24	4.93	4.69	4.50	4.35	4.11	3.86	3.60	3.46	3.32	3.18	3.02	2.86	2.69
29	13.39	8.85	7.12	6.19	5.59	5.18	4.87	4.64	4.45	4.29	4.05	3.80	3.54	3.41	3.27	3.12	2.97	2.81	2.64
30	13.29	8.77	7.05	6.12	5.53	5.12	4.82	4.58	4.39	4.24	4.00	3.75	3.49	3.36	3.22	3.07	2.92	2.76	2.59
40	12.61	8.25	6.60	5.70	5.13	4.73	4.44	4.21	4.02	3.87	3.64	3.40	3.15	3.01	2.87	2.73	2.57	2.41	2.23
60	11.97	7.76	6.17	5.31	4.76	4.37	4.09	3.87	3.69	3.54	3.31	3.08	2.83	2.69	2.55	2.41	2.25	2.08	1.89
120	11.38	7.32	5.79	4.95	4.42	4.04	3.77	3.55	3.38	3.24	3.02	2.78	2.53	2.40	2.26	2.11	1.95	1.76	1.54
∞	10.83	6.91	5.42	4.62	4.10	3.74	3.47	3.27	3.10	2.96	2.74	2.51	2.27	2.13	1.99	1.84	1.66	1.45	1.00

* 表示要将所列数乘以 100。

习 题 答 案

习题 1.1

基础题

1. (1) $\Omega=\{(1,1),(1,2),\cdots,(6,6)\}$；(2) $\Omega=\{(1),(0,1),(0,0,1),(0,0,0,1),\cdots\}$；
(3) $\Omega=\{0,1,2,\cdots\}$；(4) $\Omega=\{t\mid t\geqslant 0\}$。

2. $B-A=\{(1,1),(2,2),(3,3),(4,4),(5,5),(6,6)\}$，$BC=\{(1,1),(2,2),(3,3),(4,4)\}$，
$B+\bar{C}=\{(1,1),(2,2),(3,3),(4,4),(5,5),(6,6),(4,6),(5,6),(6,4),(6,5)\}$。

3. (1) $AB\bar{C}$；(2) $AB\bar{C}$ 或 $AB-C$；(3) ABC；(4) $\overline{ABC}$；(5) $\overline{ABC}$；(6) $A+B+C$；
(7) $\overline{AB}+\overline{BC}+\overline{AC}$ 或 $\overline{ABC}+\overline{ABC}+\overline{ABC}$；(8) $AB+BC+AC$ 或 $ABC+\bar{A}BC+A\bar{B}C+AB\bar{C}$。

4. (1) 成立；(2) 不成立；(3) 成立；(4) 成立；(5) 成立；(6) 成立；(7) 成立；(8) 不成立。

5. AB 与 $\overline{AB}$ 是对立事件。 **6.** $\overline{AB}$ 或 $\overline{A\cup B}$。

提高题

1. B。 **2.** C。 **3.** 略。

习题 1.2

基础题

1. $1-p$。 **2.** 0.6。 **3.** (1) 0.5；(2) 0.2；(3) 0.8；(4) 0.2；(5) 0.9。

4. (1) $\dfrac{5}{8}$；(2) $\dfrac{3}{8}$。 **5.** 0.7；0.8。

6. (1) $P(A\cup B)=P(A)$ 时，$P(AB)$ 达到最大值 0.6；(2) $P(A\cup B)=1$ 时，$P(AB)$ 达到最小值 0.3。

提高题

1. D。 **2.** B。 **3.** 0.3。

习题 1.3

基础题

1. (1) $\dfrac{1}{8}$；(2) $\dfrac{3}{8}$；(3) $\dfrac{7}{8}$。 **2.** (1) $\dfrac{1}{12}$；(2) $\dfrac{1}{20}$。 **3.** (1) $\dfrac{1}{6}$；(2) $\dfrac{5}{18}$；(3) $\dfrac{1}{6}$。 **4.** 0.3, 0.6, 0.1。

5. (1) $\dfrac{7}{15}$；(2) $\dfrac{7}{30}$；(3) $\dfrac{14}{15}$。 **6.** (1) $\dfrac{1}{10}$；(2) $\dfrac{3}{10}$；(3) $\dfrac{1}{5}$。 **7.** (1) $\dfrac{3}{8}$；(2) $\dfrac{1}{8}$。 **8.** 0.4271。

9. (1) $\dfrac{1}{14^9}$；(2) $\dfrac{1}{14^{10}}$；(3) 0.000323。 **10.** $\dfrac{9}{16}$；$\dfrac{1}{16}$；$\dfrac{3}{8}$。 **11.** 0.879。

提高题

1. $\dfrac{1}{1260}$。 **2.** $\dfrac{13}{21}$。 **3.** $\dfrac{1}{2}\left[1-C_{2n}^n\left(\dfrac{1}{2}\right)^{2n}\right]$。 **4.** $\dfrac{17}{25}$。

习题 1.4

基础题

1. (1) 0.48；(2) 0.7；(3) 0.25。 **2.** $\frac{3}{8}$。 **3.** (1) $\frac{8}{45}$；(2) $\frac{16}{45}$；(3) $\frac{28}{45}$；(4) $\frac{1}{5}$。

4. (1) $\frac{3}{10}$；(2) $\frac{3}{5}$。 **5.** (1) 0.18；(2) 0.5。 **6.** (1) 0.285；(2) 0.8684。

7. (1) $\frac{18}{25}$；(2) $\frac{1}{9}$。 **8.** 0.923, 0.75。

提高题

1. A。 **2.** 略。 **3.** $\frac{3}{4}$。 **4.** 略。 **5.** (1) $\frac{p}{2}(3-p)$；(2) $\frac{2p}{p+1}$。

习题 1.5

基础题

1. 略。 **2.** 0.5。 **3.** $\frac{2}{3}$。 **4.** $\frac{2}{3}$。 **5.** 0.6。

6. (1) 第一种、二种工艺得到合格品的概率分别为 0.504, 0.56，所以第二种工艺得到合格品的概率较大些；(2) 第一种工艺得到合格品的概率较大些。

7. $(1-10^{-5})^{520} = 0.9948$。 **8.** 略。

9. (1) $(1-p_1)(1-p_2)\cdots(1-p_n)$；(2) $1-(1-p_1)(1-p_2)\cdots(1-p_n)$；(3) $1-p_1 p_2 \cdots p_n$。

10. 0.458。

提高题

1. $a = \frac{5}{3}$ 或 $\frac{4}{3}$。 **2.** 0.36。 **3.** $\frac{1}{4}$。 **4.** 0.8629。

总复习题 1

1. D。 **2.** D。 **3.** (1) 0.30；(2) 0.73；(3) 0.90；(4) 0.10。 **4.** (1) $\frac{1}{324}$；(2) $\frac{5}{54}$。

5. $\frac{k^m-(k-1)^m}{n^m}$。 **6.** 关系密切(通过条件概率判断)。 **7.** (1) $\frac{59}{90}, \frac{31}{90}$；(2) $\frac{12}{59}$。 **8.** (1) $\frac{13}{36}$；(2) $\frac{6}{13}$。

9. (1) 0.9585；(2) 0.97。 **10.** $\frac{1}{4}$。 **11.** $\frac{1}{3}$。 **12.** (1) $\frac{1}{24}$；(2) $\frac{11}{24}$；(3) $\frac{3}{4}$。

13. 五局三胜制有利。 **14.** $\frac{1}{4}(1+\ln 2) = 0.5966$。 **15.** (1) 0.9432；(2) 0.8482。

习题 2.1

基础题

1. (1)(3) 是。 **2.** A。 **3.** $1-e^{-1} \approx 0.6321, e^{-1}-e^{-2} \approx 0.2325, e^{-2} \approx 0.1353$。

4. $F(x)=\begin{cases} 0, & x<0, \\ \dfrac{x}{a}, & 0\leqslant x<a, \\ 1, & x\geqslant a。 \end{cases}$

提高题

1. C。 **2.** $a=\dfrac{5}{16}, b=\dfrac{7}{16}$。

习题 2.2

基础题

1. 随机变量 X 的分布律为

X	3	4	5
P	0.1	0.3	0.6

或 $P(X=k)=\dfrac{C_{k-1}^2}{C_5^3}(k=3,4,5)$。

$$F(x)=\begin{cases} 0, & x<3, \\ 0.1, & 3\leqslant x<4, \\ 0.4, & 4\leqslant x<5, \\ 1, & x\geqslant 5。 \end{cases}$$

2.

X	1000000	600000	400000	0
P	0.16	0.24	0.24	0.36

3. 0.6。

4.

X	1	2	3
P	$\dfrac{1}{6}$	$\dfrac{1}{3}$	$\dfrac{1}{2}$

5. $\dfrac{37}{16}, \dfrac{20}{37}$。 **6.** 0.5。 **7.** $\dfrac{65}{81}$。 **8.** 0.5372。 **9.** (1) $\dfrac{1}{70}$; (2) 3.163×10^{-4}。

10. (1) $e^{-4}\approx 0.0183$; (2) $1-5e^{-4}\approx 0.9083$。

提高题

1. D。

2. $P(0<X\leqslant 2)=0.7$。

X	0	1	2
P	0.3	0.4	0.3

3. $b=1$。 **4.** (1) 0.9596; (2) 0.6160; (3) 8。 **5.** (1) $1-(1-p)^n$; (2) $(1-p)^n+np(1-p)^{n-1}$。

习题 2.3

基础题

1. (1) $A=1, B=-1$; (2) $2\ln 2 - 1 \approx 0.3863$; (3) $f(x) = \begin{cases} \ln x, & 1 \leqslant x \leqslant e, \\ 0, & \text{其他}。 \end{cases}$

2. (1) 1; (2) $F(x) = \begin{cases} 0, & x < 0, \\ \dfrac{x^2}{2}, & 0 \leqslant x < 1, \\ -\dfrac{x^2}{2} + 2x - 1, & 1 \leqslant x < 2, \\ 1, & x \geqslant 2; \end{cases}$ (3) 0.75。

3. (1) $\dfrac{1}{\pi}$; (2) $\dfrac{1}{3}$; (3) $F(x) = \begin{cases} 0, & x < -1, \\ \dfrac{1}{2} + \dfrac{1}{\pi}\arcsin x, & -1 \leqslant x < 1, \\ 1, & x \geqslant 1。 \end{cases}$

4. 0.6。 5. (1) 2; (2) $(1-e^{-4})^5$。 6. $\dfrac{20}{27}$。 7. $10e^{-3}(1-e^{-1})^2 \approx 0.1989$。 8. 0.6826。

9. (1) 0.9525; (2) 0.8164。 10. $\mu = 2.515, \sigma = 1.43$。 11. (1) 0.0641; (2) 0.008989。

12.

Y	-5	3	10
P	0.0013	0.4987	0.5

13. (1) 0.5160; (2) 0.9858。 14. (1) 183.98cm; (2) 0.6013。 15. 略。

提高题

1. $\dfrac{1}{\sqrt{\pi}}e^{-\frac{1}{4}}$。 2. A。 3. 0.2。 4. 0.6826。 5. $\dfrac{7}{8}$。

习题 2.4

基础题

1.

(1)

Y_1	0	1	4	9
P	0.2	0.2	0.2	0.4

(2)

Y_2	-7	-4	-1	2	8
P	0.2	0.1	0.2	0.1	0.4

2.

Y	-1	1
P	$\dfrac{1}{3}$	$\dfrac{2}{3}$

3. (1) $f_Y(y) = \begin{cases} \dfrac{1}{y}, & 1 < y < e, \\ 0, & \text{其他}; \end{cases}$ (2) $f_Y(y) = \begin{cases} \dfrac{1}{2}e^{-\frac{y}{2}}, & y > 0, \\ 0, & \text{其他}。 \end{cases}$

4. $f_Y(y) = \begin{cases} 2ye^{-y^2}, & y \geq 0, \\ 0, & y < 0. \end{cases}$ **5.** $f_Y(y) = \begin{cases} \dfrac{1}{\sqrt{2\pi}} e^{-\frac{(1-y)^2}{8}}, & y < 1, \\ 0, & y \geq 1. \end{cases}$

6. $f_Y(y) = \begin{cases} \dfrac{1}{\pi \sqrt{1-y^2}}, & -1 < y < 1, \\ 0, & 其他. \end{cases}$

提高题

1.

Z	$-\dfrac{\pi}{2}$	0	$\dfrac{\pi}{2}$
P	0.25	0.475	0.5

2. $F_Y(y) = \begin{cases} 0, & y < 0, \\ 0.15, & 0 \leq y < 1, \\ 0.6, & 1 \leq y < 2, \\ 1, & y \geq 2. \end{cases}$ **3.** $f_Y(y) = \dfrac{1}{4\sqrt{y}}.$ **4.** $f_y(y) = \begin{cases} \dfrac{1}{\sqrt{4y-3}}, & 1 \leq y \leq 3, \\ 0, & 其他. \end{cases}$

总复习题 2

1. A。 **2.** D。 **3.** 1,1,0。 **4.** $\dfrac{2}{n+1}$。 **5.** $\dfrac{22}{29}$。

6. X 的分布律为

X	100	80	60	40
P	$\dfrac{3}{28}$	$\dfrac{31}{56}$	$\dfrac{18}{56}$	$\dfrac{1}{56}$

7. (1) $P(X=k) = 0.2^{k-1} \times 0.8 \, (k=1,2,\cdots)$；(2) 0.0384, 0.04。 **8.** $\sqrt[3]{4}$。 **9.** $\dfrac{80}{243}$。

10. $P(Y=k) = C_5^k e^{-2k}(1-e^{-2})^{5-k} \, (k=0,1,\cdots,5), 0.5167$。

11. (1) T 服从参数为 λ 的指数分布；(2) $e^{-8\lambda}$。

12. 考生 B 可以被录取,不过不被录取为临时工的可能性很大。 **13.** 4。

14. $f_Y(y) = \begin{cases} \dfrac{1}{\sqrt{y-1}} - 1, & 1 < y < 2, \\ 0, & 其他. \end{cases}$ **15.** $f_Y(y) = \begin{cases} 1, & 0 \leq y < 1, \\ 0, & 其他. \end{cases}$

习题 3.1

基础题

1. 不能做分布函数。

2. (1) $1 - 2e^{-1} + e^{-2} \approx 0.3996$；(2) $1 - e^{-1} \approx 0.6321$。

提高题

1. (1) $\dfrac{1}{\pi^2}, \dfrac{\pi}{2}, \dfrac{\pi}{2}$; (2) $\dfrac{1}{16}$;

   (3) $F_X(x) = \dfrac{1}{\pi}\left(\dfrac{\pi}{2} + \arctan x\right), -\infty < x < +\infty$; $F_Y(y) = \dfrac{1}{\pi}\left(\dfrac{\pi}{2} + \arctan y\right), -\infty < y < +\infty$。

习题 3.2

基础题

1.

(1)

X\Y	0	1
0	$\dfrac{1}{9}$	$\dfrac{2}{9}$
1	$\dfrac{2}{9}$	$\dfrac{4}{9}$

(2)

X\Y	0	1
0	0	$\dfrac{1}{3}$
1	$\dfrac{1}{3}$	$\dfrac{1}{3}$

2. $0.56, 0.2, 0.8$。

3.

(1)(2)

Y\X	0	−1	2	$p_{\cdot j}$
0	$\dfrac{1}{6}$	0	$\dfrac{5}{12}$	$\dfrac{7}{12}$
1	0	$\dfrac{1}{3}$	0	$\dfrac{1}{3}$
$\dfrac{1}{3}$	0	$\dfrac{1}{12}$	0	$\dfrac{1}{12}$
$p_{i\cdot}$	$\dfrac{1}{6}$	$\dfrac{5}{12}$	$\dfrac{5}{12}$	1

(3) 由于 $P(X=-1, Y=0) = 0$, $P(X=-1) = \dfrac{5}{12}$, $P(Y=0) = \dfrac{7}{12}$,因此

$$P(X=-1, Y=0) \neq P(X=-1)P(Y=0), \quad \text{故 } X \text{ 和 } Y \text{ 不相互独立。}$$

4.

Y\X	0	1	2
0	0.16	0.32	0.16
1	0.08	0.16	0.08
2	0.01	0.02	0.01

5. (1)

X\Y	0	1	$p_{i\cdot}$
−1	0.25	0	0.25
0	0	0.5	0.5
1	0.25	0	0.25
$p_{\cdot j}$	0.5	0.5	

(2) 不相互独立；

(3) 在 $X=1$ 条件下，Y 的条件分布律为

Y	0	1
$P(Y=j\mid X=1)$	1	0

$Y=0$ 条件下，X 的条件分布律

X	-1	0	1
$P(X=i\mid Y=0)$	0.5	0	0.5

提高题

1.

X \ Y	1	2	3	4
1	$\frac{1}{4}$	0	0	0
2	$\frac{1}{8}$	$\frac{1}{8}$	0	0
3	$\frac{1}{12}$	$\frac{1}{12}$	$\frac{1}{12}$	0
4	$\frac{1}{16}$	$\frac{1}{16}$	$\frac{1}{16}$	$\frac{1}{16}$

$\frac{25}{48}$。

2. $\frac{1}{3}, \frac{1}{6}$。

3.

X_1 \ X_2	0	1	$P(X_1=i)$
0	$1-e^{-1}$	0	$1-e^{-1}$
1	$e^{-1}-e^{-2}$	e^{-2}	e^{-1}
$P(X_2=j)$	$1-e^{-2}$	e^{-2}	1

4. $\frac{1}{4}$。

5. (1)

Z	0	1
$P(Z=i)$	p^2+q^2	$2pq$

(2)

X \ Z	0	1	$p_i.$
-1	q^2	pq	q^2+pq
1	p^2	pq	p^2+pq
$p._j$	q^2+p^2	$2pq$	1

(3) $\frac{1}{2}$。

习题 3.3

基础题

1. (1) $\dfrac{15}{64}$；(2) 0；(3) 0.5；(4) $F(x,y)=\begin{cases} 0, & x<0 \text{ 或 } y<0, \\ x^2 y^2, & 0\leqslant x<1, 0\leqslant y<1, \\ x^2, & 0\leqslant x<1, 1\leqslant y, \\ y^2, & 1\leqslant x, 0\leqslant y<1, \\ 1, & x\geqslant 1, y\geqslant 1. \end{cases}$

2. $f_X(x)=\begin{cases} 2.4x^2(2-x), & 0\leqslant x\leqslant 1, \\ 0, & \text{其他}; \end{cases}$ $f_Y(y)=\begin{cases} 2.4y(3-4y+y^2), & 0\leqslant y\leqslant 1, \\ 0, & \text{其他}。 \end{cases}$

3. (1) $c=\dfrac{21}{4}$；(2) $f_X(x)=\begin{cases} \dfrac{21}{8}x^2(1-x^4), & -1\leqslant x\leqslant 1, \\ 0, & \text{其他}, \end{cases}$ $f_Y(y)=\begin{cases} \dfrac{7}{2}y^{5/2}, & 0<y<1, \\ 0, & \text{其他}; \end{cases}$

(3) X,Y 不独立。

4. (1) 1；(2) $f_X(X)=\begin{cases} \mathrm{e}^{-x}, & x>0, \\ 0, & x\leqslant 0, \end{cases}$ $f_Y(Y)=\begin{cases} y\mathrm{e}^{-y}, & y>0, \\ 0, & y\leqslant 0; \end{cases}$ (3) X,Y 不独立。

5. (1) $f_X(x)=\begin{cases} 2x^2+\dfrac{2}{3}x, & 0\leqslant x\leqslant 1, \\ 0, & \text{其他}, \end{cases}$ $f_Y(y)=\begin{cases} \dfrac{y}{6}+\dfrac{1}{3}, & 0\leqslant y\leqslant 2, \\ 0, & \text{其他}, \end{cases}$

因为 $f(x,y)\neq f_X(x)f_Y(y)$，所以 X,Y 不独立；(2) $\dfrac{65}{72}$。

6. (1) $A=\dfrac{16}{\pi^2}$；

(2) $f_X(x)=\begin{cases} \dfrac{16}{\pi^2}\left(\dfrac{\pi x}{4}-\dfrac{x\ln 2}{2}\right), & 0<x\leqslant \sqrt{2}, \\ \dfrac{16}{\pi^2}\left(\sqrt{4-x^2}\arctan\dfrac{\sqrt{4-x^2}}{x}-x\ln 2+x\ln x\right), & \sqrt{2}<x\leqslant 2, \\ 0, & \text{其他}。 \end{cases}$

7. 当 $|y|<1$ 时，

$f_{X|Y}(x|y)=\begin{cases} \dfrac{1}{2\sqrt{1-y^2}}, & |x|\leqslant \sqrt{1-y^2}, \\ 0, & \text{其他}; \end{cases}$

当 $|x|<1$ 时，$f_{Y|X}(y|x)=\begin{cases} \dfrac{1}{2\sqrt{1-x^2}}, & |y|\leqslant \sqrt{1-x^2}, \\ 0, & \text{其他}。 \end{cases}$

提高题

1. $g(x,y)\geqslant -f_1(x)f_2(y)$，$\int_{-\infty}^{+\infty}\mathrm{d}x\int_{-\infty}^{+\infty}g(x,y)\mathrm{d}y=0$。 **2.** A。

3. (1) $f(x,y)=f_X(x)f_Y(y)=\begin{cases} \dfrac{1}{2}\mathrm{e}^{-y/2}\mathrm{d}y, & 0<x<1, y>0, \\ 0, & \text{其他}; \end{cases}$ (2) 0.1445。

4. (1) $f_X(x)=\begin{cases} x, & 0\leqslant x<1, \\ 2-x, & 1\leqslant x<2, \\ 0, & \text{其他}; \end{cases}$ (2) 当 $0<y<1$ 时，$f_{X|Y}(x|y)=\begin{cases} \dfrac{1}{2-2y}, & 0<y<1, y\leqslant x\leqslant 2-y, \\ 0, & \text{其他}。 \end{cases}$

5. $\dfrac{1}{\pi}$；$f_{Y|X}(y|x)=\dfrac{1}{\sqrt{\pi}}e^{-(y-x)^2}$。

习题 3.4

基础题

1.

$X+Y$	-2	0	1	-3	-1
P	0.25	0.15	0.3	0.15	0.15

$X-Y$	-4	-3	-2	-1	0
P	0.05	0.45	0.1	0.15	0.25

2. (1) $P(X=2|Y=1)=\dfrac{1}{4}, P(Y=1|X=0)=\dfrac{2}{3}$；

(2)

V	0	1	2
P	0.1	0.6	0.3

(3)

U	0	1
P	0.8	0.2

3. (1)

X \ Y	-1	0	1	$p_{\cdot j}$
0	0	$\dfrac{1}{3}$	0	$\dfrac{1}{3}$
1	$\dfrac{1}{3}$	0	$\dfrac{1}{3}$	$\dfrac{2}{3}$
$p_{i\cdot}$	$\dfrac{1}{3}$	$\dfrac{1}{3}$	$\dfrac{1}{3}$	1

(2)

$Z=XY$	-1	0	1
P	$\dfrac{1}{3}$	$\dfrac{1}{3}$	$\dfrac{1}{3}$

4. 0.63。 **5.** $F_{\max}(z)=\begin{cases} (1-e^{-\alpha z})(1-e^{-\beta z}), & z\geqslant 0, \\ 0, & \text{其他}; \end{cases}$ $f_{\max}(z)=\begin{cases} \alpha e^{-\alpha z}+\beta e^{-\beta z}-(\alpha+\beta)e^{-(\alpha+\beta)z}, & z\geqslant 0, \\ 0, & \text{其他}。 \end{cases}$

提高题

1. (1) 不相互独立；(2) $f_Z(z)=\begin{cases} \dfrac{1}{2}z^2 e^{-z}, & z>0, \\ 0, & \text{其他}。 \end{cases}$

2. $F(t)=\begin{cases} 0, & t<0, \\ 1-e^{-\lambda t}-\dfrac{1}{2}\lambda t e^{-\lambda t}, & t\geqslant 0。 \end{cases}$

总复习题 3

1.

Y \ X	0	1	2
0	$\frac{1}{4}$	$\frac{1}{4}$	$\frac{1}{16}$
1	$\frac{1}{4}$	$\frac{1}{8}$	0
2	$\frac{1}{16}$	0	0

Y	0	1
$P(Y=k\mid X=1)$	$\frac{2}{3}$	$\frac{1}{3}$

2. $\frac{15}{16}$。

3.

Y \ X	−2	−1	1	2
1	0	1/4	1/4	0
4	1/4	0	0	1/4

4. 0.5。 **5.** (1) 4；(2) e^{-1}。

6. 当 $0<x<1$ 时, 则

$$f_{Y\mid X}(y\mid x)=\frac{f(x,y)}{f_X(x)}=\begin{cases}\frac{2(x+y)}{2x+1}, & 0<y<1,\\ 0, & \text{其他}。\end{cases}$$

7. (1) $b=\frac{1}{1-e^{-1}}$；(2) $f_X(x)=\begin{cases}\frac{e^{-x}}{1-e^{-1}}, & 0<x<1,\\ 0, & \text{其他},\end{cases}$ $f_Y(y)=\begin{cases}e^{-y}, & y>0,\\ 0, & \text{其他};\end{cases}$

(3) $F_U(u)=\begin{cases}0, & u<0,\\ \frac{(1-e^{-u})^2}{1-e^{-1}}, & 0\leqslant u<1,\\ 1-e^{-u}, & u\geqslant 1。\end{cases}$

8. (1) $f_Z(z)=\begin{cases}\frac{9}{8}z^2, & 0<z<1,\\ \frac{3}{8}(4-z^2), & 1\leqslant z<2,\\ 0, & \text{其他};\end{cases}$ (2) $f_Z(z)=\begin{cases}\frac{3}{2}(1-z^2), & 0<z<1,\\ 0, & \text{其他}。\end{cases}$

9. (1) $f_T(t)=\begin{cases}\frac{1}{3!}t^3 e^{-1}, & t>0,\\ 0, & \text{其他};\end{cases}$ (2) $f_T(t)=\begin{cases}\frac{1}{5!}t^5 e^{-t}, & t>0,\\ 0, & \text{其他}。\end{cases}$

习题 4.1

基础题

1. 1。 **2.** e^{-2},2。 **3.** 30.8。 **4.** 0。 **5.** 3,2。

提高题

1. $\frac{n+1}{2}$。 **2.** 4.47。 **3.** 1。 **4.** 5.216。

习题 4.2

基础题

1. 4。 **2.** $-0.2, 2.8, 13.4$。 **3.** (1) 2; (2) $\frac{1}{3}$。 **4.** $\frac{\pi}{24}(a+b)(a^2+b^2)$。 **5.** 0.15,0.25。

6. $25.53, \frac{11}{3}, \frac{7}{3}$。

提高题

1. 0,5,0.4。 **2.** 2。 **3.** (1) $P(Y=k)=(k-1)\left(\frac{1}{8}\right)^2\left(\frac{7}{8}\right)^{k-2}, k=2,3,\cdots$; (2) 16。

4. $\frac{1}{2}$。 **5.** 3500t。

习题 4.3

基础题

1. $1, \frac{2}{5}$。 **2.** $36, \frac{1}{3}$。 **3.** $\frac{1}{2}e^{-1}$。 **4.** $2\ln 2, 2-4\ln^2 2$。 **5.** $\frac{1}{4}, -\frac{1}{4}, 2, \frac{2}{3}$。 **6.** $-2,59$。

提高题

1. $\frac{9}{2}$。 **2.** $35, \frac{175}{6}$。 **3.** 略。 **4.** $\frac{1}{2}$。

习题 4.4

基础题

1. D。 **2.** $-\frac{1}{9}, -\frac{1}{2}$。 **3.** 148,57。 **4.** $12, -1, 364, 21$。

5. (1) 1; (2) 0; (3) 0; (4) 不相关。 **6.** $\frac{11}{144}, \frac{11}{144}, -\frac{1}{144}, -\frac{1}{11}$。

提高题

1. D。

2.

X \ Y	0	1
0	$\frac{1}{4}$	0
1	$\frac{1}{4}$	$\frac{1}{2}$

3. (1) $\frac{1}{4}$；(2) $-\frac{2}{3}$。 **4.** 3,108。 **5.** $-\frac{1}{2}$。

总复习题 4

1. 18.4。 **2.** 180。
3. (1)

X	1	2	3	4
P	$\frac{1}{10}$	$\frac{1}{2}$	$\frac{11}{30}$	$\frac{1}{30}$

(2) $\frac{7}{3}$；(3) $\frac{22}{45}$。

4. 1。 **5.** 2732.15 元。 **6.** $\frac{1}{p}, \frac{1-p}{p^2}$。 **7.** 5。 **8.** $\frac{3}{4}$。 **9.** (1) $\frac{3}{4}$；(2) $\frac{5}{8}$；(3) $\frac{1}{8}$。

10. 11.67。 **11.** (1) 1.5, 0.1；(2) -0.05；(3) 2.4。 **12.** 12, 46。 **13.** $\frac{1}{3}, \frac{1}{18}$。 **14.** $\sqrt{\frac{\pi}{2}}, 2-\frac{\pi}{2}$。

15. 略。 **16.** (1) 3；(2) $\frac{5}{2}$；(3) $\frac{3}{4}, \frac{3}{80}$；(4) $\frac{3}{160}$；(5) $\frac{\sqrt{57}}{19}$。

17. (1) $\frac{1}{2}$；(2) $\frac{\pi}{4}, \frac{\pi}{4}$；(3) $\frac{\pi^2}{16}+\frac{\pi}{2}-2, \frac{\pi^2}{16}+\frac{\pi}{2}-2$；(4) $\frac{8\pi-\pi^2-16}{8\pi+\pi^2-32}$。

18. (1) $-1, 39-4\sqrt{3}$；(2) X, Z 相关；(3) X, Z 不独立。

19. (1) 0, 2；(2) 0, X 与 $|X|$ 不相关；(3) X 与 $|X|$ 不独立。

习题 5.1

基础题

1. $\geqslant 0.75$。 **2.** $P(|\overline{X}-\mu|<4) \geqslant 1-\frac{1}{2n}$。 **3.** $P(15<X<27) \geqslant \frac{37}{72}$。 **4.** 18750。 **5.** 略。

提高题

1. $\frac{1}{2}$。 **2.** $b=3, \varepsilon=2$。 **3.** $\frac{1}{12}$。 **4.** 14。

习题 5.2

基础题

1. C。 **2.** 0.348。 **3.** 0.1103。 **4.** 0.4714。 **5.** 98。 **6.** 0.9708 **7.** (1) 0.958；(2) 0。
8. 0.0062。 **9.** (1) 0.9525；(2) 25。

总复习题 5

1. $\frac{1}{9}, \frac{15}{16}$。 **2.** $\frac{1}{12}$。 **3.** D。 **4.** $\frac{1}{2}$。 **5.** 略。 **6.** C。 **7.** 略。 **8.** 0.0228。
9. (1) 0.1802；(2) 443。 **10.** 0.0228。 **11.** 0.9995。 **12.** 537。 **13.** 0.9981。

习题 6.1

基础题

1. C。 **2.** B。 **3.** (1) (2) (4) 是统计量; (3) 不是统计量, 因为(3)中含未知参数 σ^2。
4. 76.4, 158.4889。 **5.** 略。

提高题

1. $\sigma^2 + \mu^2$。 **2.** D。

3. (1) $f(x_1, x_2, \cdots, x_n) = \begin{cases} \lambda^n e^{-\lambda \left(\sum\limits_{i=1}^{n} x_i\right)}, & x_1 \geqslant 0, x_2 \geqslant 0, \cdots, x_n \geqslant 0, \\ 0, & \text{其他}; \end{cases}$

(2) $\overline{X} + 2\lambda$ 不是统计量, $\max\{X_1, X_2, \cdots, X_n\}$ 是统计量。

4. $\mu, \dfrac{\sigma^2}{n}, \sigma^2$。

习题 6.2

基础题

1. C。 **2.** C。 **3.** C。 **4.** $c = \dfrac{1}{3}$。 **5.** 0.01。 **6.** $t, 9$。 **7.** $F, (10, 5)$。

8. (1) 23.209, 8.547; (2) 2.7638, 1.3406; (3) 5.26, 0.446。

提高题

1. $a = \dfrac{1}{8}, b = \dfrac{1}{12}, c = \dfrac{1}{16}$ 时, $Y \sim \chi^2(3)$, 自由度为 3。 **2.** B。 **3.** B。 **4.** C。 **5.** 略。

习题 6.3

基础题

1. 0.1336。 **2.** 0.8293。 **3.** 16。 **4.** 0.6744。 **5.** $t(n-1)$。

提高题

1. (1) 0.8664; (2) 43。 **2.** 0.775。

总复习题 6

1. 统计量。 **2.** D。 **3.** C。 **4.** (1) 1000; (2) 999; (3) 9。

5. $a = \dfrac{1}{20}, b = \dfrac{1}{100}$, 自由度为 2。 **6.** 略。 **7.** $X \sim F(12, 8)$; (1) 2.5; (2) 0.05。

8. (1) $0, \dfrac{1}{100}$; (2) $\dfrac{1}{2}$; (3) 0.8414。 **9.** 4。 **10.** (1) 0.58; (2) 0.29; (3) 16。

11. (1) 0.99; (2) $\dfrac{2}{15}\sigma^4$。 **12.** 81。 **13.** 约为 14。 **14.** 0.1。

习题 7.1

基础题

1. $\begin{cases} \hat{a} = \overline{X} - \sqrt{\dfrac{3}{n}\sum_{i=1}^{n}(X_i-\overline{X})^2}, \\ \hat{b} = \overline{X} + \sqrt{\dfrac{3}{n}\sum_{i=1}^{n}(X_i-\overline{X})^2}。\end{cases}$
2. 参数 p 的矩估计量和最大似然估计量均为 $\hat{p} = \dfrac{\overline{X}}{m}$。

3. (1) 矩估计量 $\hat{\theta} = \dfrac{2\overline{X}-1}{1-\overline{X}}$，最大似然估计量 $\hat{\theta} = -\left(1+\dfrac{n}{\sum_{i=1}^{n}\ln X_i}\right)$；

   (2) 矩估计量 $\hat{\theta} = \left(\dfrac{\overline{X}}{1-\overline{X}}\right)^2$，最大似然估计量 $\hat{\theta} = \dfrac{n^2}{\left(\sum_{i=1}^{n}\ln X_i\right)^2}$。

4. 矩估计量 $\hat{\theta} = \dfrac{\overline{X}}{\overline{X}-c}$，最大似然估计量 $\hat{\theta} = \dfrac{n}{\sum_{i=1}^{n}\ln X_i - n\ln c}$。

5. 矩估计量为 $\hat{\theta} = \overline{X} - \dfrac{1}{2}$，最大似然估计量为 $\hat{\theta} = X_{(1)} = \min_{1\leqslant i \leqslant n}\{X_i\}$。

提高题

1. (1) λ 的矩估计量为 $\hat{\lambda} = \dfrac{2}{\overline{X}}$；(2) λ 的最大似然估计量 $\hat{\lambda} = \dfrac{2n}{\sum_{i=1}^{n}X_i} = \dfrac{2}{\overline{X}}$。

2. $\hat{\theta}(X) = \begin{cases} \dfrac{1}{4}, & X=0,1, \\ \dfrac{3}{4}, & X=2,3。\end{cases}$

3. (1) $f(z,\sigma^2) = \dfrac{1}{\sqrt{10\pi}\sigma}e^{-\frac{z^2}{10\sigma^2}}(-\infty<z<+\infty)$；(2) $\hat{\sigma}^2 = \dfrac{1}{5n}\sum_{i=1}^{n}Z_i^2$。

4. (1) $f(z) = F'(z) = \begin{cases} \dfrac{2}{\sqrt{2\pi}\sigma}e^{-\frac{z^2}{2\sigma^2}}, & z>0, \\ 0, & z\leqslant 0;\end{cases}$ (2) σ 的矩估计量为 $\hat{\sigma} = \sqrt{\dfrac{\pi}{2}}\overline{Z}$；

   (3) σ 的最大似然估计量为 $\hat{\sigma} = \sqrt{\dfrac{1}{n}\sum_{i=1}^{n}Z_i^2}$。

习题 7.2

基础题

1. 略。 2. $\hat{\mu}_3$ 的有效性最差，其次是 $\hat{\mu}_1$，$\hat{\mu}_2$ 最有效。 3. $\hat{\lambda} = \overline{X}$。 4. 略。

提高题

1. -1。 2. (1) 略；(2) $\dfrac{2}{n(n-1)}$。 3. $k_1 = \dfrac{1}{3}, k_2 = \dfrac{2}{3}$。

习题 7.3

基础题

1. $(4.413, 4.555)$。 2. $(14.784, 15.176)$。 3. $(1784, 2116)$。 4. $(145.58, 162.42)$。

5. $(7.4, 21.1)$。 **6.** (1) $(503.26, 504.24)$；(2) $(500.4, 507.1)$；(3) $(4.58, 9.60)$。
7. 1069。 **8.** $(-140.8985, 168.8985)$。 **9.** $(3.07, 4.93)$。
10. $(0.3160, 12.9018), (0.0013, 0.0095)$。

提高题

1. $[8.2, 10.8]$。 **2.** (1) $(1498, 1502), 104$；(2) 123；(3) 0.9996。 **3.** $(-3.59, 9.59)$。
4. $(0.34, 1.61)$。

总复习题 7

1. 矩估计量 $\hat{\theta} = \sqrt{\dfrac{2}{\pi}} \overline{X}$，最大似然估计量 $\hat{\theta} = \sqrt{\dfrac{\sum_{i=1}^{n} X_i^2}{2n}}$。

2. 矩估计量 $\hat{\theta} = \dfrac{1}{2}$，最大似然估计量 $\hat{\theta} = \dfrac{1}{2}$。 **3.** $\hat{\theta} = \overline{X} - X_{(1)} = \overline{X} - \min_{1 \leqslant i \leqslant n} \{X_i\}$，$\hat{\mu} = X_{(1)} = \min_{1 \leqslant i \leqslant n} \{X_i\}$。

4. $c = \dfrac{1}{2(n-1)}$。 **5.** 略。 **6.** $(19.6, 20.4)$。 **7.** (1) $(5.608, 6.392)$；(2) $(5.558, 6.442)$。
8. $(0.032, 0.744)$。 **9.** $(9.88, 10.22)$。
10. (1) $(998.65, 1001.85)$；(2) $(998.58, 1001.92)$；(3) $(3.48, 19.98)$。
11. (1) $e^{\mu + \frac{1}{2}}$；(2) $(-0.98, 0.98)$；(3) $(e^{-0.48}, e^{1.48})$。 **12.** $(-6.03, -5.97)$。

习题 8.1

基础题

1. 小概率事件。 **2.** 弃真、纳伪。 **3.** B。 **4.** B。

提高题

1. B。 **2.** $\dfrac{1}{4}$ 和 $\dfrac{9}{16}$。 **3.** D。

习题 8.2

基础题

1. $\sigma^2 > \sigma_0^2$；$\sigma^2 \neq \sigma_0^2$。 **2.** 96.6%；8。 **3.** $\dfrac{\sqrt{n(n-1)} \overline{X}}{S}$。 **4.** 可以认为。 **5.** 不能认为。
6. 可以认为。 **7.** 不能认为。 **8.** 有显著差异。 **9.** 不能接受这批玻璃纸。 **10.** 没有理由认为。
11. 无显著差异。

提高题

1. 无有显著差异。 **2.** 无明显升高。 **3.** 不可信。

习题 8.3

基础题

1. 没有显著差异。 **2.** 有显著差异。 **3.** 无显著差异。 **4.** 有显著差异。 **5.** 能提高。
6. 可以认为。

提高题

1. 可认为增施磷肥对玉米产量有影响。   **2.** 有显著差异。

总复习题 8

1. A。   **2.** A。   **3.** 认为这堆香烟处于正常状态。   **4.** 接受这种猜测。   **5.** 可以认为。
6. 可以认为。   **7.** 没有显著变化。   **8.** 不正常。   **9.** 显著偏大。   **10.** 有显著差异。
11. 无有显著差异。   **12.** 乙车床生产的滚珠直径的方差比甲的明显小。   **13.** 有显著差异。

习题 9.1

基础题

1. $S_T=142, S_A=87.3, S_E=54.7$。

2.

方差来源	平方和	自由度	均方和	F 值	临界值
因素 A	4.2	2	2.1	7.5	
误差	2.5	9	0.28		
总和	6.7	11			

显著。

3. $F=3.58$ 大于临界值 3.06,认为不同工艺对布的缩水率有较明显的影响。

4. $F=15.18$ 大于临界值 $F_{0.05}(4,10)=3.48$,温度对得率有显著影响。

提高题

1. 影响显著。   **2.** 有显著的差异。

习题 9.2

基础题

1. 彩色电视机的品牌对销售量有显著影响,销售地区对彩色电视机的销售量没有显著影响。

2. 可以认为 4 种产品之间有显著的差异,而 5 个鉴定人之间无显著差异。

3. 时间对强度的影响不显著,而温度的影响显著,且交互影响的作用显著。

提高题

1. 不同的广告形式、不同的价格均造成商品销量的显著差异。

2. 小麦品种和化肥的主效应是显著的,而且小麦品种与化肥之间也存在显著的交互作用,这说明小麦产量不仅与小麦品种、化肥类型有关,而且与它们之间的不同搭配有关。

习题 9.3

基础题

1. (1) $\hat{y}=35.2389+84.397x$;(2) 线性回归关系是显著的。

2. $\hat{y} = -2.73935 + 0.48303x$。

3. (1) $\hat{y} = -1.86 + 131.43x$；(2) 线性回归关系是显著的。

4. (1) 回归方程为 $\hat{y} = 28.53 + 130.60x$；(2) 回归关系是显著的。

提高题

1. (1) $\hat{y} = 29.3989 + 1.5475x$；(2) 回归关系是显著的。

2. (1) $\hat{y} = 98.6 + 16.6x$；(2) 在 773～1084 例之间；(3) 在 30.0 万～36.4 万之间。

习题 9.4

基础题

1. $\hat{y} = 0.0212 e^{0.01058t}$。

2. 双曲函数类型，$\hat{y} = 18.1604 + \dfrac{87.3301}{x}$。

习题 9.5

基础题

1. $\hat{y} = 15.6468 + 0.4139x_1 + 0.3139x_2$。

2. (1) $\hat{y} = 3.4526x_1 + 0.4960x_2$；(2) 回归方程线性回归显著；(3) 135.573 箱。

总复习题 9

1. 无显著差异。

2. $F = 32.92$ 大于临界值 $F_{0.05}(2,12) = 3.89$，认为各台机器生产薄板的厚度有显著的差异。

3. (1) $\hat{y} = 22.6486 + 0.2643x$；(2) 显著。

4. (1) $\hat{y} = 57.0393 - 2.5317x$；(2) 显著。

5. (1) $\hat{y} = 72.12 + 0.1776x_1 - 0.3985x_2$；(2) $F = 3.35 > F_{0.01}(2,15) = 2.70$。认为回归方程是显著的。

参 考 文 献

[1] 茆诗松,程依明,濮晓龙. 概率论与数理统计教程[M]. 北京：高等教育出版社,2004.
[2] 陈希孺. 概率论与数理统计[M]. 北京：科学出版社,2003.
[3] 盛骤,谢式千,潘承毅. 概率论与数理统计[M]. 北京：高等教育出版社,2000.
[4] 盛骤,谢式千,潘承毅. 概率论与数理统计学习辅导与习题解答[M]. 北京：高等教育出版社,2003.
[5] 韩旭里,谢永钦. 概率论与数理统计[M]. 上海：复旦大学出版社,2009.
[6] 赵万军,赵白云,秦素萍. 概率论与数理统计[M]. 沈阳：辽宁大学出版社,2005.
[7] 上海交通大学数学系. 概率论与数理统计[M]. 北京：科学出版社,2006.
[8] 汪忠志. 概率论与统计应用[M]. 合肥：合肥工业大学出版社,2005.
[9] 吴赣昌. 概率论与数理统计[M]. 北京：中国人民大学出版社,2006.
[10] 刘书田. 概率论与数理统计学习辅导与解题方法[M]. 北京：高等教育出版社,2003.